U0231453

《电子封装技术丛书》编辑委员会

顾　问　俞忠钰　王阳元　许居衍　杨玉良　余寿文
　　　　王树国　龚　克　段宝然　汪　敏　孔学东
　　　　刘汝林

主　任　毕克允

副主任　汤小川　恩云飞　张蜀平　武　祥

编　委　（以姓氏笔画为序）
　　　　丁冬雁　万里兮　马莒生　王　红　王春青
　　　　王新潮　孔令文　石明达　史训清　毕克允
　　　　任爱光　朱颂春　朱文辉　刘　胜　刘兴军
　　　　李　明　李可为　李云秀　李克中　李维平
　　　　汤小川　肖　斐　肖胜利　吴懿平　沈卓身
　　　　张　宏　张小健　张建华　张国旗　张蜀平
　　　　杨士勇　杨银堂　杨崇峰　罗　乐　武　祥
　　　　郑宏宇　郑学军　郑晓光　尚金堂　姚全斌
　　　　恩云飞　徐忠华　唐　昊　黄明亮　曹立强
　　　　郭永兴　陶建中　韩江龙　程　凯　赖志明
　　　　蔡　坚　樊学军

电子封装技术丛书

Series of Electronic Packaging Technology

Encapsulation Technologies for Electronic Applications

电子封装技术与可靠性

【美】 H. 阿德比利　　迈克尔·派克　　著

（Haleh Ardebili）（Michael G. Pecht）

中国电子学会电子制造与封装技术分会
《电子封装技术丛书》编辑委员会　　组织译审

孔学东　恩云飞　尧　彬　等翻译

化学工业出版社

·北京·

本书是专注于电子封装技术可靠性研究的 Houston 大学的 Haleh Ardebili 教授以及 Maryland 大学的 Michael G. Pecht 教授关于微电子封装技术及其可靠性最新进展的著作。作者在描述塑封技术基本原理，讨论封装材料及技术发展的基础上，着重介绍了封装缺陷和失效、失效分析技术以及微电子封装质量鉴定及保证等与封装可靠性相关的内容。

本书共分为 8 章。第 1 章介绍电子封装及封装技术的概况。第 2 章着力介绍塑封材料，并根据封装技术对其进行了分类。第 3 章主要关注封装工艺技术。第 4 章讨论封装材料的性能表征。第 5 章描述封装缺陷及失效。第 6 章介绍缺陷及失效分析技术。第 7 章主要关注封装微电子器件的质量鉴定及保证。第 8 章探究电子学、封装及塑封技术的发展趋势以及所面临的挑战。

本书不仅涉及微电子封装材料和工艺，而且涉及封装缺陷分析技术以及质量保证技术；不仅有原理阐述，而且有案例分析。本书是电子封装制造从业者一本重要的参考读物，可在封装技术选择、与封装相关的缺陷及失效分析以及质量保证及鉴定技术的应用等方面提供重要的技术指导。本书十分适合于对电子封装及塑封技术感兴趣的专业工程师及材料科学家，电子行业内的企业管理者也能从本书中获益。另外本书还可作为具有材料学或电子学专业背景的高年级本科生及研究生的选用教材。

图书在版编目（CIP）数据

电子封装技术与可靠性/[美] 阿德比利（Ardebili, H.），[美] 派克（Pecht, M.）著；《电子封装技术丛书》编辑委员会，中国电子学会电子制造与封装技术分会组织译审. —北京：化学工业出版社，2012.7（2017.10重印）

（电子封装技术丛书）

书名原文：Encapsulation Technologies for Electronic Applications

ISBN 978-7-122-14219-1

Ⅰ. 电… Ⅱ. ①阿…②派…③电…④中… Ⅲ. 电子技术-封装工艺-研究 Ⅳ. TN05

中国版本图书馆 CIP 数据核字（2012）第 087527 号

Encapsulation Technologies for Electronic Applications，1st edtion
Haleh Ardebili，Michael G. Pecht
ISBN：978-0-8155-1576-0

Copyrigth ©2009 by Elsevier. All rights reserved.

Authorized simplified Chinese translation edition of English Edition jointly published by Chemical Industry Press and Elsevier (Singapore) Ltd, 3 Killiney Road，#08-01 Winsland House I，Sinapore 239519.

Copyright ©2012 by Elsevier (Singapore) Pte Ltd.
Copyright ©2012 by Chemical Industry Press
All rights reserved.

This edition is authorized for sale in China only，excluding Hong Kong SAR，Macao and Taiwan. Unauthorized export of this edition is a violation of the Copyright Act. Violation of this Law is subject to Civil and Criminal Penalties.

本书中文简体字翻译版由化学工业出版社与 Elsevier (Singapore) Pte Ltd. 在中国大陆境内合作出版。本版仅限在中国境内（不包括香港特别行政区、台湾及澳门）出版及标价销售。未经许可之出口，视为违反著作权法，将受法律之制裁。

北京市版权局著作权合同登记号：01-2012-3243

责任编辑：吴　刚　　　　　　　　　　　　　文字编辑：闫　敏
责任校对：洪雅姝　　　　　　　　　　　　　装帧设计：韩　飞

出版发行：化学工业出版社（北京市东城区青年湖南街 13 号　邮政编码 100011）
印　　装：北京七彩京通数码快印有限公司
710mm×1000mm　1/16　印张 20　字数 404 千字　　2017 年 10 月北京第 1 版第 3 次印刷

购书咨询：010-64518888　　　　　　　　售后服务：010-64518899
网　　址：http://www.cip.com.cn
凡购买本书，如有缺损质量问题，本社销售中心负责调换。

定　　价：128.00 元　　　　　　　　　　　　　　　版权所有　违者必究

译　序

21世纪是电子信息的世纪，在信息时代，信息技术的水平和发展是建立在电子元器件的水平和发展之上的。随着科学技术的迅猛发展，无论是工程装备系统、系统设备，还是个人用电子产品，其性能越来越先进，结构越来越复杂，使用环境要求也越来越严格，因此对电子产品的质量和可靠性的要求越来越高，从而对每个产品中使用繁多的电子元器件的可靠性提出了更高的要求。

可靠性包括的范围很广，通常贯穿于研发、设计、制造、包装、储存、运输和使用维修等各个环节，与产品的结构、材料加工工艺、使用环境等条件密切相关，是一个与多种因素有关的综合性质量和稳定性指标。这里我们重点讲述电子元器件封装技术的可靠性问题。电子封装测试技术贯穿电子元器件制造和封装应用的全过程。电子封装通常的作用是电信号分配、散热通道、机械支撑和环境保护。

为了适应我国电子封装产业的发展，满足广大电子封装工作者对电子封装可靠性方面书籍的迫切需求，中国电子学会电子制造与封装技术分会成立了《电子封装技术丛书》编辑委员会。

近几年来，丛书编委会已先后组织编写、翻译出版了《集成电路封装试验手册》（1998年电子工业出版社出版）、《微电子封装手册》（2001年电子工业出版社出版）、《微电子封装技术》（2003年中国科学技术大学出版社出版）、《电子封装材料与工艺》（2006年化学工业出版社出版）、《MEMS/MOEMS封装技术》（2008年化学工业出版社出版）、《电子封装工艺设备》（2012年化学工业出版社出版）六本书籍。《电子封装技术与可靠性》一书是这一系列的第八本，该书出版后，正在编纂中的系列丛书之五《光电子封装技术》、之九《系统级封装》将会陆续出版，以飨读者。

《电子封装技术与可靠性》译自美国 Haleh Ardebili 和 Michael G. Pecht 著《Encapsulation Technologies for Electronic Applications》。该书的内容涉及电子封装技术与可靠性相关领域，如：包括晶圆级和3D封装在内的各种类型的塑封器件，绿色封装材料、封装工艺、封装材料的性能表征，封装缺陷和失效及分析技术，封装器件质量鉴定与保证以及"后摩尔"定律时代微纳电子、生物电子及传感器、有机发光二极管、光伏器件等相关的塑封技术。

该书对从事电子封装及相关行业的科研、生产、应用工作者都会有较高的使用价值。对高等院校相关师生也具有一定的参考价值。中国电子学会电子制造与封装技术分会电子封装技术丛书编辑委员会及时组织翻译并委托化学工业出版社出版此书的中文译本。

我相信本书中译本的出版发行将对我国电子封装业及其电子可靠性行业的发展

起到积极的推动作用。我也在此向参与本书译校的所有人员和支持本书出版的有关单位及出版社工作人员表示由衷的感谢。

中国电子学会副总监
中国电子学会电子制造与封装技术分会理事长
中国半导体行业协会副理事长
中国半导体行业协会封装分会理事长

译者前言

随着电子信息产业的飞速发展，电子元器件的作用越来越重要，呈现出体积更小、集成度更高、功能性更优越的发展趋势。在这种趋势的带动下，电子封装技术也正在飞速发展。近年来，电子封装在包括三维封装、晶圆级封装等先进封装形式、环境友好型或"绿色"封装材料以及纳米封装技术等方面都取得了巨大的进步。与此同时，微电子封装的可靠性也变得日趋重要。电子封装可靠性是一个系统性工程，涉及封装结构设计、封装工艺技术、封装材料的特性以及使用环境等方方面面的内容。要保证封装可靠性，不仅需要考虑封装材料的良好特性以及封装工艺过程的质量控制等因素，还涉及一系列质量及可靠性保证、评定以及失效分析等技术的应用。加强微电子封装技术及其可靠性研究，对于我国电子信息产业的发展具有重要的意义。

本书是 Houston 大学的 Haleh Ardebili 教授以及 Maryland 大学的 Michael G. Pecht 教授在微电子封装技术及其可靠性最新进展领域的专著。作者专注于电子封装技术及其可靠性研究，本书在描述塑封技术基本原理，讨论封装材料及技术发展的基础上，着重介绍了封装缺陷和失效、失效分析技术以及微电子封装质量鉴定及保证等与封装可靠性相关的内容。本书共分为 8 章。具体内容详见英文版前言。

本书不仅涉及微电子封装材料和工艺，而且涉及封装缺陷分析技术以及质量保证技术；不仅有原理阐述，而且有案例分析。本书是电子封装制造从业者一本重要的参考读物，可在封装技术选择、封装相关的缺陷及失效分析以及质量保证和鉴定技术的应用等方面提供重要的技术指导。本书十分适合对电子封装及塑封技术感兴趣的专业工程师及材料科技人员，电子行业内的企业管理者也能从本书中获益。

在中文版的出版过程中，由于原书存在一些参数新旧单位混用，若换算成国际法定计量单位则会对原书产生较大改动。为保持与原书的一致性，本中文版保留了原书的物理量单位，并在正文后附以计量单位换算表，以帮助读者理解和使用。同时，对书中一些印刷错误进行了修订，并增加了"译者注"。为使读者更准确地理解和使用该书，保留了英文参考文献和中英文对照的专业术语表。

在中国电子学会电子制造与封装技术分会毕克允理事长的指导下，电子元器件可靠性物理及其应用技术重点实验室组织有关技术人员组成译校组对全书进行了翻译审校。参加审稿工作的还有刘金刚、杨士勇、唐昊等。

《电子封装技术与可靠性》译校组成员

组　　长：孔学东

副组长：恩云飞　尧彬

成员（以姓氏笔画为序）：方文啸　刘建　邱宝军　陆裕东　邹雅冰　杨少华

何玉娟　周斌　林晓玲　崔晓英

在翻译过程中，对书中所涉及的名词术语进行了多次斟酌、讨论，但由于时间仓促，书中不足之处，恳请读者谅解并提出宝贵意见。

译者

英文版前言

电子产品的使用与人们的生活联系越来越密切。从便携式电脑、移动电话到医疗设备、飞机控制单元，现今大多数产品要用到电子设备，且电子设备的使用环境也日益多样化。电子元器件主要朝着更小、更轻和更快的趋势发展，在这种趋势下，电子封装及塑封技术扮演了重要角色。随着电子封装在包括三维封装（或芯片叠层）、晶圆级封装、环境友好型或"绿色"封装材料以及极高温及极低温电子学等方面的进步，一本介绍封装技术在电子应用方面的专著显得十分必要。

本书描述了塑封技术的基本原理，讨论了封装材料及技术的发展，并探究了新兴技术如纳米技术及生物技术在封装材料领域的应用。本书着重介绍微电子器件的封装，另外对连接器及变压器的封装也进行了陈述。

本书共分为8章。第1章介绍电子封装及封装技术的概况，讨论了包括2D及3D封装器件在内的各种不同类型的塑封微电子器件。第2章着力介绍塑封材料，并根据封装技术对其进行了分类，其中单独的一节对环境友好型或"绿色"封装材料进行了描述。第3章主要关注封装工艺技术，包括模塑、顶部包封、灌封、底部填充以及印刷封装技术，该章还对晶圆级及3D封装技术进行了讨论。第4章讨论封装材料的性能表征，包括制造性、湿-热-机械、电学及化学性能表征[1]。第5章描述封装缺陷及失效。第6章介绍缺陷及失效分析技术，包括破坏性及非破坏性测试分析技术。第7章主要关注封装微电子器件的质量鉴定及保证，讨论了虚拟及实际产品质量鉴定流程，并对加速试验及工业应用进行了论述。第8章探究电子学、封装及塑封技术的发展趋势以及所面临的挑战，介绍了摩尔定律及"后摩尔"定律，论述了从集成电路到系统级封装的演变，描述了极高温及极低温电子学方面的内容，此外还讨论了与微机电系统、纳米电子学及纳米技术、生物电子及生物传感器、有机发光二极管及光伏器件相关的塑封技术。

本书适合于对电子封装及塑封技术感兴趣的专业工程师及材料科学家使用，电子行业内的企业管理者也能从本书中获益。另外本书还可作为具有材料学或电子学专业背景的高年级本科生及研究生的选用教材。

Haleh Ardebili

机械工程系

Houston 大学

Houston，TX，USA

Michael G. Pecht

CALCE（高级寿命周期工程中心）

Maryland 大学

Park 分校，MD，USA

2009 年 3 月

---

[1] 译者注：原书为热学性能，有误。

致　谢

许多人员对本书提供了支持、做出了贡献，我们要对以下人员的贡献表示感谢：Luu T. Nguyen，Edward B. Hakim，Rakesh Agarwal，Ajay Arora，Vikram Chandra，Lloyd W. Condra，Abhijit Dasgupta，Gerard Durback，Rathindra N. Ghoshtagore，Qazi Ilyas，Lawrence W. Kessler，Pradeep Lall，Junhui Li，Anupam Malhotra，Steven R. Martell，Tsutomu Nishioka，Thomas E. Paquette，Ashok S. Prabhu，Dan Quearry，Janet E. Semmens and Jack Stein。另外我们也要感谢在 IEEE、ASME 以及其它期刊上发表的研究论文，它们为本书提供了有价值的参考。

特别感谢 Dr. James J. Licari 在本书的编写及修改过程中所提供的极富洞察力及建设性的审查意见及建议，感谢 William Andrew 出版社（被 Elsevier 收购），尤其感谢 Martin Scrivener 及 Millicent Treloar 所提供的积极坚定的支持。此外，感谢 Elsevier（U. S. A）及 Exeter Premedia Services（India）在出版发行过程中所做的流畅积极的协调工作。感谢 Houston 大学机械工程系全体教员、职员及学生，特别是系主任 Matthew Franchek 教授，感谢他们的支持及鼓励。感谢 Maryland 大学 Park 分校 CALCE 的成员、教员、职员及学生，感谢他们在电子封装领域研究及教育方面做出的贡献，这也使本书受益匪浅。最后，感谢家人及朋友在这段时间内的支持。

Haleh Ardebili
机械工程系
Houston 大学
Houston，TX，USA

Michael G. Pecht
CALCE（高级寿命周期工程中心）
Maryland 大学
Park 分校，MD，USA

2009 年 3 月

目　录

第1章　电子封装技术概述 ……………………………………………………… 1

1.1　历史概况 ……………………………………………………………… 1

1.2　电子封装 ……………………………………………………………… 5

1.3　微电子封装 …………………………………………………………… 8

　　1.3.1　2D封装 ……………………………………………………… 9

　　1.3.2　3D封装 ……………………………………………………… 14

1.4　气密性封装 …………………………………………………………… 22

　　1.4.1　金属封装 …………………………………………………… 23

　　1.4.2　陶瓷封装 …………………………………………………… 24

1.5　封装料 ………………………………………………………………… 24

　　1.5.1　塑封料 ……………………………………………………… 24

　　1.5.2　其它塑封方法 ……………………………………………… 25

1.6　塑封与气密性封装的比较 …………………………………………… 25

　　1.6.1　尺寸及重量 ………………………………………………… 26

　　1.6.2　性能 ………………………………………………………… 26

　　1.6.3　成本 ………………………………………………………… 26

　　1.6.4　气密性 ……………………………………………………… 27

　　1.6.5　可靠性 ……………………………………………………… 28

　　1.6.6　可用性 ……………………………………………………… 29

1.7　总结 …………………………………………………………………… 30

参考文献 …………………………………………………………………… 30

第2章　塑封材料 …………………………………………………………… 34

2.1　化学性质概述 ………………………………………………………… 34

　　2.1.1　环氧树脂 …………………………………………………… 35

　　2.1.2　硅树脂 ……………………………………………………… 36

　　2.1.3　聚氨酯 ……………………………………………………… 37

　　2.1.4　酚醛树脂 …………………………………………………… 39

2.2　模塑料 ………………………………………………………………… 40

　　2.2.1　树脂 ………………………………………………………… 41

　　2.2.2　固化剂或硬化剂 …………………………………………… 44

　　2.2.3　促进剂 ……………………………………………………… 45

　　2.2.4　填充剂 ……………………………………………………… 45

2.2.5 偶联剂 ……………………………………………… 49

2.2.6 应力释放剂 ………………………………………… 50

2.2.7 阻燃剂 ……………………………………………… 51

2.2.8 脱模剂 ……………………………………………… 52

2.2.9 离子捕获剂 ………………………………………… 52

2.2.10 着色剂 ……………………………………………… 53

2.2.11 封装材料生产商和市场条件 ……………………… 53

2.2.12 商业用模塑料特性 ………………………………… 54

2.2.13 新材料的发展 ……………………………………… 57

2.3 顶部包封料 …………………………………………………… 60

2.4 灌封料 ………………………………………………………… 61

2.4.1 Dow Corning 材料 …………………………………… 61

2.4.2 GE 电子材料 ………………………………………… 62

2.5 底部填充料 …………………………………………………… 65

2.6 印制封装料 …………………………………………………… 66

2.7 环境友好型或"绿色"封装料 ………………………………… 67

2.7.1 有毒的阻燃剂 ………………………………………… 67

2.7.2 绿色封装材料的发展 ………………………………… 70

2.8 总结 …………………………………………………………… 78

参考文献 ……………………………………………………………… 78

第3章 封装工艺技术 ……………………………………………… 84

3.1 模塑技术 ……………………………………………………… 84

3.1.1 传递模塑工艺 ………………………………………… 84

3.1.2 注射模塑工艺 ………………………………………… 91

3.1.3 反应-注射模塑工艺 ………………………………… 92

3.1.4 压缩模塑 ……………………………………………… 93

3.1.5 模塑工艺比较 ………………………………………… 93

3.2 顶部包封工艺 ………………………………………………… 93

3.3 灌封工艺 ……………………………………………………… 95

3.3.1 单组分灌封胶 ………………………………………… 97

3.3.2 双组分灌封胶 ………………………………………… 97

3.4 底部填充技术 ………………………………………………… 97

3.4.1 传统的流动型底部填充 ……………………………… 98

3.4.2 非流动型填充 ………………………………………… 99

3.5 印刷封装技术 ………………………………………………… 99

3.6 2D晶圆级封装 ………………………………………………… 101

3.7 3D封装 ………………………………………………………… 103

3.8 清洗和表面处理 ……………………………………………… 107

　　　3.8.1　等离子清洗 ………………………………………………… 108
　　　3.8.2　去毛边 …………………………………………………… 109
　3.9　总结 ……………………………………………………………… 110
　参考文献 ……………………………………………………………… 111

第4章　封装性能的表征 ……………………………………………… 114

　4.1　工艺性能 ………………………………………………………… 115
　　　4.1.1　螺旋流动长度 ……………………………………………… 115
　　　4.1.2　凝胶时间 …………………………………………………… 116
　　　4.1.3　流淌和溢料 ………………………………………………… 116
　　　4.1.4　流变性兼容性 ……………………………………………… 116
　　　4.1.5　聚合速率 …………………………………………………… 117
　　　4.1.6　固化时间和温度 …………………………………………… 118
　　　4.1.7　热硬化 ……………………………………………………… 118
　　　4.1.8　后固化时间和温度 ………………………………………… 119
　4.2　湿-热机械性能 ………………………………………………… 119
　　　4.2.1　线膨胀系数和玻璃化转变温度 …………………………… 120
　　　4.2.2　热导率 ……………………………………………………… 123
　　　4.2.3　弯曲强度和模量 …………………………………………… 124
　　　4.2.4　拉伸强度、弹性与剪切模量及伸长率 …………………… 125
　　　4.2.5　黏附强度 …………………………………………………… 126
　　　4.2.6　潮气含量和扩散系数 ……………………………………… 127
　　　4.2.7　吸湿膨胀系数 ……………………………………………… 131
　　　4.2.8　气体渗透性 ………………………………………………… 133
　　　4.2.9　放气 ………………………………………………………… 133
　4.3　电学性能 ………………………………………………………… 134
　4.4　化学性能 ………………………………………………………… 136
　　　4.4.1　离子杂质（污染等级） …………………………………… 136
　　　4.4.2　离子扩散系数 ……………………………………………… 136
　　　4.4.3　易燃性和氧指数 …………………………………………… 136
　4.5　总结 ……………………………………………………………… 137
　参考文献 ……………………………………………………………… 138

第5章　封装缺陷和失效 ……………………………………………… 142

　5.1　封装缺陷和失效概述 …………………………………………… 142
　　　5.1.1　封装缺陷 …………………………………………………… 142
　　　5.1.2　封装失效 …………………………………………………… 142
　　　5.1.3　失效机理分类 ……………………………………………… 146
　　　5.1.4　影响因素 …………………………………………………… 147
　5.2　封装缺陷 ………………………………………………………… 149

　　　5.2.1　引线变形 ·· 149

　　　5.2.2　底座偏移 ·· 151

　　　5.2.3　翘曲 ·· 152

　　　5.2.4　芯片破裂 ·· 154

　　　5.2.5　分层 ·· 154

　　　5.2.6　空洞 ·· 155

　　　5.2.7　不均匀封装 ·· 156

　　　5.2.8　毛边 ·· 157

　　　5.2.9　外来颗粒 ·· 157

　　　5.2.10　不完全固化 ······································· 157

　　5.3　封装失效 ··· 157

　　　5.3.1　分层 ·· 157

　　　5.3.2　气相诱导裂缝（爆米花现象） ······················ 161

　　　5.3.3　脆性断裂 ·· 164

　　　5.3.4　韧性断裂 ·· 166

　　　5.3.5　疲劳断裂 ·· 167

　　5.4　加速失效的影响因素 ··································· 168

　　　5.4.1　潮气 ·· 168

　　　5.4.2　温度 ·· 171

　　　5.4.3　污染物和溶剂性环境 ································ 171

　　　5.4.4　残余应力 ·· 172

　　　5.4.5　自然环境应力 ······································ 172

　　　5.4.6　制造和组装载荷 ···································· 173

　　　5.4.7　综合载荷应力条件 ·································· 173

　　5.5　总结 ··· 174

　参考文献 ·· 174

第6章　微电子器件封装的缺陷及失效分析技术 ·················· 182

　　6.1　常见的缺陷和失效分析程序 ····························· 182

　　　6.1.1　电学测试 ·· 183

　　　6.1.2　非破坏性评价 ······································ 183

　　　6.1.3　破坏性评价 ·· 183

　　6.2　光学显微技术 ··· 188

　　6.3　扫描声学显微技术（SAM） ······························ 189

　　　6.3.1　成像模式 ·· 190

　　　6.3.2　C-模式扫描声学显微镜（C-SAM） ···················· 190

　　　6.3.3　扫描激光声学显微镜（SLAM™） ···················· 194

　　　6.3.4　案例研究 ·· 196

　　6.4　X射线显微技术 ·· 200

6.4.1　X射线的产生和吸收 ································ 201

6.4.2　X射线接触显微镜 ································ 203

6.4.3　X射线投影显微镜 ································ 203

6.4.4　高分辨率扫描X射线衍射显微镜 ·········· 204

6.4.5　案例分析：塑封器件封装 ···················· 205

6.5　X射线荧光光谱显微技术 ··························· 206

6.6　电子显微技术 ·· 206

6.6.1　电子-样品相互作用 ···························· 207

6.6.2　扫描电子显微技术（SEM） ················ 208

6.6.3　环境扫描电子显微技术（ESEM） ········ 209

6.6.4　透射电子显微技术（TEM） ················ 210

6.7　原子力显微技术 ··· 212

6.8　红外显微技术 ··· 212

6.9　失效分析技术的选择 ··································· 213

6.10　总结 ··· 216

参考文献 ·· 216

第7章　鉴定和质量保证 ··································· 219

7.1　鉴定和可靠性评估的简要历程 ··············· 219

7.2　鉴定流程概述 ·· 222

7.3　虚拟鉴定 ·· 225

7.3.1　寿命周期载荷 ··································· 225

7.3.2　产品特征 ··· 227

7.3.3　应用要求 ··· 228

7.3.4　利用PoF方法进行可靠性预计 ·········· 228

7.3.5　失效模式、机理及其影响分析（FMMEA） ··· 230

7.4　产品鉴定 ·· 231

7.4.1　强度极限和高加速寿命试验（HALT） ··· 231

7.4.2　鉴定要求 ··· 233

7.4.3　鉴定试验计划 ··································· 234

7.4.4　模型和验证 ····································· 235

7.4.5　加速试验 ··· 235

7.4.6　可靠性评估 ····································· 238

7.5　鉴定加速试验 ·· 238

7.5.1　稳态温度试验 ··································· 239

7.5.2　温度循环试验 ··································· 239

7.5.3　湿度相关的试验 ································ 240

7.5.4　耐溶剂试验 ····································· 243

7.5.5　盐雾试验 ··· 243

　　　7.5.6　可燃性和氧指数试验 ·· 243
　　　7.5.7　可焊性试验 ··· 244
　　　7.5.8　辐射加固 ··· 244
　　7.6　工业应用 ··· 244
　　7.7　质量保证 ··· 247
　　　7.7.1　筛选概述 ··· 247
　　　7.7.2　应力筛选和老化 ····································· 248
　　　7.7.3　筛选 ··· 249
　　　7.7.4　根本原因分析 ····································· 252
　　　7.7.5　筛选的经济性 ····································· 252
　　　7.7.6　统计过程控制 ······································· 253
　　7.8　总结 ··· 254
　　参考文献 ·· 255

第8章　趋势和挑战 ·· 259
　　8.1　微电子器件结构和封装 ·································· 259
　　8.2　极高温和极低温电子学 ·································· 268
　　　8.2.1　高温 ··· 268
　　　8.2.2　低温 ··· 270
　　8.3　新兴技术 ··· 271
　　　8.3.1　微机电系统 ··· 271
　　　8.3.2　生物电子器件、生物传感器和生物 MEMS ········ 275
　　　8.3.3　纳米技术和纳米电子器件 ······················· 278
　　　8.3.4　有机发光二极管、光伏和光电子器件 ············ 280
　　8.4　总结 ··· 283
　　参考文献 ·· 284

术语表 ··· 288
计量单位换算表 ·· 301

第1章　电子封装技术概述

电子产品广泛应用于计算机、通信、生物医学、自动化、军事及航空航天领域。从室内可控环境到室外变化的气候，在不同温湿度条件的环境中，电子产品都必须正常运行。潮气、离子污染、热、辐射以及机械应力极易引起电子器件性能退化，甚至导致其失效。因而，将电子器件进行封装保护使其免受其服役环境比如加工处理、组装、电和热性能等影响显得至关重要。

电子封装一般分为气密性（陶瓷或金属）封装和非气密性（塑料）封装。当前，超过99％的微电子器件为塑料封装。封装材料的改进以及降低成本的动机已拓展了塑封电子器件的应用范围。许多电子应用领域如军事领域，传统上采用气密性封装器件，而现在则采用商用货架产品（COTS）塑封器件。塑封在低成本、实用性及可制造性方面具有优势。

大量的研究焦点瞄准了新型改良封装材料的研究开发。随着近来环保意识不断增强的趋势，新型环境友好型或"绿色"封装材料（如无溴化添加物）已经出现。塑封器件也可考虑应用于极高温及极低温电子领域。三维（3D）封装和晶圆级封装需要特殊的封装技术。封装技术在新兴技术领域亦占有一席之地。为了满足微机电系统（MEMS）、生物微机电系统、生物电子、纳米电子、太阳能电池模块及有机发光二极管领域的应用需要，现阶段正在对现有的封装材料进行改进，并开发新型的封装材料，同时正在开发具有改良材料特性的纳米复合封装材料。

本章将介绍封装的历史概况；讨论电子封装技术，包括封装级别、封装微电子器件、气密封装以及封装方法和材料等方面的内容；描述包括二维（2D）和三维（3D）封装在内的微电子封装技术；最后对气密封装和塑封进行比较。

1.1　历史概况

电子器件封装方式多种多样。最初的封装类型中有一种由可伐（Kovar）（镍钴锰铁合金）制成的预成型封装。Kovar 是 Westinghouse 公司的商标，Kovar 合金由 Howard Scott 在 1936 年发明[1]，其优点是具有与玻璃相近的热膨胀系数（CTE）。Kovar 失用于与玻璃进行封接，因为两者之间由于热膨胀系数（CTE）失配而产生的应力较低。

图 1.1 示出了一种早期的晶体管封装[2]。这种封装将发射极、集电极以及基极相连引脚插入一个玻璃套管中，玻璃套管位于 Kovar 环或 Kovar 圆柱壳中。套

1

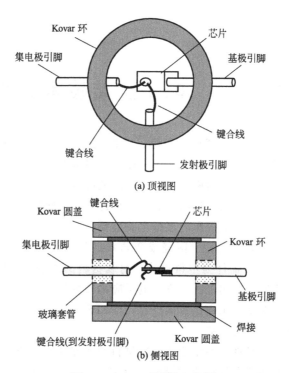

(a) 顶视图

(b) 侧视图

图 1.1　Kovar 晶体管封装[2]

管由一种合适的绝缘且防潮（气密性的）的玻璃材料制成。然后将晶体管器件粘接到基极引脚上并用键合线将其与发射极及集电极引脚连接起来，之后用焊接的方法将 Kovar 圆盖气密封接起来。出于成本考虑，与 Kovar 封装结构相似的陶瓷封装亦随后出现。

　　最早的塑封于 20 世纪 50 年代初期在市场上出现；在 20 世纪 60 年代初期，塑封作为陶瓷及金属封装的一种便宜简单的替代方式而出现；而在 20 世纪 70 年代，实质上所有的高容量集成电路（IC）均采用塑料进行封装。到 1993 年，塑封微电子器件在全世界微电路产品中占有份额统计超过 97%。

　　大多数早期的微电子器件采用压缩模塑，压缩模塑是将模塑料加热并压缩进模具中。不久浇铸法作为一种合适的替代方式而出现。浇铸法是将电路置于容器中并将液态的密封料注入型腔中。图 1.2 示出了一种典型的采用"封帽"法进行封装的晶体管[3]。先将晶体管芯片焊接于芯片载体上，然后将芯片载体粘接于管座组件上。管座组件包括三个平行导电的引线柱，而引线柱封则接入一个由预模制塑封料（如酚醛塑料）制成的纽扣状的管座中。管座作为支撑以保持三个引线柱的相对位置。微电子芯片通过引线键合的方式实现与旁边引线柱的电连接，然后用商用塑封材料（如 Dow Chemical 公司的环氧密封料）将引线柱及芯片载体组件封装起来。

　　传递模塑作为一种最适合于大批量生产的经济的方法而获得了世界范围内的认

可。在传递模塑过程中，芯片装载于一
个多腔模具中并被固定，而塑封料则通
过加热及加压的方式由料筒注入腔中。
塑封料是典型的热固性聚合物，在腔中
固化并形成最终的电子封装。不同于压
缩模塑，传递模塑在塑封料加热固化过
程中不用额外加压。此外，与压缩模塑
相比，传递模塑封闭的模具设计由于具
有更好的容差，可允许封装更多复杂
芯片。

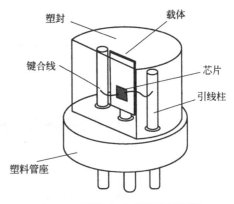

图 1.2　"封帽"式晶体管封装[3]

　　图 1.3 所示为一种最初用于传递模
塑的晶体管器件模具[4]。由于模具下部被夹在一起，所以金属引线柱被夹紧并
牢牢地保持在合适的位置上。首先弯曲引脚并使其顶部平整，将半导体器件置于
一平整的引脚顶部并通过引线键合与其余两引脚相连接，然后在顶端放置薄的掩
膜并留有一圆盘状的暴露区域，并用金属氧化物（如氧化铝）对芯片和引脚进行
钝化处理，之后移除掩膜并将模具上部压合于下部之上，然后将受模具上部高温
影响而熔融的塑胶粉末或预塑料注入圆柱状的流道中，并用活塞将熔融状的塑胶
由流道压入半导体器件上方的型腔中。塑胶在型腔中固化凝固，最后脱模得到塑
封器件。这种方法的一个缺点是由于高压及塑封料的流动，细的键合线经常会被
破坏。

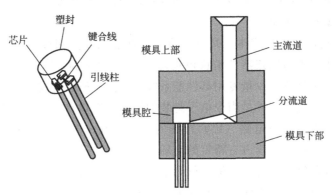

图 1.3　半导体芯片传递模塑[4]

　　解决传递模塑中键合线损伤的一种新方法是采用底部开口工艺，新工艺中模塑
料从与键合线相反的方向进入型腔中，其运动路径与键合线平行（图 1.4），因此
减少了损伤精细键合线的机会。

　　尽管环氧酚醛树脂是最早用于塑封的材料，但 20 世纪 60 年代主要的塑封料为
酚醛塑料和硅树脂。那时塑封器件受很多可靠性问题的困扰，很大程度上是由于封
装系统的质量差导致的。潮气导致的失效机理很常见，如腐蚀、开裂及界面分层。

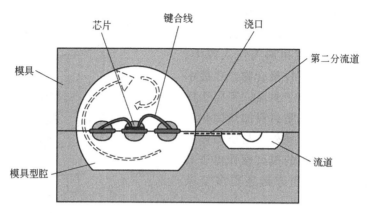

图 1.4　底部开口传递模塑[5]

那时塑封器件在获得政府及军队使用认可上面临极大的挑战。尽管塑封器件经济可行，但基于更高可靠性，耐久性及可追溯性方面的考虑，军队仍继续采用金属及陶瓷封装器件。

多年以来，随着在封装材料、芯片钝化、金属化技术以及组装自动化方面取得的进步，塑封在电子封装工业中已占据了主导地位，可靠性问题也不再是塑封广泛应用的阻碍。在 1994 年，在所谓的"Perry 备忘录"（以国防部长 William Perry 命名）出现之后，美国军方已正式开始广泛地使用塑封器件，这种转变主要的推力来自于成本。即使合适的气密性陶封 IC 已经能在市场上获得，一个气密陶瓷封装 IC 比一个塑封 IC 也要贵 10 倍以上，因而 COTS 塑封器件现在在航空以及军事领域广泛应用也就不足为奇了[6,7]。

21 世纪初，由于在成本、尺寸、重量、性能以及适用性方面的巨大优势，塑封器件占据了世界微电路器件销售市场超过 99％的份额。陶瓷封装器件仅在要求苛刻的军事应用领域及少量专用高性能系统中使用。研究开发新的更小、更轻、更便宜及更可靠的塑封器件是当今电子封装领域的研究重点。塑封微电路在接下来的几年内将继续占有集成电路（IC）市场的大量份额，但气密性封装器件由于其特点也将在电子行业中继续占有特定的市场。

几十年来环氧树脂的许多配方得到了改进，固化时的收缩及沾污程度都有所下降，因而在 20 世纪 70 年代早期它成为了主要的封装材料。尽管有时候硅树脂仍在使用，但 21 世纪初典型的塑封料是一个多元的混合体，是在环氧树脂基体中掺入交联剂、催化剂、阻燃剂、填充剂、偶联剂、脱模剂及增韧剂。

塑封有预塑或后塑两种方法。前一种方法是先模制出一个塑料底座（有时是金属基板），然后将芯片放置在上面，并用键合线将芯片连接到输入/输出（I/O）扇出端，之后利用环氧黏结剂将预模制的塑料盖或壳粘接于顶部以保护芯片及引线键合，并在塑封体内形成一个腔体。图 1.5 所示为一预塑封装器件[8,9]。预塑封装通常用于多针脚器件或针栅阵列器件，它们不适用于采用扁平框架及简单的

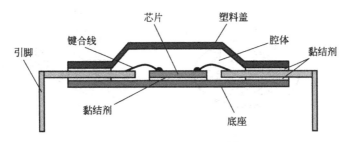

图 1.5　预塑封装器件[9]

扇出端。

在后塑封装过程中，先将芯片粘接到框架上，并用键合线将芯片连接到 I/O 扇出端，然后送入具有多个型腔的模具中，通过传递模塑工艺用热固性塑料进行包封。后塑封装比预塑封装稍便宜一些，因为它所需的零配件及组装工序较少，大约 90％的塑封器件都采用后塑封装技术。

1.2　电子封装

电子封装的主要目的是：a. 保护 IC 芯片；b. 提供 IC 芯片与其它电子元器件 [如 IC 芯片、印制电路板（PCB）、变压器及连接器] 的互连以实现电信号的传输。电子封装的作用如下：

- 减少或散除器件运行过程中内部产生的热量或由于外部环境导致的热量；
- 抗湿及防潮；
- 防离子污染；
- 防辐射；
- 减少热-机械应力；
- 提供机械支撑。

电子封装通常从芯片或晶圆级开始。图 1.6 所示为 IC 芯片传统塑封工艺流程图。先用钻石刀片将钝化后的硅芯片从晶圆片上切割下来，钝化层采用等离子增强化学气相淀积法进行淀积，聚酰亚胺钝化层则采用旋转涂覆技术进行淀积。然后利用导电胶或绝缘胶（如环氧树脂或聚酰亚胺）将硅芯片粘接到芯片底座上。在某些情况下，例如需要大量散热的微电路或功率器件，以及要求低透气性、高可靠性的太空领域，则需要采用金属或玻璃进行芯片粘接[10]。但是与聚合物黏结剂相比，金属或玻璃黏结材料更脆、更昂贵以及需要更高的工艺处理温度。

引线框架（包括芯片粘接底座以及引脚）采用冲压或蚀刻工艺制作。冲压工艺比蚀刻工艺更经济，但仅限用于二百或更少针脚的元器件。在封装前引线框架通常镀银、镀锡铅焊料或者镀镍钯以提高键合引线的附着性。

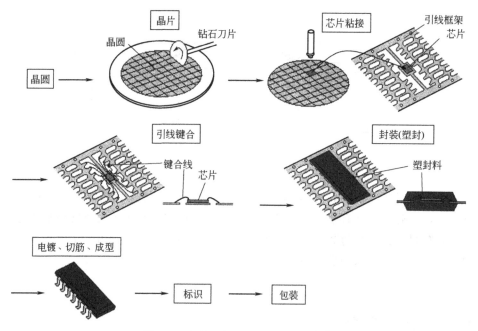

图 1.6　塑封器件组装工艺流程图[11]

将芯片粘接到芯片底座上后，通过引线键合的方式实现芯片与引脚间的电连接。对于芯片上的铝键合点，通常采用热超声键合（球形键合）将键合线键合到芯片上的铅焊盘，并采用超声键合（楔形键合）将键合线键合到引线框架上。

然后将实现互连后的芯片组件进行封装。封装技术包括模塑、浇铸、印制、顶部包封及底部填充。封装前引线框架组件要经过等离子清洗以去除冲压过程中的油污，以提高封装过程中的键合附着力。封装后对引脚进行去毛边处理。在封装过程中，模塑料会流过模具的分模线而黏附在器件引脚上，这种多余的模塑料即为大家熟知的"毛边"。如果引脚上有毛边，将在后续的引脚切筋、引脚成型、浸焊料及/或电镀工序中引起很多问题。

最后，对引脚进行切筋，将多余的金属框架材料切除掉。引脚制成各种不同的形状，包括双列直插、翼形或 J 形，并在框架的裸露表面镀上锡或锡铅合金，防止引脚产生腐蚀并提高引脚在组装到印制板过程中的可焊性。

除引线键合外，其它可实现与 PCB 电连接的方法包括载带自动焊（TAB）和倒装芯片键合。TAB 是一种自动表面安装技术，可为拥有大量输入-输出端（≤500）的芯片提供互连。图 1.7 示出了一种 TAB 工艺流程。

在 TAB 工艺中，首先制造一连续的聚合物载带，沿其长度方向间隔放置细间距金属框架，每个框架的中央开一个窗口用于放置芯片；然后将框架引脚与芯片进行键合连接，芯片上的键合平台或"凸点"已淀积上电解的或非电镀的金镀层并已将掩膜去除，框架指条上的连接通常采用热压键合工艺；之后将芯片面用液态塑封料包覆并固化，然后将包覆后呈径向分布的芯片卷轴送到基板（或电路

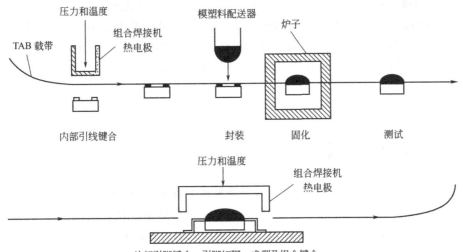

图 1.7　采用液态塑封料的完整载带自动焊（TAB）工艺略图

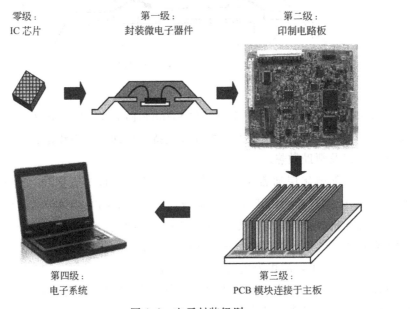

图 1.8　电子封装级别

板）组装线上，进而将单个芯片从载带上切割下来，并形成引脚，同时封装键合到基板上。

　　电子封装可以分为几个封装级别，如图 1.8 所示。第一级封装包括集成电路（IC）芯片互连及封装。芯片本身包含许多集成微电路如晶体管、电阻器及电容器，因此芯片通常被称为零级封装。

　　第二级包括微电子器件与印制电路板（PCB）的连接。利用聚合物涂层可为PCB 上微电子器件提供额外的保护[12]。PCB 如果连接到主板上则称为第三级封装。第四级和最终级封装是指电子系统如便携式电脑或便携式电话中的主板（或PCB）的封装。除上述封装级别外还存在一些例外，比如芯片可能直接连接到PCB上然后封装，或者PCB可能直接封装入电子系统中而不经历第三级封装。此外，在每一级别中封装和互连的类型和设计都存在许多变化，尤其在第一级封装中。

1.3　微电子封装

不同微电子封装类型在尺寸、外形及材料上有所不同，但许多传统塑封器件均由引线框架、芯片（IC 芯片）、芯片底座、芯片黏结剂、键合线以及塑封料组成。图 1.9 所示的器件剖面更加清晰地说明了此类元器件的结构。

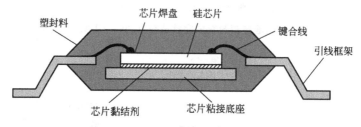

图 1.9　塑封器件剖面

引线框架通常由铜、42 合金（42%Ni/58%Fe）或 50 合金（50%Ni/50%Fe）制成，其功能是作为封装过程的支撑件以支持芯片加工、引线键合及组装，并提供电连接通道以及帮助散热。

硅芯片上的钝化层通常由掺杂磷（2%～5%）的二氧化硅（SiO_2）、氮化硅（Si_3N_4）、聚酰亚胺或碳化硅（SiC）制成。钝化层的功能是保护电路单元在加工处理过程中免受机械损伤，同时也作为阻碍离子、潮气、气体及 α 粒子的屏障。SiO_2 虽然可阻挡潮气，但仍然可被一些离子如钠离子渗入，这类离子可以迁移到芯片上的 pn 结，俘获电子，淀积为金属而破坏器件[13]。

利用键合线可实现芯片键合焊盘与引线框架之间的电连接，键合线通常由金（掺杂铜或铍）、铝（掺杂硅或镁）或铜制成。

芯片粘接通常采用环氧树脂、聚酰亚胺或氰酸酯黏结剂，其它黏结材料包括焊料、金共晶物或银玻璃。芯片粘接的主要功能是使芯片保持其位置并将芯片固定于芯片底座上。模塑料为一种聚合物材料，如环氧树脂或硅树脂。微电子封装常用材料的一些热机械性能参数列于表 1.1 中。

可根据二维（2D）或三维（3D）封装设计、与 PCB（引脚或基板）的互连、引脚工艺（通孔或表贴）、引脚形状以及器件在几个边上有引脚，对微电子封装进行分类。微电子封装类型在图 1.10 示出，并将在后续的章节中进行讨论。

表 1.1　塑封器件中常用材料的热机械性能参数[14-18]

组分	材料	热膨胀系数/(10^{-6}/℃)		弹性模量/GPa		T_g/℃
框架及芯片粘接	铜	16～18		110～130		—
底座	42合金	4～5		130～145		—
模塑料	环氧/二氧化硅	7～25 ($<T_g$)	40～70 ($>T_g$)	15～30 ($<T_g$)	0.2～2 ($>T_g$)	110～200
芯片	硅	2.3～3.5		129～187		—
引线	金	14.1～14.4		78～79		—
芯片焊盘	铝	23.0～23.7		70.0～70.4		—
芯片黏结剂	BMI/银	40～69 ($<T_g$)	104～170 ($>T_g$)	0.10～6.70		−64～75

注：T_g 为玻璃化转变温度。

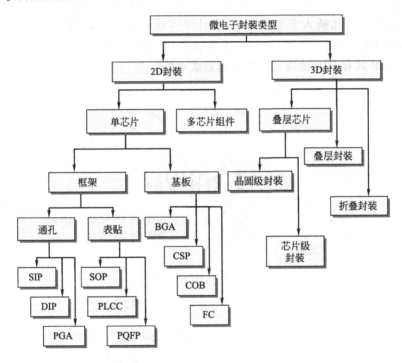

图 1.10　微电子封装类型

BGA—球栅阵列（封装）；COB—板上芯片；CSP—芯片尺寸封装；DIP—双列直插
封装；FC—倒装芯片；PGA—针栅阵列封装；PLCC—塑料有引脚芯片载体；
PQFP—塑料四边引线扁平封装；SIP—单列直插封装；SOP—小外形封装

1.3.1　2D 封装

　　2D 微电子封装可以是单芯片封装或多芯片封装。单芯片封装可分为两组：引
线框架和基板。采用引线框架进行封装的器件可进一步分为两类：通过通孔安装到
PCB 上的器件，以及表贴器件。

1.3.1.1 通孔插装封装

通孔插装技术是一种相对古老的技术，在大多数应用领域已经被表面安装技术所取代。尽管通孔插装器件在 1980 年占据了超过 80％的市场份额，但是到 2000年仅有不到 15％的元器件采用这一技术，而且这一比例仍在逐年下降。通孔插装技术在 20 世纪 60 年代发展起来，它需要将器件引脚插入电路板上的电镀通孔中，并通过波峰焊将引脚焊到电路板上以实现可靠的电连接。这种安装技术可确保焊点机械强度高，且焊点中引脚与板材间的热失配很容易克服。但是，电镀通孔成本很高，而且要求元器件在板上占据更多的空间并且只能将元器件安装在板的一个面上。常见的通孔插装器件有 DIP、SIP 以及 PGA 封装器件。

塑料双列直插封装（PDIP）是 20 世纪 80 年代最常见的封装形式，它拥有一个矩形的塑料本体并带有两排引脚（图 1.11），引脚向下弯曲并在垂直方向上排列成行以适用于通孔插入安装。PDIP 设计可实现低成本大批量生产。SIP 为矩形，其引脚位于器件的一个长边上，导致器件在板上很高，但所占板面很小（图1.12）。SIP 具有 DIP 的所有优势且制造成本低。

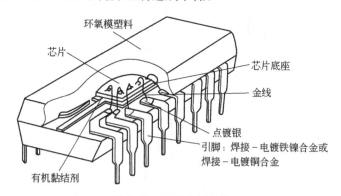

图 1.11　双列直插封装

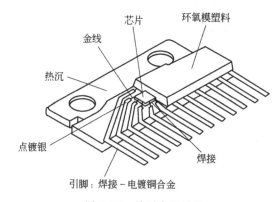

图 1.12　单列直插封装

塑料针栅阵列封装的引脚在塑料本体下方排列成栅格阵列（图 1.13），如果需要可加上热沉。

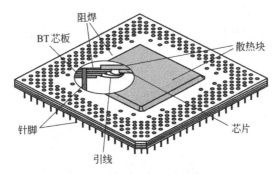

图 1.13　针栅阵列封装

1.3.1.2　表贴封装

常见的表贴器件封装形式有 SOP、PLCC、QFP、TAB 以及 BGA。采用这些封装设计，安装于印制线路板后器件高度低，并可在电路板两面进行器件安装。

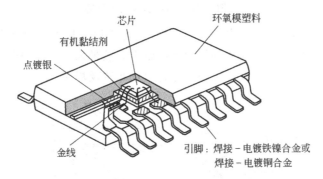

图 1.14　小外形封装

SOP 与 DIP 相似，引脚位于器件本体两侧（图 1.14），但 SOP 引脚为 L 形以便于安装到电路板表面。SOP 有很多的演变形式，包括薄型小外形封装（TSOP）、带热沉的小外形封装及缩小型小外形封装（SSOP），小外形 J 形引脚封装（SOJ）亦为 SOP 的一种演变形式。SOJ 器件引脚按照 J 字形弯曲成型并折向器件本体下方，它的优点是引脚占 PCB 板面积甚至比翼形引脚还小，但其焊点检查更加困难。

TSOP 由于外形更紧凑，在 20 世纪 90 年代成为一种重要的产品。大多数人认为，随着对节约空间型封装的需求增加，将来 TSOP 在表贴 SOP 中的使用同样会增加，尤其是存储器会更多地采用 TSOP[19]。PLCC 与 SOJ 相似，但其引脚位于塑封体的四边（图1.15）。与对等的 DIP 相比，PLCC 的互

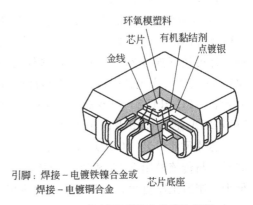

图 1.15　塑料有引脚芯片载体封装

连引脚在长度上平均更短且一致性更好。QFP 是正方形或矩形塑料封装，引脚分布于四边（图 1.16）。QFP 在形状与性能方面与 PLCC 相似，但是它采用翼形引脚代替了 J 形引脚。

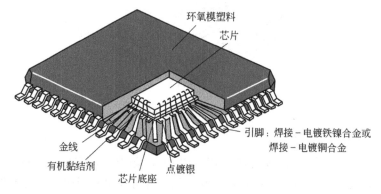

图 1.16　四边引线扁平封装

图 1.17 所示为 TAB 封装，TAB 封装不将芯片包封入模塑体中，而是用薄的玻璃圆片覆盖，铜引脚则连接到聚合物载带上，载带采用标准的电影胶卷形式。载带坚固耐用，可在特殊设计的设备上进行自动布置及焊接。

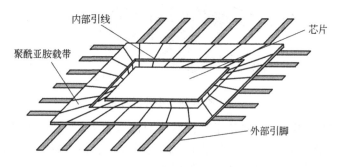

图 1.17　载带自动焊封装

1.3.1.3　基板封装

BGA 封装使用有机基板替代引线框架，基板通常由双马来酰亚胺三嗪树脂或聚酰亚胺制成，芯片安装于基板上，焊球植于基板底部以实现与电路板的连接。这种设计可使互连线路长度更短，这样可以提高电性能，也可以使封装尺寸更小。BGA 的演变形式包括引线键合塑料球栅阵列封装（PBGA）、倒装芯片塑料球栅阵列封装（FC-PBGA）以及载带自动焊塑料球栅阵列封装，引线键合 PBGA 以及 FC-PBGA 在图 1.18 及图 1.19 中示出。

芯片尺寸封装（CSP）仅比芯片本身稍大，其大小不会超过芯片实际大小的 20％。与传统模制 BGA 相比，CSP 典型的优点是成本更低，这应归功于基板消耗更少、制造工序更少、模塑料消耗更少以及占据板面更小[20]。一些 CSP 结构可提供低成本、高 I/O、高密度及紧凑封装，其中一种此类封装由 Tessera 开发，称为

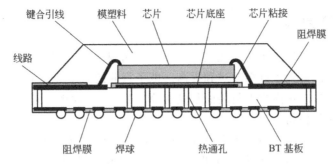

图 1.18　引线键合塑料球栅阵列封装[21]

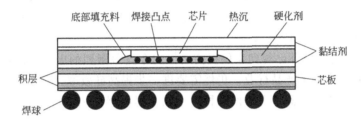

图 1.19　倒装芯片塑料球栅阵列封装

μBGA（图 1.20）。

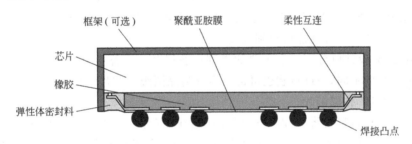

图 1.20　芯片尺寸封装（Tessera 开发的 μBGA）

1.3.1.4　多芯片组件封装

二维多芯片组件（MCM）封装包含多个 IC 芯片，这些芯片置于同一平面上并互连于基板上。MCM 封装有许多不同的类型，图 1.21 示出了按 PBGA 封装设计的 MCM[22]。

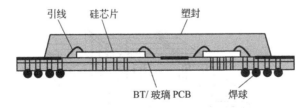

图 1.21　多芯片组件塑料球栅阵列封装[22]

BT—双马来酰亚胺三嗪树脂；PCB—印制电路板

13

1.3.2 3D 封装

电子产品的趋势是更小、更薄及更轻。多年来，IC 芯片尺寸已显著减小，电子封装设计也已得到了许多改进和提高。电子行业的一个关注焦点已指向封装硅效率，其定义为硅芯片面积占封装面积的比率。100％硅效率封装意味着封装覆盖面积与硅芯片面积相同。

多年来，电子行业通过改变设计，已在减小器件占据板面面积以及提高单芯片 2D 封装的硅效率等方面取得了进步。例如，相比传统的封装（如 TSOP），CSP 的硅效率更高，而二维多芯片组件（2D MCM）也可以提高硅效率以及改进器件的性能。相比之下，典型的 CSP 占板面面积可减少为 TSOP 的 57％，而 2D MCM 占板面面积可减少为 TSOP 的 62％[23]。

尽管 2D 封装设计已得到发展提高，但现今竞争激烈的电子产品市场，尤其是手持式及便携式电子产品行业，仍然需要进一步提高硅效率、减小封装尺寸以及提高器件性能。为了使器件占板面面积更小以及提高器件性能，新型 3D 封装设计应运而生。

在 3D 封装中，多个芯片垂直或水平（并排）地叠层在一起，这样可以在第三个方向（z 轴）上进行电互连。这种设计可以明显提高硅效率（超过 100％），此外 3D 封装还可提高器件的性能。由于 3D 封装中叠层芯片之间互连线路更短，因此信号传输更快且器件性能可得到提高。

3D 封装设计可分为三个主要的类别：叠层芯片、叠层封装以及折叠封装。根据组装工艺的不同，3D 封装也可进一步分为晶圆级及芯片级封装。

1.3.2.1 叠层芯片

叠层芯片封装是将 IC 芯片叠层并互连在一起的 3D 封装。叠层芯片封装可为芯片级或晶圆级封装。在晶圆级封装中，部分或全部的封装工序在晶圆上进行；而在芯片级封装中，晶圆已经切割好，所有的封装工序均在 IC 芯片上进行。

（1）3D 芯片级封装

如图 1.22 所示，在早期的一种来自 Irvine Sensors 公司的 3D 叠层芯片设计中[24]，并排叠层的芯片垂直于支撑基板，芯片通过芯片面连接在一起，并沿着同一接入平面上的一个边缘进行互连。这种早期设计的一个缺点是互连区域有限，因

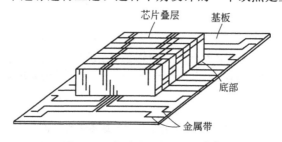

图 1.22 水平叠层芯片设计[24]

为只有一个平面可接入。

另外一种来自 Thomson-CSF 公司的 3D 封装设计中[25]，叠层芯片垂直或平行于印制电路板，除底面外所有的芯片面都可用于互连，图 1.23 所示为引线互连及芯片叠层设计的顶视图及侧视图。图 1.24 所示为 3D 封装工艺过程，首先将芯片叠层在一起并通过引线键合互连到转接板框架，然后用热固性树脂如环氧树脂将叠层后的组件封装起来，接下来对封装好的组件进行切割并让引线截面显露出来，然后对表面进行金属化处理以实现 3D 互连。这种 3D 封装方法被称为 Thomson 方法[26]，也被称为 "MCM-V"（垂直多芯片组件）方法。

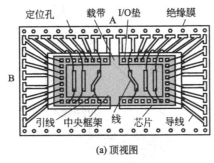

(a) 顶视图

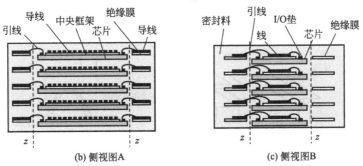

(b) 侧视图A　　　　　　　　(c) 侧视图B

图 1.23　采用引线进行互连而提高互连性的 3D 封装设计[25]

在如图 1.24 所示的 3D 封装及互连设计中，封装体表面导线带与屏蔽金属化层之间潜在的寄生电容是主要关注点之一。因为电容量直接与正对的金属化表面面积成正比，所以一种解决方案是减小正对金属化表面的面积。导线可从封装表面向后移几微米到几百微米，然后在封装表面以及垂直于封装表面切割出凹槽一直到达向后移动的导线，再进行金属化处理。这种方法可显著地减小正对的金属化表面面积，因而能明显地减小寄生电容[27]。金属化凹槽可以设计成多种不同的形状，如图 1.25 所示。

芯片叠层可以采用 TAB 进行互连。图 1.26(a) 示出了一种 Matsushita 公司开发的 3D 封装设计[28]，在这种设计中，垂直叠层的 IC 芯片通过 TAB 引线进行互连。图 1.26(b) 示出了另一种 Texas Instruments 公司所使用的叠层设计[29]，在这种设计中，IC 芯片并排叠层并通过 TAB 引线互连到基板上。

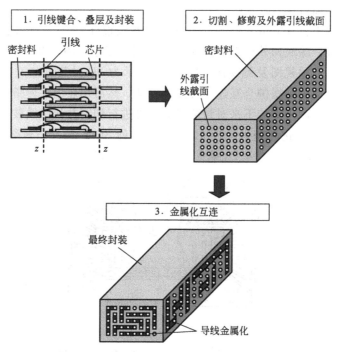

图 1.24 采用 Thomson 方法的 3D 封装工艺

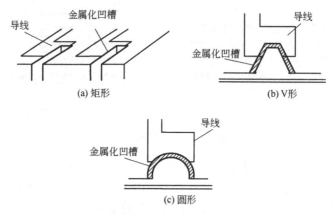

图 1.25 3D 封装设计中不同形状的互连金属化凹槽[27]

除了上述的均匀芯片叠层设计外，还有非均匀芯片叠层设计。在这些设计中，芯片尺寸可以不同，叠层区域也无须排列成行。图 1.27 示出了两种非均匀叠层设计[30]。图 1.27(a) 所示为被称为 "汉诺（Hanoi）塔" 的叠层设计，在这种设计中，尺寸逐渐减小的芯片垂直叠层，每个芯片通过引线键合与邻近的芯片连接在一起。图 1.27(b) 所示为芯片没有排列成行的交叉键合叠层设计。

另一种被称为聚合物内埋芯片（CIP）的 3D 封装设计将 IC 芯片叠层并嵌入薄膜/聚合物基体中，采用通孔进行互连[31,32]。图 1.28 示出了一种将五个存储芯片

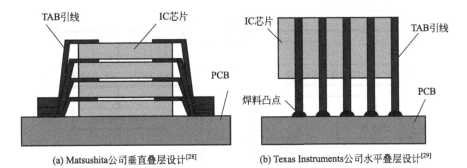

(a) Matsushita公司垂直叠层设计[28]　　　(b) Texas Instruments公司水平叠层设计[29]

图 1.26　采用 TAB 的均匀芯片叠层设计

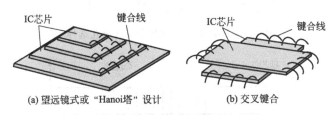

(a) 望远镜式或 "Hanoi塔" 设计　　　(b) 交叉键合

图 1.27　非均匀芯片叠层设计[30]

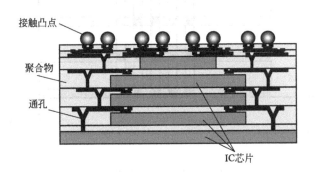

图 1.28　聚合物内埋芯片封装[31,32]

叠层并嵌入聚合物基体中的 CIP 封装。

（2）3D 晶圆级封装

在 3D 晶圆级封装（WLP）中，所有的封装工序都在晶圆上进行，比如通孔的形成、叠层、键合以及密封。在 3D WLP 中互连通孔可以有不同的选择方式，如图 1.29 所示。对于传统的不是为 3D 封装而设计的 IC 芯片，通孔制作在芯片底座外侧；而对于为 3D 封装而设计的 IC 芯片，互连通孔可以在 IC 芯片制造过程中制作，可以在 IC 器件制造前制作（称为‘先通孔’法）或在 IC 器件制造后制作（‘后通孔’法）。

图 1.30 所示为来自于超尖端电子技术协会（ASET）的 3D 晶圆级芯片叠层设计，在这种设计中，Cu 通孔在芯片底座外侧，芯片通过 Cu 凸点进行连接[33-35]。这种 3D 封装设计适用于最初并非为 3D 封装而设计的传统的 IC 芯片。

17

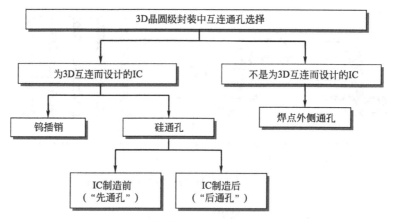

图 1.29 3D 晶圆级封装中互连通孔选择[33]

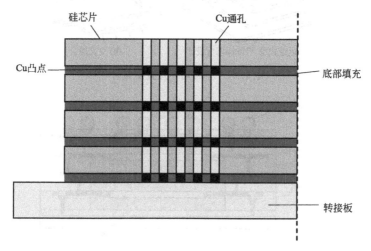

图 1.30 来自于 ASET 的 3D 芯片叠层设计剖面：
采用 Cu 贯通孔及 Cu 凸点连接[34,35]

NEC Electronics、Oki Electric Industry 以及 Elpida Memory 联合开发了一种晶圆级芯片叠层技术，在这种设计中，叠层存储芯片带有通孔，并采用称为 SMAFTI（SMArt 芯片-FTI）的技术[36]进行导通互连（FTI），如图 1.31 所示。存储芯片中的通孔采用图 1.32 中所描述的"先通孔"方法进行制作。在存储器件中制作高掺杂多晶硅通孔以实现垂直互连，并在正面和背面制作接触凸点。

SMAFTI 组装工艺流程见图 1.33 所示。在 WLP 中，有两种组装方式可供选择：芯片到晶圆（D2W）或晶圆到晶圆（W2W）。D2W 工艺具有已知良好芯片（KGD）组装的优点。已知良好芯片是完全测试过的芯片，已经通过了所有功能测试，并已为键合和封装做好准备。

在 SMAFTI 组装工艺流程中，首先完成 W2W 或 D2W 叠层以及与导通互连层之间的连接，然后注入底部填充料，将叠层块内芯片间的接触凸点密封起来[37]，

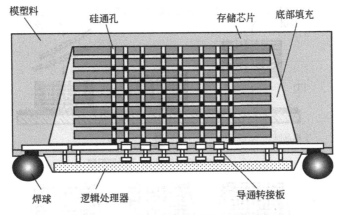

图 1.31　带硅通孔的叠层芯片封装[36]

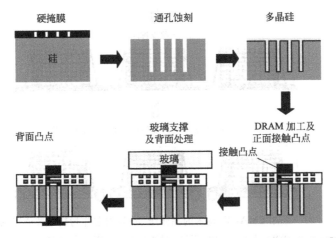

图 1.32　采用"先通孔"方法制作 3D 封装互连用硅通孔工艺流程[36]

DRAM—动态随机存储器

之后将支撑晶圆上的多个叠层块模封,如图 1.33 所示,再将支撑晶圆去除并切割晶圆,最后将处理器连接到单个芯片叠层组件中的 FTI 并制作焊球。

另一种用以实现 3D 互连的通孔由钨制成,它用于为 3D 封装所设计的 IC 芯片,在 IC 制造过程中在晶圆上制作而成[33]。图 1.34 所示为两晶圆层通过将它们的铜垫排列并接触而实现叠层。在位于顶部的晶圆背面制作钨插销,钨插销将顶部晶圆最后的金属化层与叠层块表面的铝垫连接起来,铝垫用于引线键合以及最后封装,小一些的通孔用于金属化层之间的垂直互连[38]。

1.3.2.2　叠层封装

三维封装设计也可应用于单芯片封装或多芯片组件(MCM)封装,它是将封装叠层起来并在第三个方向或 Z 方向上实现与 PCB 之间的互连。图 1.35 示出了一种 3D 叠层模制互连器件封装[31],它将单个芯片进行封装,在芯片上制作接触凸点,再将单个芯片封装叠层并互连起来。

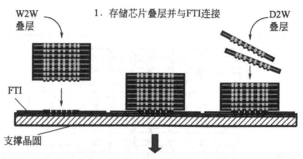

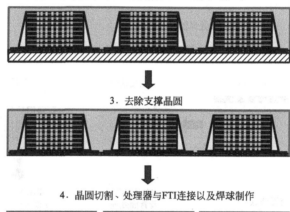

图 1.33 采用 SMAFTI 技术的晶圆级 3D 叠层芯片封装组装流程图[37]

D2W—芯片到晶圆；FTI—导通互连；W2W—晶圆到晶圆

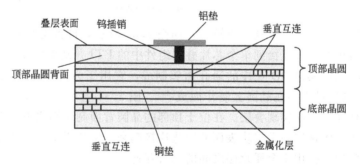

图 1.34 Tezzaron 所使用的带钨插销互连（"超接触"）

的叠层晶圆封装设计[38]

图 1.36 示出了少数几种其它的单芯片封装或 MCM 叠层设计。图 1.36（a）所示为连接到 PCB 上的叠层 TSOP。图 1.36（b）所示为 Matsushita 电子元器件公司所使用的一种设计，它通过引脚将叠层的 MCM 互连起来，而引脚焊接到 PCB 上，

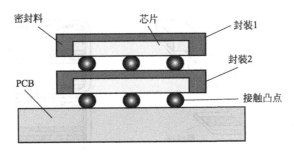

图 1.35　模制互连器件封装叠层设计[31]

PCB—印制电路板

这种设计被称为"叠层 QFP-格式化 MCM"[29]。图 1.36(c) 和 (d) 所示为采用高密度互连的 3D MCM 叠层设计，来自于通用电气（General Electric)[39]。在这种设计中，先将多个 IC 芯片粘接并互连于柔性基板上，也被称为软板上芯片 MCM（COF-MCM），然后将 COF-MCM 叠层，用黏结剂进行粘接并采用薄膜互连技术进行互连，最后采用接触凸点从侧面将 3D 封装体连接于 PCB 上。

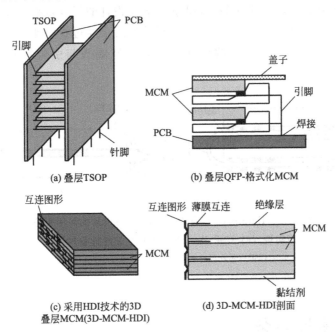

(a) 叠层TSOP

(b) 叠层QFP-格式化MCM

(c) 采用HDI技术的3D
叠层MCM(3D-MCM-HDI)

(d) 3D-MCM-HDI剖面

图 1.36　叠层封装设计[29,39]

HDI—高密度互连；MCM—多芯片组件；PCB—印制电路板；

QFP—四边引线扁平封装；TSOP—薄型小外形封装

1.3.2.3　折叠封装

折叠封装采用柔性基板实现 IC 芯片（或封装器件）间的互连，并将柔性基板折叠以形成 3D 封装。图 1.37(a) 所示为已连接好倒装芯片的折叠前的柔性基板，

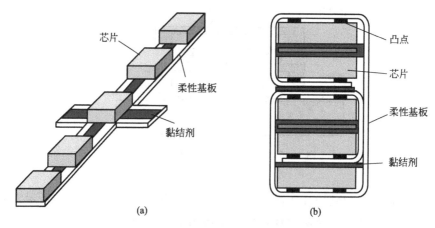

图 1.37　折叠前柔性基板上的倒装芯片（a）和
折叠叠层倒装芯片设计（b）[40]

而图 1.37(b) 所示为将基板折叠起来形成的 3D 封装结构[40]。

图 1.38 所示为 Entorian Technologies 公司设计的折叠封装[41]，它采用折叠柔性电路在 z 轴上实现互连。图 1.38(a) 所示为两个通过折叠柔性电路实现互连的 CSP[19]，图 1.38(b) 所示为两个通过折叠柔性端头与引脚接触而实现互连的 TSOP[42]。

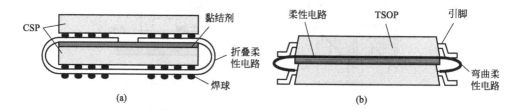

图 1.38　Entorian（前身为 Staktek）所设计的采用折叠柔性
线路实现（a）CSP 及（b）TSOP 互连的折叠封装[19,41,42]
CSP—芯片尺寸封装；TSOP—薄型小外形封装

1.4　气密性封装

气密性封装为腔体封装，这种设计是为了隔绝潮气及腐蚀性气体，它们由陶瓷及金属材料制成，这些材料能很好地防止潮气的渗透。这种封装将金属或陶瓷盖（或壳）焊接或粘接于封装底板上以实现气密性封装，底板在密封前要烘干以保证封装内部有一个干燥的环境。气密性封装中可采用玻璃-金属导通孔与扩展引脚或集成引脚进行互连。图 1.39 所示为一种有扩展电引脚的金属扁平封装。

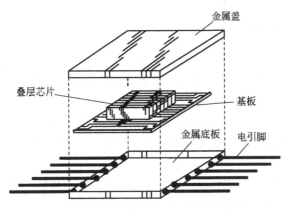

图 1.39　金属盖封接于带扩展引脚的底板而形成的
气密性金属扁平封装[24]

1.4.1　金属封装

金属封装是最早采用的微电子封装之一，特别是 Kovar（29％Ni/17％Co/54％Fe）预制封装。Kovar 是一种镍钴铁合金，它的热膨胀系数与硬玻璃（硼硅酸盐）相似，适用于金属部件与玻璃或陶瓷部件之间的封接。42 合金是气密性封装所使用的另一种金属。Kovar 以及 42 合金的性能参数在表 1.2 中列出。

表 1.2　气密性封装两种常用金属的性能参数

项　目	Kovar	42 合金
组成/％	镍(Ni)：29 钴(Co)：17 硅(Si)：0.10 碳(C)：0.02 锰(Mn)：0.30 铁(Fe)：其余	镍(Ni)：39/41 铬(Cr)：0.05 锰(Mn)：0.60 硅(Si)：0.02 碳(C)：0.05 铝(Al)：0.02 钴(Co)：0.05 磷(P)：0.02 硫(S)：0.02 铁(Fe)：其余
热膨胀系数 /10^{-6}[m/(m·℃)]	30～200℃：5.5 30～500℃：6.2 30～900℃：11.5	30～200℃：4.5 30～500℃：8.0 30～900℃：12.3
弹性模量/psi	20×10^6	21×10^6
屈服强度/psi	50000	40000
极限强度/psi	75000	72000

1.4.2 陶瓷封装

在电子封装行业中，尤其是在商用电子产品中，陶瓷封装的使用已经明显减少。与相应的塑料封装相比，陶瓷封装要昂贵得多；但陶瓷封装的高气密性可以保护电子器件免受潮气以及腐蚀性气体的损害。

陶瓷封装的一个特殊应用是用于 MEMS。由于塑封接触应力以及环境应力对于 MEMS 元件比如微传感器及微机械单元是有损害的，因而陶瓷封装是更为合适的选择。

低温共烧陶瓷（LTCC）是一种常见的用于电子封装的陶瓷材料。在军事领域，LTCC 在高可靠性方面保持着良好的使用记录[43]。

陶瓷在很多材料性能参数上具有优势。陶瓷的热膨胀系数（CTE）可以与硅芯片（3×10^{-6}/℃）匹配，或与铜引线框架（17×10^{-6}/℃）匹配；其介电常数可在 4～10000 范围内变化；陶瓷的热导率也可在一定范围内变化，可使其作为最好的绝热体，也可使其导热性比铝金属［220W/(m·K)］更好；陶瓷的尺寸稳定性通过测量收缩率进行表征，收缩率可控制在标称值 ±0.1% 的范围内，从而可实现多达 30～50 层的陶瓷与金属共烧[44]。

1.5 封装料

封装料用于保护半导体芯片免受环境的影响。超过 99% 的商用微电子器件为塑料封装。塑料封装具有一些陶瓷及金属封装所没有的优点，包括设计及制造成本更低、重量更轻以及尺寸更小[11,45]。除密封外，保形涂层还能为微电子器件提供更多的保护。对于涂层涂覆方法及涂层材料，早前 J. J. Licari 已经有所论述[12]。

模塑料是最常见的封装料，其它种类的塑封方法包括顶部包封、灌封、印制及底部填充。

1.5.1 塑封料

模塑料以型块（预制件）的形式进行供给，备好后用于传递模塑机中以生产 SIP、DIP、PLCC 及 QFP。例如 PGA 载体，带壳的载体，经常使用多组分液态环氧树脂或预制件。

模塑料必须具有足够的机械强度、与封装元器件良好的黏附性、制造过程及环境条件下良好的化学稳定性、良好的电绝缘性、低的热膨胀系数、高的热稳定性以及在使用温度范围内良好的抗潮性。

用于封装的模塑料可分为热塑性塑料、热固性聚合物以及弹性体。热塑性塑料加热时可重熔。热固性聚合物具有交叉的聚合物链，固化后没有固定的熔融温度。

弹性体为具有很高弹性的热固性聚合物。

热固性聚合物是目前主要使用的封装材料。基于环氧树脂体系的热固性模塑料，或者在一些特殊领域使用的基于有机硅聚合体的热固性模塑料，都广泛用于电子器件的封装。聚氨酯、聚酰亚胺以及聚酯用于对在低温及高湿条件下使用的模块和混合电路进行密封和涂层保护。改性聚酰亚胺涂层具有高的热稳定性、低的潮气渗透性、低的热膨胀系数以及高的材料纯度等优点。

热塑性塑料很少用于封装，因为它们所要求的高温及压力等工艺条件很苛刻。如果熔融温度太高，重熔热塑性塑封料对半导体器件是有损害的，而且热塑性塑料纯度低，并可能导致潮气引起的金属化腐蚀。

另一方面，由于热塑性塑料可回收并属于环境友好型材料，因此提高热塑性塑料性能的研究工作已经在开展[46]。由摩托罗拉（Motorola）研究小组开发的一种热塑性塑料的热导率比传统模塑料的热导率大一个数量级，因此有望作为一种用于大功率半导体器件的封装材料[46]。3M 公司 Innovative Properties 研究小组开发的一种高纯度含氟聚合物热塑性塑料亦具有应用于半导体封装的潜力[47]。

弹性体是另一种在室温下通常为柔软及可变形的聚合物，这是因为它具有低于室温的玻璃化转变温度。由于弹性体的可变形能力以及低的纯度，其作为常规封装材料的用途有限，但是可用作黏结剂、密封剂以及柔性元器件的封装料。

1.5.2 其它塑封方法

其它塑封方法包括顶部包封、灌封、底部填充及印刷封装。在顶部包封中，首先顶部包封剂以流体形式分布于半导体器件顶部，然后固化并形成保护性屏障。硅树脂和环氧树脂是常用的顶部包封剂。

灌封及浇铸密封料用于较大的元器件，如变压器、连接器以及 MCM。灌封时将器件放入一个模具中并将液态树脂灌注入其中，模具变成封装电子单元的一部分。浇铸与灌封相似，只是在密封工艺结束时要将模具取掉。硅树脂、环氧树脂以及聚氨酯是常用的灌封及浇铸密封料。

底部填充料通常用于倒装芯片封装、CSP 及 BGA，用以提供机械支撑、保持结构稳定以及保护焊球。热固性环氧树脂是一种很常用的底部填充材料。

印刷封装方法用于更小及更薄的封装。它包括采用丝网进行印刷（丝网印刷），或在已存在的互连凸点腔体上进行印刷（腔体印制）。具有低翘曲特征（面外形变）的液态环氧树脂是合适的印刷封装材料。

1.6 塑封与气密性封装的比较

塑封器件在尺寸、重量、性能、成本以及实用性方面均优于气密性封装器件，近二三十年来塑封器件的可靠性也得到了显著的提高。

1.6.1　尺寸及重量

通常商用塑封微电子器件重量大约是陶瓷封装器件的一半，例如一个 14 脚双列直插塑封器件（PDIP）重量大约为 1g，而一个 14 脚双列直插陶瓷封装器件（CERDIP）则大约重 2g。塑封 DIP 器件与陶瓷 DIP 器件在尺寸方面差别较小，然而更小的结构（如 SOP）及更薄的结构（如 TSOP）则仅适合采用塑料封装，而使用 SOP 以及 TSOP 也能够使线路板组件性能更优，原因是高组装密度以及短互连路径可减少器件间信号的传播延迟。

尤其对于航空工业以及便携式消费类电子产品行业，微电子封装器件的尺寸和重量是重要的关注点。更小的形状系数（表征主板尺寸的标示值）自然会增加线路板上器件组装密度及功能，并得到更小尺寸的微电子封装组件。而在线路板功能一定的情况下，器件重量减小自然会使整个线路板重量下降。随着 3D 芯片叠层封装的出现，塑封器件封装密度可以进一步提高，可使电子封装器件更小以及更轻。

1.6.2　性能

塑封料的介电常数通常比陶瓷的介电常数（大约 9 或 10）低。由于高频信号传播延迟与介电常数的平方根成正比，高介电常数的材料如陶瓷对信号传播速度有不利的影响。因此从性能方面考虑，塑封通常比陶瓷封装更受欢迎。

能提供高信号传播速度的塑封器件包括 2D 封装器件（如 PQFP、PGA 及 BGA）以及 3D 芯片叠层封装器件。除了采用塑料封装外，这些器件具有更高的针脚数以及封装密度。低针脚数及低密度的塑封器件（如 DIP）的信号传播效率则较低。

另一个影响塑封器件性能的因素是引线电感。与陶瓷封装器件所用的 Kovar 引线相比，塑封器件常用的铜引线框架具有较小的引线电感，这使得相对于同样形状系数的陶瓷封装器件，塑封器件的性能更优。

1.6.3　成本

整个塑封器件的成本由下列因素决定，包括芯片、封装、产量、尺寸、组装、筛选、老化、最终测试、成品率以及质量鉴定试验。由于塑封 IC 占据了超过 99% 的 IC 市场份额，因而在高要求、激烈竞争以及高质量、自动化大批量生产等因素的推动下，其成本已经下降。一些小批量陶封器件可比同类商用塑封器件昂贵上百倍。

通常情况下气密性封装器件材料成本更高，而且需要更多劳动密集型工艺。例如据 Thomson CSF 报道，便携式无线电收发机的 12 块印制线路板组件中，每一块均采用塑封器件而不是采用陶瓷封装器件，其购买成本可减少 45%[48]。导致气密性封装 IC 成本上升的另一个因素是小批量气密性器件需要经过严格的测试及筛选试验。当两种封装类型的器件筛选到用户所需的条件时，据 ELDEC 估计，塑封器件购买成本可比陶瓷封装器件低 12％，这主要是由于大批量生产令其产品更加便宜[49]。

塑封器件的成本优势随集成度和管脚数的增加而减少，因为与整个封装器件总成本相比，芯片的成本相对较高。对复杂的超大规模单片 IC 而言，成本优势可能不明显，但对复杂的封装形式（如 MCM）而言，因为易于组装，成本优势可能会更明显。实际上，未来倾向于将叠层基板多芯片模块（MCM-L）按照如 PQFP 或 BGA 的形状系数进行封装，这一发展趋势将使塑封器件变得更为普及。在 MCM-L 中，可以将一些芯片及无源器件组装在 PCB 基板上并且集成到同一框架上以增强部分功能。这种方法缩短了投放市场的时间（通过直接使用现成的芯片而不需要芯片集成），增加了产量（不需要大芯片，不需要混合使用互补型金属氧化物半导体以及双极型半导体等不同技术），并降低了封装成本（与相应的陶瓷封装器件比较）。

1.6.4　气密性

腔体封装的气密性取决于多种因素，包括腔体的压力以及密封的质量。一种广泛用于评价气密性的方法是氦气检漏试验。氦气具有高扩散率以及易于被质谱仪识别的优点。在氦气检漏试验中，器件放置于充满加压的氦气的容器中（高压容器），而将器件从容器中移开后，当已通过漏缝进入器件的氦气从器件中漏出时，将被检测到。

表 1.3　氦气细检漏试验固定条件[50]

封装体积/cm³	P_E/psi±2psi	最小暴露时间 t_1/h	最长停留时间 t_2/h	漏率拒收限值 R_1 /(atm·cm³/s)
<0.05	75	2	1	$5×10^{-8}$
≥0.05～<0.5	75	4	1	$5×10^{-8}$
≥0.5～<1.0	45	2	1	$1×10^{-7}$
≥1.0～<10.0	45	5	1	$5×10^{-8}$
≥10.0～<20.0	45	10	1	$5×10^{-8}$

氦气细检漏试验条件见表 1.3 所示[50]。器件暴露于压力为 P_E 的氦气中，时间至少为 t_1，P_E 单位为 psi（磅/平方英寸，绝对压力），t_1 为最小暴露时间，单位为 h，t_2 为压力释放与检漏之间的最长停留时间，R_1 为检测到的通过漏缝的氦气的漏率，单位为 atm·cm³/s，如果漏率高于设定的限值 R_1，则器件将被拒收。时间 t_1 及 t_2 以及压力值均基于 Rome 空间发展中心的报告[51]。

腔体封装的气密性评价有利也有弊。有利的是非破坏性标准试验如氦气检漏试验可用于保护高可靠性应用的器件免受潮气及腐蚀性气体的损害。由于塑封器件中没有腔体以及塑封料的高渗透性，标准气密性试验对于塑料封装是不可行或不适用的。其它的一些试验，如高加速温度/湿度应力试验或温湿度偏压试验，已经设计用来评价暴露于潮气中的塑封器件的可靠性，但这些试验实际上是破坏性的，它们可用于基于抽样的成批塑封微电子器件（PEM）的质量保证。

腔体封装的气密性试验有一些缺点。氦气检漏方法需要昂贵的试验设备（设备成本约＄15000），而且漏率必须大于 10^{-12} cm³/s 才能被检测到。对于小腔体封装如 MEMS（10^{-5} cm³），这种漏率上的限制将导致测试精度较差[52,53]。其它与氦气检漏试验相关的问题还包括试验范围窄、检测效率低，以及无法检测大孔引起的氦气大泄漏[54]。

其它用于气密性评价的方法包括傅立叶变换红外（FTIR）光谱仪测试、品质因子（Q因子）测试和钙层阻抗测试。采用 FTIR 光谱仪进行测试时，器件置于充满气体（如一氧化二氮）的高压容器中，并使用 FTIR 光谱仪测量器件内的气压变化[55]。这种方法的缺点是器件必须是 IR 可透过的，且必须控制在气密封装前以及置于容器前器件内的气体可以实现精确测量，另外器件的几何形状也可能造成干扰[53]。

Q因子测试方法是基于对封装于器件内的谐振器的 Q 因子进行测量。设计并制造良好的 MEMS 谐振器在真空环境下具有高的 Q 因子，但随着压力的增加，Q因子会降低[53]。这种方法非常灵敏，但也有一些缺点，包括由于材料不稳定性导致的测量限制而产生的传感器漂移、对小的压力变化的不可靠测定以及校准困难[52]。

钙层阻抗测试方法基于钙与氧气以及水汽之间的反应[53]，当暴露于通过漏缝进入的氧气或水汽中时，钙层的电阻会增大。这种方法主要的缺点是必须在可控气氛下制备好钙层，因为即使在环境温度下钙层也是相当活跃的。

1.6.5 可靠性

PEM 的可靠性一直被人们所关注，由于封装材料、芯片钝化及制造工艺的改进，从 20 世纪 70 年代开始 PEM 的可靠性便有了极大的提高。特别是当代的封装材料，其杂质离子含量更低，与其它封装材料能更好地粘接，玻璃化温度更高，热导率更高，与引线框的热膨胀系数能更好地匹配。钝化的改进方面包括提高芯片的黏附性、减少针孔及裂纹、降低离子杂质含量、减低吸湿性以及具有能与基板良好匹配的热性能。塑封器件的失效率已从 1978 年的每百万工作小时失效 100 只下降到 1990 年的每百万工作小时失效 0.05 只[56]。基于气密及塑封微电路标准可靠性试验的行业数据比较显示，PEM 的可靠性已与气密器件的可靠性相当[57]。

表 1.4 总结了塑料封装及气密性封装可靠性对比研究的三个结果。Rockwell International，Collins Group 研究比较了 PDIP 和塑料表面安装器件与 CERDIP 在

模拟最坏航空环境条件下的可靠性。如表 1.4 所示，失效率之间存在巨大差别，这是由于玻璃封接密封性降低造成的。塑料封装以及气密性封装的失效机理均是由于潮气对金属化层造成了损伤。研究所用的器件样品来自五个不同的公司（Texas Instruments，Motorola，National，Signetics 及 Fairchild）。表 1.4 所示的其它两个研究结果（热循环）亦表明塑料封装的失效率与相应的陶瓷封装的失效率相当[59,60]。

表 1.4　热-机械可靠性[58-60]

研究	封装	失效数/试验数	失效率	备注
Grigg (Rockwell, Collins)	塑料	1/2920	0.0016%/1000h	0.034% 缺陷率
	气密性	2/1200	0.0061%/1000h	0.167% 缺陷率
Lidback (Motorola SPS)	塑料	11/133747	0.083%/1000 周期	0.008% 缺陷率
	气密性	46/46473	0.099%/1000 周期	0.099% 缺陷率
Villalobos (Motorola TED)	塑料	23/9177	0.44%/1000 周期	0.25% 缺陷率
	气密性	7/1844	0.38%/1000 周期	0.38% 缺陷率

汽车行业使用一些商用领域中最严格的质量标准，要求器件不合格数为零，试验包括温度循环，热冲击，潮湿，寿命试验，高温反偏，间歇工作寿命试验以及蒸煮（流通蒸汽）试验。大多数供应商提供的塑封器件经过这些试验没有出现问题，表明整个行业有能力满足汽车行业标准[61]。总而言之，PEM 很利于自动组装技术，它消除了手工操作及人为因素带来的误差，而使产量提高及组装成本降低。而另一方面，对于气密性封装器件大批量生产，自动化装配线上的拾放设备会使气密封装或片式陶瓷封装产生裂纹。

塑封器件的可靠性已经显著提高，在一些研究中，如表 1.4 所描述，在可靠性方面，塑封器件甚至与相应的气密性封装器件相当。由于气密性封装特殊的设计可抵抗潮气与腐蚀性气体，因而消除了与之相关的可靠性方面的问题，故气密性封装仍将被视为高可靠性封装，但气密性封装设计的有效性强烈依赖于密封的质量及可靠性。在对潮气及气体高度敏感的应用领域，高质量密封的气密性封装仍将被视为是最可靠的。

1.6.6　可用性

塑封器件在连续生产线上组装及封装，而气密器件则根据需要进行生产，因此塑封器件比气密器件更容易获取。这主要是由于市场的压力（成本及数量）促使大多数设计优先选择塑料封装。塑封器件的交货时间明显缩短，重新启动一条气密器件生产线存在的相关问题，对于连续的塑封器件生产线则不存在。

只有了解到市场需要高性能的器件而且利润丰厚时，供应商才会开发气密封装器件，因此一些气密封装器件不能简单地向主要的制造商购买。此外，美国军方及政府作为主要的气密器件购买者，尽管在 20 世纪 60 年代其购买量曾占到整个市场的将近 80%，但仍只占整个电子产品市场相对较小的一部分（1995 年少于 1%）。随着封装技术向表贴方向发展，陶瓷封装器件的开发在微电子产品市场中变得更加落后，从而也导致如何使塑封 IC 适应政府及军方的应用变得更加重要。在全球竞争环境下，对材料及制造工艺的行业性研究仍将继续关注塑封器件。2000 年，超过 99% 的 IC 为塑料封装。

1.7　总结

本章对电子封装及塑料封装进行了概述，电子封装包括气密性（陶瓷或金属）封装或非气密性（塑料）封装，超过 99% 的微电子器件为塑料封装。

本章对封装级别和微电子器件封装类型进行了讨论，微电子器件封装类型包括 2D 和 3D 封装。2D 封装可进一步分为通孔、表贴及基板封装。3D 封装可分为叠层芯片、叠层封装及折叠封装，它为满足电子产品更小、更快和更高密度的发展要求而出现，与 2D 封装相比，3D 封装可提供更高的硅效率和更好的性能。

本章概述了模塑、顶部包封、底部填充、灌封及印制等封装方法，其中最常用的一种封装材料为环氧模塑料。在最后一节中，对气密封装及非气密封装在尺寸、重量、性能、成本、可靠性、气密性及可用性方面进行了比较。塑封器件重量更轻、尺寸更小、成本更低、性能更佳，市场化及生产方面更具优势。

参　考　文　献

[1]　Scott, H., "Glass metal seal," US Patent 2062335, 1936.

[2]　Taylor, W. E., "High frequency transistor package," U. S. Patent 2880383, 1959.

[3]　Lanzl, R. H. and Smith, R. E., "Low Cost Transistor," U. S. Patent 3235937, 1966.

[4]　Doyle, G. A., "Method for Fabricating and Plastic Encapsulating a Semiconductor Device," U. S. Patent 3367025, 1968.

[5]　Birchler, R. O. and Williams, Jr., E. R., "Process for Encapsulating Electronic Components in Plastic," U. S Patent 4043027, 1977.

[6]　Keller, J., "Leadership in parts reliability switching to industry", military & Aerospace Electronics, January, 1998.

[7]　Hawes, A. and Adams, T., "Systems designers should take care when specifying plastic parts in military electronics", Military & Aerospace Electronics, August 2000.

[8]　Zimmerman, M., Felton, L, Lacsamana, E., and Navarro, R., "Next generation low stress plastic cavity package for sensor applications", IEEE Electronics Packaging Technology Conference, pp. 231-237, 2005.

[9]　Butt, S. H., "Method of making semiconductor casing," US Patent 4594770, 1986.

[10]　Licari, J. J. and Swanson, D. W., Adhesives Technology for Electronic Applications, William Andrew Publishing, NY, 2005.

[11]　Pecht, M., Nguyen, L. T., and Hakim, E. B., Plastic-Encapsulated Microelectronics,

John Wiley & Sons, New York, 1995.

[12] Licari, J. J. , Coating Materials for Electronic Applications, Noyes Publications/William Andrew, Inc. , NY, 2003.

[13] Wong, C. P. , "Polymers for Encapsulation: Materials Processes and Reliability," Chipscale Review, March 1998. (Http: //www. Chipscalereview. com/9803/wong1. htm, March 2001)

[14] Vogel, D. , Kuhnert, R. , Dost, M. , and Michel, B. , "Determination of packaging material properties utilizing image correlation techniques", Journal of Electronic Packaging, vol. 124, pp. 345-351, Dec 2002.

[15] Chiu, T. C. , "Composite lid for land grid array (LGA) flip-chip package assembly," US Patent 6861292, 2005.

[16] Liang, J. , Xu, Z. H. , and Li, X. , "Whisker nucleation in indentation residual stress field on tin plated component leads," Journal of Material Science: Materials in Electronics, vol. 18, no. 6, pp. 599-604, 2007.

[17] Henkel Technologies, "Hysol die-attach adhesives," http: //www. loctite. com/int _ henkel/loctite _ us/index. cfm? pageid=14.

[18] Pecht, M. , Agarwal, R. , McCluskey, P. , Dishongh, T. , Javadpour, S. , and Mahajan, R. , Electronic Packaging: Materials and Their Properties, CRC Press, Washington , DC, p. 55, 1999.

[19] Cady, J. , Wilder, J. , Roper, D. L. , Rapport, R. , Wehrly, Jr. , J. D. , and Buchle, J. A. , "Integrated circuit stacking system and method," US Patent 6940729, 2005.

[20] Iscoff, R. , "Encapsulation trends: pushing the envelope for the next generation of CSPs," Chip Scale Review, March 1998 (http: //www. chipscalereview. com/9803/home. htm, April 2001) .

[21] Zhang, K. and Pecht, M. , "Effectiveness of conformal coatings on a PBGA cubjected to unbiased high humidity, high temperature tests," Microelectronics International, vol. 17, no. 3, pp. 16-20, 2000.

[22] Newberry, R. , Johnson, R. W. , Bosley, L. , and Evans, J. , "Analysis of an MCM implementation for an automotive controller," IMAPS International Journal of Microcircuits and Electronic Packaging, vol. 20, no. 3, pp. 325-332, 1997.

[23] Kada, M. , and Smith, L. , "Advancements in stacked chip scale packaging (S-CSP) provides system-in-a-package functionality for wireless and handheld application," Future Fab International, vol. 9, January 2000 (www. future-fab. com) .

[24] Go, T. C. , " High-density electronic modules-process and product," US Patent 4706166, 1987.

[25] Val, C. , " Device for the 3D encapsulation of semiconductor chips," US Patent 5400218, 1995.

[26] Kelly, G. , Morrissey, A. , Alderman, J. , and Camon, H. , "3-D packaging methodologies for Microsystems," IEEE Transactions on Advanced Packaging, vol. 23, no. 4, pp. 623-630, November 2000.

[27] Val, C. , "Device for interconnecting, in three dimensions, electronic components," US Patent 6809367, 2004.

[28] Hatada, K. , "Stack type semiconductor package," US Patent 4996583, 1991.

[29] Al-Sarawi, S. F. , Abbott, D. , and Franzon, P. D. , "A review of 3-D packing technology,"

IEEE Transactions on Components, Packing, and Manufacturing Technology: Part B, vol. 21, no. 1, pp. 2-14, February 1998.

[30]　Lyke, J., "Efficient heterogeneous three-dimensional packaging at a system level," AIAA/ IEEE Digital Avionics Systems Conference, vol. 1, pp. 2. 3-13-20, October 1997.

[31]　Becker, K. F., Jung, E., Ostmann, A., Braun, T., Neumann, A., Aschenbrenner, R., and Reichl, H., "Stackable system-on-packages with integrated components," IEEE Transactions on Advanced packaging, vol. 27, no. 2, May 2004.

[32]　Garrou, P., "Future Ics go vertical," Semiconductor International, February 2005 (www. semiconductor. net).

[33]　Garrou, P., "Wafer-level 3D integration moving forward," Semiconductor International, October 2006 (www. semiconductor. net).

[34]　Tanida, K., Umemoto, M., Tomita, Y., Tago, M., Nemoto, Y., Ando, T., and Takahashi, K., "Ultra-high-density 3D chip stacking technology," Electronic Components and Technology Conference, pp. 1084-1089, 2003.

[35]　Umemoto, M., Tanida, K., Nemoto, Y., Hoshino, M., Kojima, K., Shirai, Y., and Takahashi, K., "High-performance vertical interconnection for high-density 3D chip stacking package," Electronic Components and Technology Conference, pp. 616-623, 2004.

[36]　Kawano, M. Uchiyama, S., Egawa, Y., Takahashi, N., Kurita, Y., Soejima, K., Komuro, M., Matsui, S., Shibata, K., Yamada, J., Ishino, M., Ikeda, H., Saeki, Y., Kato, O., Kikuchi, H., and Mitsuhashi, T., "A 3D packaging technology for 4 Gbit stacked DRAM with 3 Gbps data transfer," IEDM International Electron Devices Meeting, pp. 1-4, December 2006.

[37]　Kurita, Y., Matsui, S., Takahashi, N., Soejima, K., Komuro, M., Itou, M., Kakegawa, C., Kawano, M., Egawa, Y., Saeki, Y., Kikuchi, H., Kato, O., Yanagisawa, A., Mitsuhashi, T., Ishino, M., Shibata, K., Uchiyama, S., Yamada, J., and Ikeda, H., "A 3D stacked memory integrated on a logic device using SMAFTI technology," 57th Electronic Components and Technology Conference, pp. 821-829, May 2007.

[38]　www. tezzaron. com.

[39]　Fillion, R., Wojnarowski, R., Kapusta, C., Saia, R., Kwiatkowski, K., and Lyke, J., "Advanced 3-D stacked technology," Electronics Packaging Technology Conference, pp. 13-18, December 2003.

[40]　Schmidt, S., "Flip chip stack," US Patent 7132854, 2006.

[41]　Entorian Technologies Inc. (formerly Staktek Holdings, Inc.), "High performance Stakpak® Ⅱ product brief," Http://www. staktek. com/products/stakpak. html, February 2008.

[42]　Burns, C. D, Roper, D., and Cady, J. W., "Flexible circuit connector for stacked chip module," US Patent 7066741, 2006.

[43]　Prabhu, A. N., Cherukuri, S. C., Thaler, B. J., and Mindel, M. J., "Co-fired ceramic on metal multichip modules for advanced military packaging," Proceeding of National IEEE Aerospace and Electronics Conference, NAECON, vol. 1, pp. 217-222, 1993.

[44]　Holmes, R. J., Handbook of Thick Film Technology, EPL, UK, 2000.

[45]　Tummala, R. R. and Rymaszewski, E. J., Microelectronics Packaging Handbook, Van Nostrand Reinhold, New York, pp. Ⅱ-394-Ⅱ-508, 1989.

[46]　Mays, L. and Hubenko, A., "An evaluation of thermoplastic materials and injection molding as a discrete power semiconductor packaging alternative," International Symposium on

Microelectronics, pp. 185-190, 1997.

[47] Blong, T. J. , Duchesne, D. , Loehr, G. , Killich, A. , Zipplies, Tilman, Kaulback, R. , and Strasser, H. , "High purity fluoropolymers," US Patent 6693164, 2004.

[48] Brizoux, M. , et al. , "Plastic-Integrated circuits for military equipment cost reduction challenge and feasibility demonstration," Proceedings of 40th Electronic Components and Technology Conference, pp. 918-924, 1990.

[49] Condra, L. and Pecht, M. , "Options for commercial microcircuits in avionic products," Defense Electronics, pp. 43-46, July 1991.

[50] Greenhouse, H. , Hermeticity of Electronic Packages, Noyes Publications/William Andrew Publishing, NJ/NY, 2000.

[51] Banks, S. B. , McCullough, R. E. , and Roberts, E. G. , Investigation of Microcircuit Seal Testing, RADC-TR-75-89, 1975.

[52] Stark, B. H. , Mei, Y. , Zhang, C. , Najafi, K. , "A doubly anchored surface micromachined pirani gauge for vacuum package characterization," Sixteenth Annual IEEE The International Conference on Micro Electro Mechanical Systems, 2003, MEMS-03 Kyoto, pp. 506-509, 2003.

[53] Seigneur, F. , Maeder, T. , and Jacot, J. , "Laser soldered packaging hermeticity measurement using metallic conductor resistance," XXX International Conference of IMAPS Poland Chapter, Kraków, pp. 1-4, September 24-27, 2006.

[54] Ruthberg, S. , "A rapid cycle method for gross leak testing with the helium leak detector," IEEE Transactions on Components, Hybrids, and Manufacturing Technology, vol. CHMT-3, no. 4, pp. 564-570, December 1980.

[55] Veyrié D. , Lellouchi, D. , Roux, J. L. , Pressecq, F. , Tetelin, A. , and Pellet, C. , "FT-IR spectroscopy for the hermeticity assessment of micro-cavities," Microelectronics and Reliability, vol. 45, no. 9-11, pp. 1764-1769, September 2005.

[56] Watson, G. F. , "Plastic-packaged integrated circuits in military equipment," IEEE Spectrum, pp. 46-48, February 1991.

[57] Pecht, M. , Agarwal, R. , and Quearry, D. , "Plastic packages microcircuits: quality, reliability, and cost issues," IEEE Transactions on Reliability, vol. 42, no. 4, pp. 630-635, 1993.

[58] Grigg, K. C. , Plastic versus Ceramic Integrated Circuits Reliability Study, Report No. WP86-2020, Rockwell International, Collins Groups, July 1986.

[59] Lidback, C. A. , Plastic-Encapsulated Products versus Hermetically Sealed Products, Summary Report, Motorola Inc. , Government Electronics Group, January 1987.

[60] Villalobos, L. R. , Reliability of Plastic-Integrated Circuits in Military Applications, ESP Report No. PV 620-0530-1, Motorola Inc. , Government Electronics Group, January 1989.

[61] Straub, R. J. , "Automotive electronic integrated circuits reliability," Proceedings of Custom Integrated Circuit Conference, pp. 92-94, 1990.

第2章　塑封材料

封装材料可依封装技术分为五种主要类型：塑封料，顶部包封料，灌封料，底部填充料和印制封装材料。环氧树脂是最常见的塑料封装材料，硅树脂、聚氨酯和酚醛树脂也是被广泛应用的封装材料。其它种类的材料也被作为"添加剂"加入到封装材料中以实现不同的功能和特性。添加剂的选择受到封装产品的功能、工艺性、成本及实用性等的综合影响。

一种塑封料可能含有 10 种以上的添加剂，如填充剂、促进剂、阻燃剂和固化剂。每种添加剂对封装工艺、整体性能和封装可靠性具有特定的功能。举例来说，作为添加剂用于塑封料中的硅填料降低了塑封料的热膨胀系数（CTE），同时增加了其热导率，这将会降低塑封料与其邻近的材料之间的热应力不匹配问题并因此改善了电子封装的可靠性。

正处于积极研发中的一类封装材料是环境友好型塑封料或称为"绿色"塑封料。研究发现，塑封料中的传统阻燃剂对环境是有毒害作用的，因此受到限制或要求从绿色产品中去除。因而，替代性的无毒阻燃剂应运而生。此外，其它类型的绿色材料如不需要添加任何阻燃剂的自熄性塑封料已被研发出来。

在本章中，首先概述了目前常用封装材料的化学组成，然后介绍了塑封料、顶部包封料、灌封料、底部填充及印制封装体系中材料的成分组分。总结了每种商用封装产品的材料特性。最后，简述了环境友好或称"绿色"封装材料。

2.1　化学性质概述

封装材料的化学组成直接影响其材料特性、工艺特性和材料性能。环氧树脂、硅树脂、聚氨酯和酚醛是常见的用于电子器件封装的聚合物材料。

聚合物是由长链的小分子或单体组成的大分子。聚合物可以是线型、支化型或交联型（见图 2.1）。热固性聚合物如环氧树脂是通过化学连接（交联）形成的液体支化聚合物。由于材料是从柔软的液态形式转化为坚硬的固态，因此这种交联过程称为固化或硬化。

聚合反应一般归为两类：加聚与缩聚。图 2.2 描述了加聚反应（或链反应）的流程。在初始阶段，单体（用 M 表示）与活性自由基（过氧化物）反应并形成了活性单体。该活性单体继而与其它的单体进行化学反应，并且反应过程持续（增长阶段）直至两个活性单体相遇（通过随机碰撞），反应终止。硅树脂既可通过加成

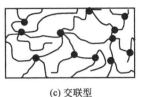

(a) 线型　　　　　　　(b) 支化型　　　　　　　(c) 交联型

图 2.1　聚合物链

也可通过缩聚反应来制备。在加聚中，最终聚合物链有着与原始单体相同的基本化学结构。

$$R{-}O{-}O{-}R \longrightarrow 2R{-}O^{\cdot}$$

烷基过氧化物　　　过氧化物自由基

$$R{-}O^{\cdot} + M \xrightarrow{\text{引发}} R{-}O{-}M^{\cdot}$$

$$\cdots\cdots M^{\cdot} + M \xrightarrow{\text{增长}} \cdots\cdots M{-}M^{\cdot}$$

图 2.2　加聚过程

$$A + B \xrightarrow{\text{单体形成消除}} M_1 + H_2O$$

$$M_1 + M_1 \xrightarrow{\text{二聚物形成}} M_2 + 2H_2O$$

$$M_1 + M_2 \xrightarrow{\text{三聚物形成}} M_3 + 3H_2O$$

图 2.3　缩聚或逐步增长聚合

在缩聚反应中，两个单体反应生成一个化学式不同的单体（图 2.3）。在这种化学反应中，原始单体中的一个分子可能会被消除，单体即被缩聚。然而，在一些情况下，例如聚氨酯的聚合反应中，这种消除就没有发生。因此，缩聚反应也被称作"逐步增长机理"，因为在这种类型的聚合反应中，分子链中的重复单元是逐步增长的[1]。缩聚过程能够生成线型或交联型的聚合物，生成哪种形式取决于单体的官能团。环氧树脂、聚氨酯树脂及酚醛树脂都是通过这种缩聚反应制备的。

2.1.1　环氧树脂

环氧树脂由称为"环氧"官能团的化学结构组成，如图 2.4 所示。液态环氧通过这些活性的化学点交联形成硬质的不溶的固体材料。

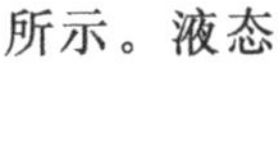

这种形式最简单又应用最广泛的环氧材料是由双酚-A（bis-A）和环氧氯丙烷通过化学反应制得的，转化成〔2,2-双［4-(2,3-环氧丙烷基) 苯基］丙烷〕双酚 A-二缩水甘油醚（DGEBA）[2,3]。图 2.5 给出 DGEBA 单体及其高分子量聚合

$$\overset{O}{\underset{}{{-}CH{-}CH_2}}$$

图 2.4　"环氧"官能团

物化学式。苯环（C_6H_6）在大多数封装材料中的完整化学式表示见图 2.6。

脂肪族环氧是环氧的另一种类，由环氧化醇、乙二醇和多元醇（包含 OH 基单元的脂肪族链）与环氧氯丙烷反应生成[2]。脂肪族环氧也可以由多烯烃化合物，如不饱和动物油和植物油、聚酯、聚醚和丁二烯的衍生物进行环氧化反应制得。脂环族环氧是一种特殊类型的脂肪族环氧，它具有紫外（UV）光稳定性和良好的电特性。脂环族环氧树脂通过脂环族烯烃的环氧化制得。

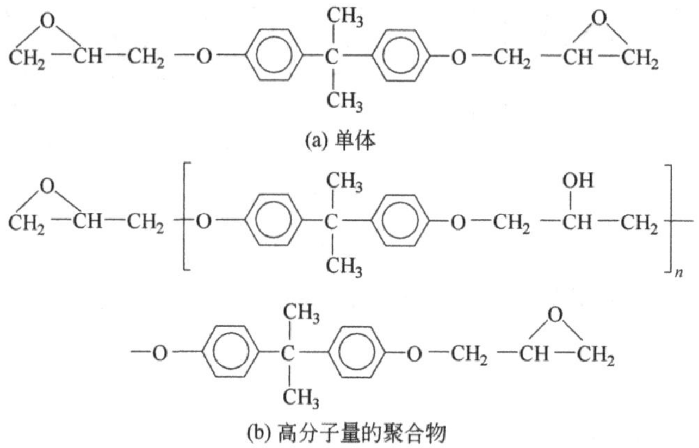
(a) 单体
(b) 高分子量的聚合物

图 2.5 双酚 A-二缩水甘油醚（DGEBA）[3]

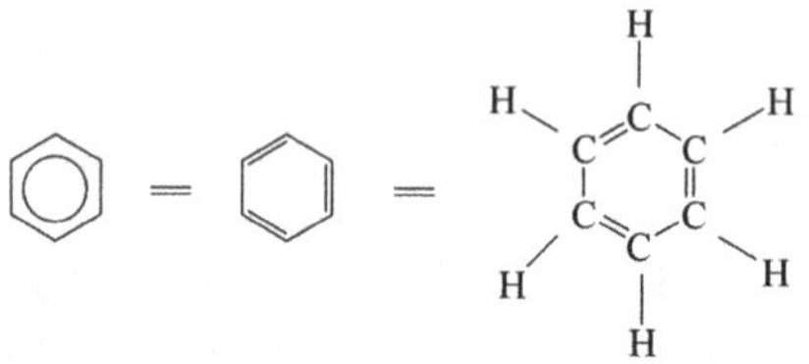

图 2.6 苯环的表示

酚醛环氧树脂由苯酚和甲醛先进行反应，然后将制得的酚醛树脂与环氧氯丙烷反应而制得[2]。酚醛环氧树脂的制备见图 2.7。广泛应用的酚醛环氧树脂是邻甲酚醛环氧树脂（见图 2.8）。由于其高交联密度与高芳香结构，采用胺或酐固化的环氧通常具有良好的高温特性和改良的耐化学稳定性。

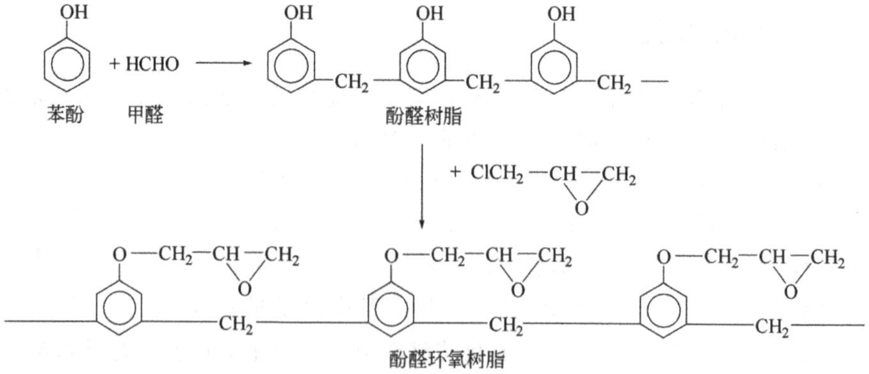
苯酚
甲醛
酚醛树脂
酚醛环氧树脂

图 2.7 酚醛环氧树脂的制备[4]

2.1.2 硅树脂

硅树脂这个概念是由 F. S. Kipping 于 1901 年命名的，用来描述一个分子式为

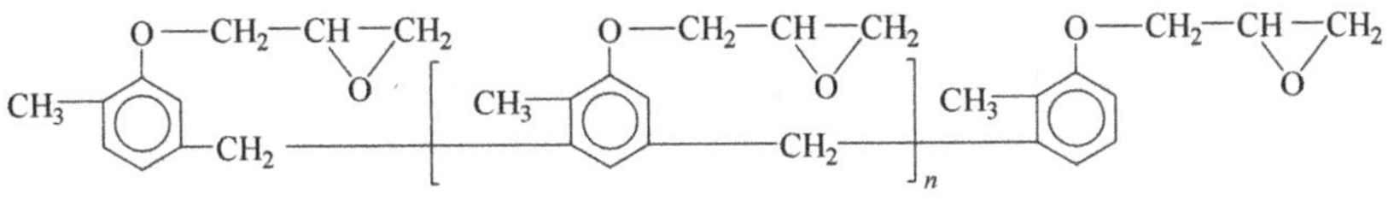

图 2.8 邻甲酚醛环氧树脂[5]

R_2SiO 的新产品（见图 2.9），其中 R 是甲基（CH_3 或 Me），苯基（C_6H_5），乙烯基（$CH=CH_2$）或三氟丙烷（$C_3H_4F_3$）。由于是有机基团（如甲基，乙烯基等）和无机主链（Si—O）的结合，硅树脂材料具有一些独特的性能如高低温适应性及稳定性、高电绝缘性能、高纯度、耐湿性及优异的生物相容性[3,6]。

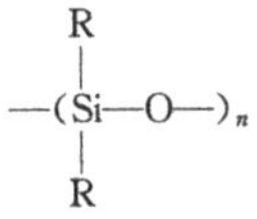

图 2.9 硅树脂的
通用分子式

聚二甲基硅氧烷（PDMS）[—$Si(CH_3)_2O$—]是一种重要的硅氧烷聚合物，如图 2.10[3,6,7]所示。PDMS 是由二甲基二氯硅烷（Di）水解而成的。图 2.11 给出从基本的天然物质——砂土（硅土）生成 Di 的流程图[8]。简写符号 M 表示—Me_3SiO—，D 表示—Me_2SiO—。

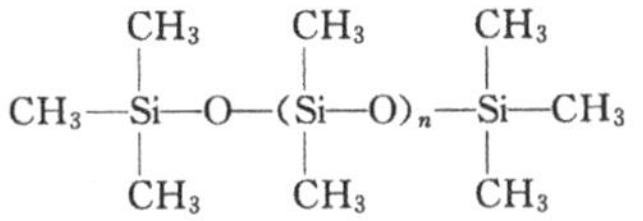

图 2.10 以三甲基硅氧烷封端的聚二甲基硅氧烷（PDMS）

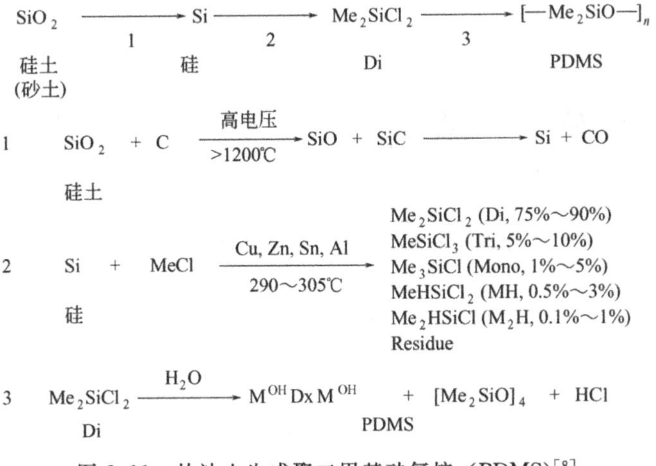

图 2.11 从沙土生成聚二甲基硅氧烷（PDMS）[8]

硅树脂可以通过加聚或缩聚反应机理进行聚合。图 2.12 给出湿固化硅树脂的缩聚机理。图 2.13 给出了二甲基聚硅氧烷在使用过氧化物催化剂[4]时的自由基加聚反应。

2.1.3 聚氨酯

聚氨酯是 1937 年由 Otto Bayer 首次合成的。聚氨酯是由二醇与二异氰酸酯反

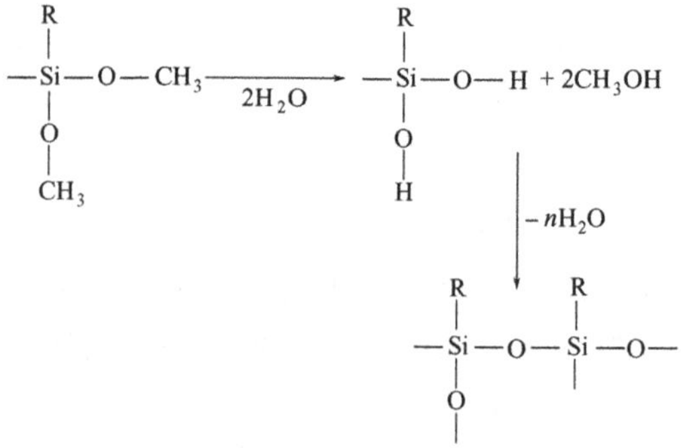

图 2.12　湿固化硅树脂的缩聚反应机理

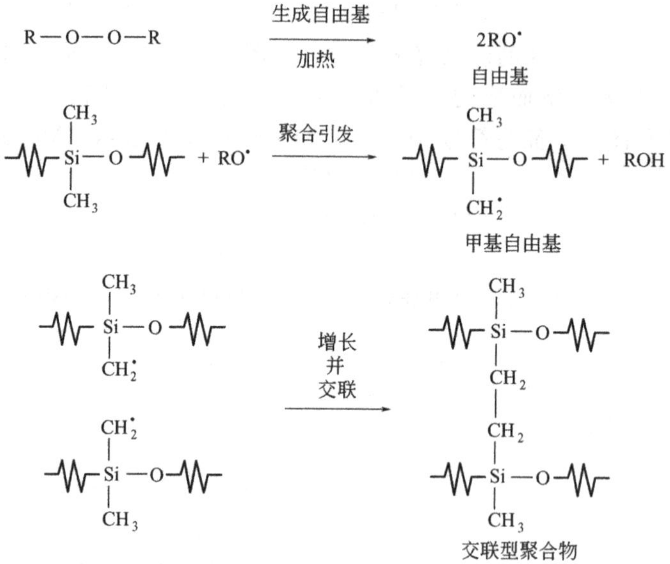

图 2.13　二甲基聚硅氧烷与过氧化物催化剂[4]的自由基加聚反应

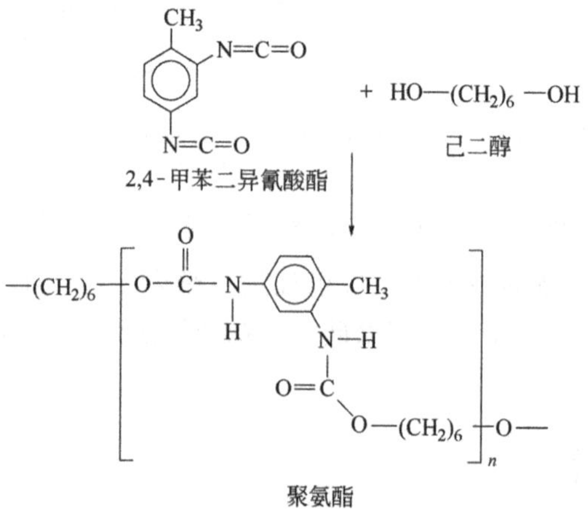

图 2.14　一种芳香/脂肪族聚氨酯[1]

应生成的。通常采用的二异氰酸酯为甲苯二异氰酸酯（TDI），TDI 通常是由甲苯的 2,4 和 2,6 异构体合成的[1]。芳香/脂肪族的聚氨酯的合成举例见图 2.14。

基于美国材料与试验协会的分类方法（ASTM D-16)[4]，聚氨酯可以分为六类。基于化学特性及固化特性，聚氨酯的分类如表 2.1 中所示。第Ⅳ类和第Ⅴ类是双组分体系而其它四类是单组分体系。第Ⅲ类，第Ⅳ类和第Ⅴ类是电子封装中使用最广泛的聚氨酯。第Ⅲ类聚氨酯由于含有封闭的非活性的异氰酸酯，具有独特的长期储存寿命，通过加热可实现解闭合及聚合。第Ⅲ类聚氨酯的解闭合机理见图 2.15。

表 2.1 依据 ASTM 的聚氨酯分类[4]

聚氨酯种类	组分	化学组成	固化剂或机理
Ⅰ	1	油改性氨基甲酸酯	室温氧化
Ⅱ	1	包含活性游离异氰酸酯基团	室温潮湿
Ⅲ	1	苯酚-异氰酸酯	加热
Ⅳ	2	组分1:带自由异氰酸酯基团的预聚物	催化剂
		组分2:催化剂	
Ⅴ	2	组分1:带自由异氰酸酯基团的预聚物	多羟基化合物
		组分2:多羟基化合物	
Ⅵ	1	溶剂稀释的可聚合氨基甲酸酯	溶剂蒸发

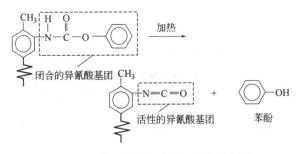

图 2.15 第Ⅲ类聚氨酯的解闭合机理[4]

2.1.4 酚醛树脂

酚醛或"苯酚甲醛"树脂是 Leo H. Baekeland 于 1909 年研发的[9]。酚醛树脂是通过混合及加热苯酚（C_6H_5OH）和甲醛（HCOH）（见图 2.16）缩聚而成的，也称为电木。酚醛树脂是最早合成出的不以任何一种天然物质为原料的聚合物材料[10]。

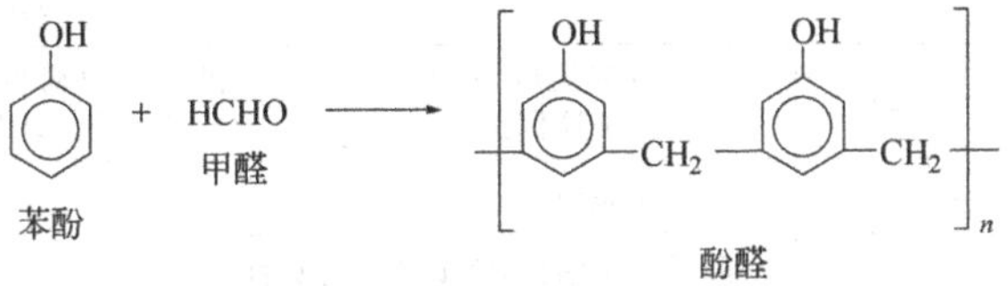

图 2.16 酚醛树脂

2.2 模塑料

模塑料是一种由封装树脂与多种添加剂混合的多组分的专用材料。模塑料中的三种主要组分是树脂、固化剂（硬化剂）和促进剂，主要的添加剂是熔融二氧化硅、偶联剂、阻燃剂、应力释放添加剂、助黏剂、脱模剂、着色剂以及离子捕获剂。典型环氧模塑料的组成（按含量）如图 2.17 所示。表 2.2 列举了模塑料中的这些组分和功能[11,12]。

无机材料：填充剂、无机阻燃剂
有机材料：其它

图 2.17 典型环氧模塑料的含量（按质量）

表 2.2 环氧模塑料的组成[11,12]

成分	含量(phr①)	主要功能	典型试剂
环氧树脂	基体	模塑料的基体	邻甲酚醛环氧树脂，联苯型环氧树脂，双环戊二烯型环氧树脂，多官能团环氧树脂
固化剂(硬化剂)	≤70	线型/交联型聚合	多元酚,胺,酸酐
促进剂	非常低(<3)	提高聚合速度,减少硬化和固化时间	胺,咪唑,有机磷,脲,路易斯酸及其有机盐
惰性填充剂	550~1200	降低成本,减少 CTE②,增加 TC③,降低吸湿,减少溢料	二氧化硅(广泛使用),氮化铝,氧化铝
偶联剂	非常低(<5)	改善有机材料与无机材料之间的附着力	环氧硅烷,氨基硅烷,钛酸盐(或酯),铝螯合物
阻燃剂	10	阻燃	溴化环氧,氧化锑,磷酸酯,固体磷酸盐,氢氧化铝
应力释放剂	≤25	降低封装内应力,改善韧性,提供热冲击和碰撞保护	硅树脂,丁基橡胶,脂肪族环氧化物,聚丙烯酸丁酯
脱模剂	非常低(<3)	有助于脱模	硬脂酸,天然蜡,合成蜡
着色剂	5	降低光学活性,降低器件可见性	炭黑

①phr：每 100g 环氧树脂的量。②CTE：热膨胀系数。③TC：热导率。

2.2.1　树脂

微电子器件塑封最早使用的树脂材料是硅树脂、酚醛树脂和双酚 A 环氧树脂，因其具有出色的模塑特性。硅树脂由于其高温特性和高纯度而作为塑封料使用，但是硅树脂与器件及金属层之间的不良附着力会导致在盐雾试验中器件失效和在焊接过程中助焊剂渗透。尽管环氧材料能够提供比硅树脂更好的附着力，但是常用的环氧树脂（双酚 A 或 BPA）的玻璃化转变温度较低（在 100～120℃范围内）并且含有高浓度的腐蚀性物质譬如氯离子。在环氧塑封料的组分中，酚醛环氧树脂以其更高的环氧官能团数及热变形温度而取代 BPA 材料。

早期的以酚醛树脂塑封的集成电路（IC）器件由于其成型后固化过程产生氨、本体存在大量的钠离子和氯离子及高吸湿性而导致腐蚀失效。随着高温酚醛树脂材料的改进及可水解杂质水平下降到 20×10^{-6} 以下，塑封料才稳步涉及到整个环氧体系。

所有环氧树脂都含有环氧基（如环氧树脂或环氧乙烷），在这些物质中，氧原子与两个相邻（末端）的碳原子键合。由于树脂是可交联的（热固性的），每个树脂分子一定含有两种或者更多的环氧基团。通常情况下，环氧基团与—CH_2—线性连接，称为缩水甘油基。这个基团通过氧、氮或羧基链与余下的树脂分子连接形成缩水甘油醚、胺或酯。树脂通过环氧基团与包含各种活性氢原子（固化剂）的化合物如伯胺、仲胺、叔胺、羧酸及硫醇反应固化。催化固化受路易斯酸、路易斯碱和金属盐影响，导致环氧基团线性均聚生成聚醚链。封装级别材料用的基体树脂的黏度保持在一个低水平，可以通过限制酚醛环氧树脂的平均聚合度来实现，这个值一般在 5 左右。不同厂家配方的区别主要是在聚合度的不同，平均分子量在 900 左右。较长或者较短的链长提供较松或者较紧的交联结构，柔顺性和玻璃化转变温度也相应变化。

在电子电气应用方面，三种环氧树脂是较为常用的：双酚 A-二缩水甘油醚（DGEBA）或双酚 F-二缩水甘油醚（DGEBF），酚醛或邻甲酚醛环氧树脂，脂肪族环氧化物。液态 DGEBA 由石化衍生物合成，它们适用于电子电气器件的封装。DGEBF 不如 DGEBA 黏稠。酚醛环氧树脂主要以固态存在，与 DGEBA 合成方式基本相同。由于其相对出色的高温性能，邻甲酚醛环氧树脂（ECN）是塑封微电子器件（PEMs）最常用的塑封料。脂肪族环氧化物或过酸环氧化物通常通过酸酐固化，提供优异的电性能和抗环境暴露的能力。

在向薄型四边扁平封装（TQFP）转变中，封装变得相对薄，封装面积相对较大，封装材料不足以满足制造要求及封装可靠性测试要求。多官能团和联苯结构的环氧树脂得以发展来满足需求。多功能环氧树脂显示出非常低的收缩率，低应力和高的玻璃化转变温度（>170℃）。联苯型环氧树脂由 80％的联苯结构和 20％的酚醛树脂结构组成，具有高强度、低应力和低吸湿性能。这两种环氧树脂主要应用于表面贴装封装。

现已开发出改良的抗爆米花效应（在印制线路组装的再流焊过程中）的环氧塑封料。有助于抵抗爆米花效应的因素包括湿气扩散、黏附力、固化收缩、升温时的物理强度及封装后的韧性[13]。这些因素通过改善塑封料化学成分及组成而提高抗爆米花效应。例如，某些类型的抗爆米花效应的材料在固化时几乎没有收缩，而其它类型的材料的黏附强度则得到改善。这些改性材料导致 PEMs 通常可以经受焊料浸渍应力测试而不失效。表 2.3 给出部分环氧树脂的机械性能和电特性。表 2.4 总结了 PEMs 常用聚合物材料的封装特性。

表 2.3　选取的环氧树脂的机械及电特性

固化剂类型	酸酐	脂肪胺	芳族胺	催化型	高熔点酸酐	酚醛环氧-酐	二酐
典型固化剂	HHPA	DETA	MPDA	BF_3-MEA	NMA	NMA	PMDA
份数	78	12	14	3	90	87.5	55
树脂	DGEBA	DGEBA	DGEBA	DGEBA	DGEBA	酚醛	DGEBA
催化剂类型/phr	BDMA/1	—	—	—	BDMA/1	BDMA/1.5	—
固化周期/(h/℃)	4/150	24/25+ 2/200	2/80+ 2/200	2/120+ 2/200	4/150+ 3/200	2/90+4/165+ 16/200	4/150+ 14/200
热变形温度/℃	130	125	150	174	170	195	280
拉伸强度/MPa 25℃时	72	75	85	43	75	66	22
100℃时	37	32	45	29	46	—	14
拉伸模量/GPa 25℃时	2.80	2.87	3.30	2.70	3.40	2.94	2.70
100℃时	2.10	1.80	2.20	1.90	1.40	—	—
伸长率/% 25℃时	5.6	6.3	5.1	3.0	2.7	3.2	
100℃时	11.1	9.0	7.2	9.1	7.2	—	
弯曲强度/MPa 25℃	126	103	131	112	112	147	59
弯曲模量/GPa 25℃	3.22	2.48	2.80	—	4.80	3.69	3.61
压缩强度/MPa 25℃	111	224	234		116	159	254
压缩模量/GPa 25℃	5.09	1.86	2.13	—	0.73	2.22	2.41
体积电阻率/Ω·cm 25℃时	$4×10^{14}$	$2×10^{16}$	$1×10^{16}$	—	$2×10^{14}$	10^{16}	—
100℃时	$2×10^{14}$	$5×10^{12}$		—	$3×10^{12}$		—
150℃时	$1×10^{10}$			—	$3×10^{11}$		
200℃时	$5×10^{7}$			—	$1×10^{9}$		$7×10^{11}$
60Hz介电常数 25℃时	3.3	3.49	4.60	3.53	3.36	3.43	3.57
100℃时	3.3	4.55	4.65	3.51	3.39		3.70
150℃时	—	5.8	5.40	3.69	3.72	—	3.732

续表

固化剂类型	酸酐	脂肪胺	芳族胺	催化型	高熔点酸酐	酚醛环氧-酐	二酐
1kHz 介电常数							
25℃时	3.2	3.26	4.50	3.56	3.26	3.45	3.52
100℃时	3.4	4.65	4.60	3.37	3.01	—	3.65
150℃时	4.0	4.83	4.90	3.59	3.29	—	3.70
1MHz 介电常数							
25℃时	3.2	3.33	3.85	3.20	2.99	3.20	3.34
100℃时	3.4	4.36	4.30	3.25	3.90	—	3.52
150℃时	3.6	4.23	4.60	3.30	3.29	—	3.61
60Hz 耗散因子							
25℃时	0.005	0.005	0.008	0.008	0.008	0.0066	0.007
100℃时	0.003	0.002	0.008	0.008	0.009	—	0.005
150℃时	0.003	0.003	—	—	0.009	—	0.008
1kHz 耗散因子							
25℃时	0.007	0.006	0.017	0.009	0.006	0.0058	0.008
100℃时	0.004	0.056	0.006	0.011	0.003	—	0.004
150℃时	0.07	0.048	0.035	0.046	0.039	—	0.004
1MHz 耗散因子							
25℃时	0.013	0.034	0.038	0.024	0.021	0.016	0.022
100℃时	0.015	0.048	0.02	0.015	0.013	—	0.019
150℃时	0.02	0.033	0.015	0.012	0.013	—	0.013

注：BDMA 为 N,N-二甲基苄胺；BF$_3$-MEA 为三氟化硼—一乙胺；DETA 为二乙烯三胺；DGEBA 为双酚 A-二缩水甘油醚；HHPA 为六氢邻苯二甲酸酐；MPDA 为间苯二胺；NMA 为甲基纳迪克酸酐；PMDA 为均苯四甲酸二酐。

表 2.4　常用微电子封装聚合物材料的性能

聚合物材料	优　点	缺　点
环氧树脂	良好的化学防护性能和机械防护性能 低吸湿性 适用于所有的热固性工艺过程 良好的润湿性能 常压下的固化能力 在多种环境条件下对多种基材具有良好的黏附性 高达 200℃ 的热稳定性	高应力 潮湿敏感性 储存寿命短(低温储存条件下可以延长)
硅树脂	低应力 优异的电性能 良好的耐化学腐蚀性 低吸水性 高达 315℃ 的热稳定性 良好的抗 UV 特性	拉伸剪切强度差 高成本 易受含卤溶剂的腐蚀 黏附性差 固化时间长
聚氨酯	良好的机械性能(韧性、弹性、耐磨损) 黏度低 低吸湿性 能够在环境温度下固化 135℃内的热稳定性 低成本	热稳定性差 耐候性差 易燃 深色 高离子浓度

聚合物材料	优点	缺点
酚醛树脂	高强度 良好的模塑性和尺寸稳定性 黏附性强 高电阻率 260℃内的热稳定性 低成本	高收缩性 电性能差 高固化温度 深色 高离子浓度

2.2.2　固化剂或硬化剂

塑封料产品的黏结剂系统包括环氧树脂，硬化或固化剂以及促进剂（必要时）。通过加入化学活性化合物，环氧树脂从液态（热塑性）转变成坚硬的热固性固体，此物质称为固化剂。酚醛环氧树脂和邻甲酚醛环氧树脂是塑封料中最常用到的树脂。通过对树脂和固化剂组分的调节，使其达到合适比例来满足特定的应用。例如，在基体树脂中掺入酚醛树脂用来增加固化速度。一般而言，环氧与羟基比率大约是1:1时的玻璃化转变温度最高。

在设计树脂聚合作用的程度和速率时，固化剂及促进剂起主要作用。因而选择固化剂和促进剂与选择树脂同等重要。一种添加剂常常既起到固化作用又起到催化作用。环氧树脂的交联反应受脂肪胺或芳香胺、羧酸或其衍生的酸酐及络合苯酚的影响，同时聚合物作用受路易斯酸或路易斯碱及其有机盐的影响。应用最广泛的固化剂是胺类和酸酐。尽管脂肪族胺在室温下反应快速，但是芳香胺型固化剂增加高温稳定性及提高抗化学腐蚀性。对于所使用的固化剂，这些反应通过不同的化学作用进行。由于反应实际上是定量的，因而树脂与固化剂按照一个氢胺原子对应一个环氧化合物的比例进行混合。在酸酐与苯酚作为固化剂时，通过羟基发生交联反应。表2.5列出了各种不同的固化剂与环氧树脂一起使用时的固化特性。由于它们良好的模塑性、电性能及耐湿热性[14]，酚醛树脂及邻甲酚醛树脂成为微电子器件封装中主要的固化剂。

表 2.5　模塑料中使用的纯 DGEBA 环氧树脂固化剂

固化剂类型	含量范围（占树脂成分百分比）	典型固化条件		典型后固化条件		25℃适用期/h	热变形温度/℃
		时间/h	温度/℃	时间/h	温度/℃		
脂肪族叔胺及衍生物（室温固化）	12~50	4~7 天	25	0~1	150~200	0.25~3	55~124
脂环胺（中温固化）	4~29	0.5~8	60~150	0~3	150	0.25~20	100~160
芳香胺①（高温固化）	14~30	4	80~200	2	150~200	5~8	145~175
酸酐①（高温固化）	78~134	2~5	25~150	3~4	150~200	24~120	74~197

固化剂类型	含量范围（占树脂成分百分比）	典型固化条件		典型后固化条件		25℃适用期/h	热变形温度/℃
		时间/h	温度/℃	时间/h	温度/℃		
路易斯酸及碱①（高温固化）	3	7	120~200	4	约200	>250	175
潜伏性固化剂（高温固化）	6	1	175	1	175	∞	135

① 两步固化。

注：DGEBA 为双酚 A-二缩水甘油醚。

2.2.3 促进剂

为了在合理的时间内提升固化速度，有必要使用促进剂。促进剂通过提高催化活性来缩短固化时间和提高收率。典型的促进剂包括脂肪族多胺或叔胺、苯酚、壬基苯酚、间苯二酚或半无机衍生物促进剂如亚磷酸三苯酯。

为了微电子器件的传递模塑，环氧树脂通常是 B 阶的化合物（部分固化），也称作预聚物，它用来制备出储存稳定的热固性的环氧预聚体。B 阶树脂通过环氧化物的末端和胺肼在 70~80℃反应生成，该树脂具有优异的储存稳定性。

2.2.4 填充剂

环氧树脂中的填充剂有很多不同的用途。ASTM D-883 定义填充剂为"添加到塑胶中的一种相对惰性的材料，用来改善强度、性能、工作特性及其它品质或降低成本。"环氧树脂由于其高 CTE 和低热传导率，不能单独作为塑封材料。因此，添加到塑封料中的惰性无机填充剂，用来减小热膨胀系数，提高热传导率，提高弹性模量，防止树脂溢出塑料模具的分型线，并且在固化时减少塑封料的收缩应力（这样可以降低残余的热机械应力）。从微观结构看，粒子形状、尺寸及其在所选的填充剂中的分布构成了熔融状塑封料的流变学。使用填充剂的优缺点见表 2.6。常用填充剂及其特性如表 2.7。

表 2.6　使用填充剂[15]的优缺点

优　点	缺　点
降低组分成本 减少收缩 增强韧性 增强耐磨性 减少吸水性 提高热变形温度 降低放热量 提高热导率 减小热膨胀系数	增加重量 增加黏度 加工困难 提高介电常数

表 2.7　常用填充剂及其特性[16,17]

特性	熔融二氧化硅	结晶二氧化硅	AlN	Al_2O_3	BN	SiC	Si_3N_4
热导率/[W/(m·K)]	1.3	1.4	130～260	20～25	20	90～270	30
CTE/(10^{-6}/℃)	0.5	15	4.4	6.7～7.1	0	3.7	3.0
电阻率/Ω·cm	$10^{14～18}$	10^{14}	10^{14}	10^{13}	10^{11}	$>10^{13}$	$>10^{14}$
介电常数(RT,1MHz)	3.9	3.8～5.4	8.7～8.9	8.9	4.1	40	8.0
密度/(g/cm³)	2.2	2.64	3.26	3.89	1.90	3.21	3.20
弹性模量/GPa	73	310	331	345	43	407	310
韦氏硬度/GPa	6	9～11	12	20	<3	30	15

注：CTE 为热膨胀系数，RT 为室温。

从填充剂发展历史看，综合所有特性进行优化后，填充剂优选结晶二氧化硅或 α 石英。典型结晶二氧化硅填充剂具有 14W/(m·K) 的热导率，CTE 约为 $15×10^{-6}$/℃。例如，CTE 约为 $78×10^{-6}$/℃的环氧树脂在填充了 84% 质量比的晶体硅后，其 CTE 可以降低至 $25×10^{-6}$/℃。结晶二氧化硅被熔融二氧化硅取代，因为后者具有更低的 CTE、密度和黏度。一种相似类型的环氧树脂（即 CTE 为 $78×10^{-6}$/℃）仅仅需要 68% 质量比的熔融硅填充剂就可以降低 CTE 到同样水平（即 $25×10^{-6}$/℃）。

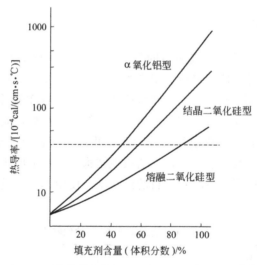

图 2.18　模塑料中填充剂含量与热导率的关系[18]

添加颗粒状的填充剂通常会降低强度参数如抗拉强度及抗弯强度。填充剂通常不会使玻璃化转变温度或其它热变形温度度量显著增加，填充剂会改进包括热导率及热膨胀系数在内的各种热特性参数。添加填充剂如氧化铝使热导率能够增加约 5 倍。通常，填充剂的含量增加会提高热导率。图 2.18 给出热导率受填充剂含量影响的数据。还可以通过添加其它填充剂材料如氮化铝、碳化硅、氧化镁和氮化硅来增加热导率[18]。使用联苯树脂和 AlN 粉末，热导率可以提高到 4.5W/(m·K)。

但是 AlN 受诸多环境因素如大气、湿度的影响，是热力学不稳定的，因此由陶氏化学公司研发的二氧化硅包覆的 AlN（SCAN）取代了易水解的不稳定的 AlN[19]。尽管填充剂对增加热导率是行之有效的，但是 Proctor 和 Solc[20]指出，使用填充剂材料要将热导率提高到基底树脂材料的 100 多倍是不可能的，而且估计实际热导率增长的最大限度约是热固性树脂的 12 倍。

　　Rosler 评价了用作优化热膨胀系数和热导率而满足特定用途的不同种类填充剂[18]。图 2.19 给出了塑封料热膨胀系数随结晶二氧化硅、α-氧化铝及熔融二氧化硅体积百分比含量增加而下降的关系曲线。

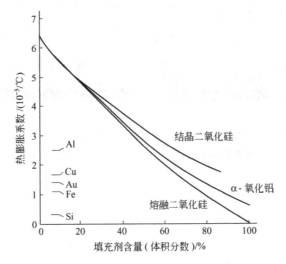

图 2.19　模塑料热膨胀系数随结晶二氧化硅、α-氧化铝
及熔融二氧化硅体积百分比含量增加而下降的关系曲线

　　对于增强塑封料性能而言，粒径大小、粒度分布、颗粒表面化学性质及颗粒的体积分数是非常重要的变量。填充剂量的增加将有助于降低 CTE 和提高热导率，但是高填充量也会导致黏度增加和流动性降低。更广泛的颗粒分布能降低树脂材料的黏度。

　　细颗粒的添加能显著增加塑封料的螺旋流动长度。填充在大颗粒之间的细颗粒通过限制填充剂之间的摩擦力，似乎具有一定的润滑效果。然而，细颗粒的表面积大，并且极大量的细颗粒会降低螺旋流动长度。润滑效应也取决于超细颗粒的形状。颗粒的形状越接近球状，塑料的螺旋流动长度越长。通过采用具有超细粒度、良好球形化以及宽粒度分布的填料可以实现最大化的填充，同时不增加黏度[21]。

　　在低应力环氧树脂中，通过增加填充剂的填充量，黏度会非线形增加，通常球形二氧化硅与角形二氧化硅相互混合可以进一步降低热膨胀系数。低 CTE 会降低塑封料与邻近材料间的热应力不匹配。然而，增加塑封料的熔融黏度会增加器件封装中所产生空洞的数量，并且增加其均匀流过大范围区域的难度。

图 2.20 所示为用于熔融二氧化硅填充剂的典型球状熔融二氧化硅添加剂的颗粒尺寸分布的 SEM 照片。填充剂中两种不同形状成分的比率（角形与球形之比）对塑封料的影响可以通过塑封料的螺旋流动长度来衡量，如图 2.21 所示。但是如图 2.22 所示，塑封料的吸湿性随着球形二氧化硅填料的增多而增加，这一点可从 215℃、90s 气相焊的爆米花效应中看出。

(a)　　　　　　　　　　　　　　　　(b)

图 2.20　(a) 典型角形熔融二氧化硅和 (b) 球形熔融二氧化硅填充剂
用于模塑料的显微图像（Courtesy of Minco Inc.，TN.）

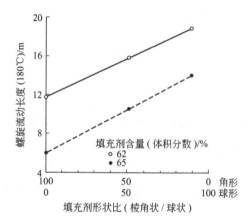

图 2.21　填充剂颗粒比率与螺旋流动长度关系

填充材料的特性也会极大地影响冲丝现象。填充剂含量的增加导致冲丝形变的增加。冲丝现象可以通过球状填充剂的应用而得到改善，因为球状填充剂与不规则的填充剂相比，表面积更小，因此用球状填充剂的塑封料与用相同质量百分比的不规则形状的填充剂的塑封料相比，黏度更低。球状填充剂通过增加平均填充剂尺寸，可以显著降低冲丝形变。当填充剂颗粒尺寸增加时，同一质量百分比的填充剂的表面积相对降低[22]。

环氧塑封料的热导率变化对 IC 封装热性能的影响也得到了评价[23]。在这种情况下，通过改变填充剂种类（例如，熔融及结晶二氧化硅，氧化铝，氮化铝和氮化硼，碳化硅和金刚石）、粒度、粒度分布，能够估计出塑封料的热导率。所

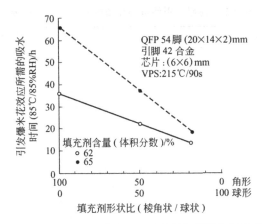

图 2.22　通过爆米花效应所测量的模塑料潮气浸入效应

得的将热量从封装中耗散的有效性可从三种不同表面贴装封装即 SOIC-8 引脚、16 引脚以及 24 引脚中计算得到。结果表明增强的模塑料能够降低封装料的热阻，等价于模内的热扩展。然而，当使用热增强的引线框架时，改性的塑封料就不那么有效了。

大多数聚合物在聚合反应及交联反应过程中会收缩，在许多应用中会造成故障。用不参与交联反应的惰性化合物等体积代替树脂掺入的填充剂会减少收缩。填充剂的加入会导致黏度增加及韧性改善。研究表明微粒填充剂如二氧化硅、玻璃微球和氢氧化铝的添加会提高不同组成的环氧树脂的韧性[24-27]。

塑封器件中主要的辐射源来自填充剂。但是近年来由于使用合成的高纯度 SiO_2 填充剂，使塑封料的 α 辐射率（AER）降低，低于大多数正比计数器所测得的水平。Ditali 与 Hasnain[28] 研究了一个电子部件的 AER 源及芯片本身的 α 污染源，如表 2.8 所示，框架材料比塑料包封料污染更严重（每单位表面积），并且陶瓷封装比塑料封装的 α 辐射源高。

AER 到软错误率的近似转换因子为 0.001。对于与芯片活性表面接触的受污染的材料以及在 4~6MeV 范围内的 α 粒子能量，AER 定义为每 1000 工作小时有 0.1% 的 SEU（单粒子翻转）。约 0.001 的 AER 可以通过 10×10^{-9} 的 U-238（4.2MeV α）或 4×10^{-9} 的 Th-230（4.7MeV α）而获得。

2.2.5　偶联剂

填充剂和聚合物之间的黏附力一定要足够强才有效。填充剂-聚合物界面不耐应力，是机械上的薄弱位置。偶联剂通过共价键连接填充剂与聚合物来增加两者的黏附力[29]。常用的偶联剂包括有机硅烷、钛酸盐、铝螯合物和铝酸锆。界面黏附力能增强材料的机械强度并改善工艺性。通过偶联剂的作用，填充剂与聚合物网络的黏附力也延伸到芯片和引线框架，降低了分层失效。

表 2.8　不同工艺薄膜、引线框架和塑封材料的 α 辐射率（AER）[28]

材料[α 粒子/(cm²/h)]	AER
芯片	
纯硅(Si)	0.00020
Si＋CVD 氧化物(TEOS)	0.00164
Si＋等离子氧化物	0.00188
Si＋等离子氮化物	0.00443
Si＋钨	0.00308
Si＋铝	0.00682
Si＋多晶硅	0.00098
Si＋场氧化物	＜0.00010
Si＋BPSG	＜0.00010
Si＋CVD 氮化物	＜0.00010
无 WSi$_x$ 全加工	0.02400
Wsi$_x$ 全加工	0.04230
芯片涂层(聚酰亚胺)	＜0.00010
引线框架	
1 Meg DIP	0.00677
1 Meg ZIP	0.00258
256K DIP	0.00124
64K DIP	0.00109
封装材料	
塑料	0.00080
陶瓷 DIP(供应商 A)	0.02320
陶瓷 LCC(供应商 A)	0.02530
陶瓷 DIP(供应商 B)	0.03230
陶瓷 DIP(供应商 C)	0.02610

　　注：BPSG 为硼磷硅玻璃；CVD 为化学气相沉积；DIP 为双列直插封装；LCC 为带引线的芯片载体；TEOS 为硅酸四乙酯；ZIP 为锯齿形直插式管壳。

2.2.6　应力释放剂

　　通过加入增韧剂及应力释放剂，可以增强环氧树脂的韧性及应力松弛作用。应力释放剂可以降低热机械收缩应力，该应力会引发和扩展在塑料或芯片钝化层内产生的裂纹。就改进塑封料的性能而言，应力释放剂能够降低弹性模量、增加柔韧性并降低 CTE。

　　惰性增韧剂如邻苯二甲酸酯类或氯化联苯以独立相的形式存在，活性增韧剂在环氧树脂基体中以单相材料形式存在，降低拉伸模量和提高塑封料的韧性，它们也降低反应放热，在某些情况下可减少收缩。增塑剂还能改进黏附特性，如搭接部分的抗剪切力、抗剥离强度、抗冲击强度及抗低温开裂。表 2.9 给出增韧剂对环氧树脂的影响。另一方面，应力释放剂在熔融过程或熔融前均保持为第二个分布相[30,31]。

表 2.9　增塑剂对环氧树脂的影响

项目	双官能团胺			聚硫化合物			聚酰胺	
增韧剂	—	25	25	50	25	50	43	100
环氧树脂	100	100	100	100	100	100	100	100
胺类硬化剂	20	13.2	20	20	20	20	—	—
适用期/min	20	69	44	76	13	6	150	150
25℃时的黏度/cP	3700	1070	870	490	—	—	210000	210000
弯曲强度/MPa	110	99	122	—	105	—	73	80
压缩屈服应力/MPa	103	96	98	—	85	—	88	73
冲击强度/(J/1.27cm 缺口)	0.95	1.11	1.4	10.85	0.68	2.3	0.41	0.43
热变形温度/℃	95	44	40	<25	53	32	81	49

在环氧塑封料中主要使用的应力释放剂是硅树脂、丁腈橡胶及聚丙烯酸丁酯 (PBA)。硅橡胶以其高纯度及高温特性成为最受欢迎的应力释放剂。用聚甲基丙烯酸甲酯（PMMA）改进的硅树脂橡胶界面具有均匀的区域尺寸（$1\sim100\mu m$），可以防止钝化层开裂、铝线变形及断裂。

2.2.7　阻燃剂

因为环氧树脂本身是易燃的，塑封料中添加阻燃剂的目的就是要满足 UL（美国保险商实验室）的要求，防止燃烧并改善元器件的储存寿命。传统的阻燃剂是在环氧树脂主链中引入卤族元素（如溴）来达到阻燃效果。最重要的一种阻燃剂是溴化 DGEBA（双酚 A-二缩水甘油醚）。它们与通常的非卤化树脂一起使用时会提供自熄功能。在降解温度下，溴游离而起到阻燃作用。要达到阻燃效果，需要大约 13%～15%质量百分比的溴[11]。表 2.10 对比了溴化 BPA 环氧树脂和"标准"环氧树脂的热性能、机械性能及电学性能。含溴阻燃剂被发现是对环境有毒害作用的，因此，这类阻燃剂已经被限制使用或被环境友好的或称"绿色"的塑封料所取代。有关溴化阻燃剂的更多信息在 2.7 节中有所阐述。

表 2.10　"标准"环氧树脂和溴化环氧树脂的特性

环氧树脂类型	标准型	溴化型
组分(以质量计)： 双酚 A-环氧树脂	100	—
溴化双酚 A 环氧树脂	—	100
4,4-二氨基二苯甲烷	26	19.3
凝胶时间(100℃时 50g)/min	15	14
热变形温度/℃	150	148.8
弯曲强度/MPa	125.5	131.7
介电常数(10MHz)	3.31	3.28
损耗因子(10MHz)	0.029	0.030
体积电阻率(1min/cm)/Ω·cm	3.1×10^{14}	3×10^{14}

三氧化锑是另一种常用的协同阻燃剂，其具有较高的成本。在普通的塑封料中，均相的溴化 DEGBA 环氧和非均相氧化锑能起到协同阻燃的效果[18]。卤素及锑类阻燃剂的灭火机理是：在高温时产生的卤素及锑的混合物比量大，覆盖了燃烧的区域，截断了氧气的供应，最终起到阻燃的作用。

通过三种途径来研究塑封料的阻燃性能：①树脂结构；②填充剂含量；③新的阻燃剂。树脂的内在结构影响其阻燃性。例如，含有更多芳香环的分子结构，其阻燃性更好。提高填充剂的含量可以改善阻燃性。五氧化二锑（Sb_2O_5）被研究并被视为三氧化二锑（Sb_2O_3）的最有潜力的替代品，因为 Sb_2O_5 不溶于水而 Sb_2O_3 微溶于水。研究还发现采用 Sb_2O_5 作为阻燃剂能有效地减少燃烧过程中树脂体系键的断裂，并能改善塑封料的耐热性[17]。其它无卤阻燃剂的研究包括金属氢氧化物、金属水合氧化物、含氮和含磷阻燃剂。可供选择的环境友好或称"绿色"的无卤无毒阻燃剂将在 2.7 章节中进一步讨论。

2.2.8　脱模剂

在微电子封装中广泛使用脱模剂的主要原因是因为环氧树脂对各种表面有良好的黏附性。但是，这些特性给塑封料从模具上脱离造成困难，因而使用脱模剂就显得很必要。这种脱模剂还不会降低树脂对塑封器件的黏附性，这可以通过控制脱模剂的活性来实现，它的活性与温度有关。

脱模剂通常以微小的片状形式存在，它从液态到黏性的固态再到细粉状。总之，脱模剂应该在树脂体系中难以溶解，并在固化温度下不熔化，而且是连续的片状薄膜形式。脱模剂的选择由制作模具的材料以及选择的封装类型而定。

环氧塑封料中不同的脱模剂被用于混合（约100℃）及模塑（约175℃）。室温下环氧塑封料对引线框架的黏附性不受高温（约175℃）脱模剂的影响，其在低温下会凝固而失活。如果混合阶段使用的脱模剂没有完全降解，在接近100℃的使用温度下会激活，在封装体中会导致一些脱层现象。环氧塑封料中的脱模剂包括硅树脂、烃蜡、有机酸类的无机盐及碳氟化合物。其中，烃蜡如巴西棕榈蜡仍是电子封装塑封料中最常用的。硅树脂及碳氟化合物的温度选择性差，而有机酸盐会腐蚀金属封装部件。

2.2.9　离子捕获剂

离子捕获剂的目的是减少封装体内部金属与包封料界面处任何累积的水汽的电导率，从而延缓电解腐蚀退化过程。在环氧塑封料中掺入离子捕获剂可使环氧中残留的碱金属和卤素离子如 Na^+、K^+、Cl^- 以及 Br^- 溶解于吸收聚集的水中而得以去除。环氧塑封料中的离子吸附剂是金属氧化物的水合物粉末，其直径为几个微米，这些材料与高度活泼的碱金属及卤化物离子反应后形成几乎不溶于水的碱金属及卤化物的化合物。据报道，在质量百分比浓度为5%的情况下，离子吸附添加剂能够将铝阴极及化学腐蚀减少 1.5～3 倍[32]。像这样配方的塑封料，其主要用途是包封封装体厚度只有几个微米的超薄型封装。

2.2.10　着色剂

在封装料中加入着色剂可用来区分器件的类型，使得无法透过浅黄色环氧封装材料看到内部器件。通过添加热稳定性有机颜料或色素而形成颜色。尽管炭黑能轻微地提高环氧的电导率并且降低耐湿性，但它还是用在大多数塑封料封装硅集成电路上。为了避免与吸潮性及杂质有关的问题，炭黑的浓度通常小于 0.5％。

2.2.11　封装材料生产商和市场条件

小型化、薄壁、EMI 屏蔽、印制电路板（PCB）制造技术的进步推动着如连接器、线轴、开关、电容器、电阻器和 PCB 及其它电子元器件中树脂的选取和市场化应用。作为工业上发展最为迅速的部分，便携式的电子设备对塑封电子元器件一直有着持续增长的需求，对于这种电子元器件来讲，较高的耐热性能和改良的冲击强度是最为重要的需求。

电子元器件中的树脂消费围绕着工程树脂类材料来选择，主要是尼龙和热塑性聚酯材料的用量。然而，基于价格方面的因素，高性能的树脂如聚苯硫醚、聚酰亚胺以及液晶聚合物在市场上更常见。工程热塑性树脂（ETP）在电子元器件注塑领域占主导地位，这部分最多的是连接器。在热固性材料方面，环氧树脂在两大应用领域——PCB 层压板和封装材料中占绝对优势，对整个树脂市场的贡献达到 56％。

这样就有两个不同的市场，一个是电子元器件成型需要的 ETP 市场，另一个是用于 PCB 和封装方面的热固性树脂市场。两个市场仅有很小的交叉，非常少量的 ETP 应用于 PCB 层压板和封装，并且也有相对很少量的热固性树脂用于电子元器件的模塑。

树脂市场的竞争几乎完全集中在 ETP 舞台的竞争上并且竞争非常激烈，因为所有研究中的 ETP 都将连接器市场作为主要的市场。这种竞争在其它需要成型的电子部件领域同样上演并给一些树脂生产商带来不利影响，因为数个生产商在为同一种产品进行市场竞争（比如：GE 塑料，Bayer，BAS）。

塑封料及其设备发展迅速，特别是在成熟的半导体封装领域。随着片式元器件越来越复杂，价格越来越高，其封装材料以及如何防护封装过程中的潮气显示出新的紧迫需求。例如，新兴市场中的闪存需要用于生产 CSPs 的更高水平的自动化设备，更低应力的封装材料，更高的黏附性能及防止爆米花效应的材料，简而言之，需要在封装工艺上有重大突破。

主要的封装材料生产商有日东电工、住友和 Plaskon。下面的章节简要介绍这些公司以及他们的材料特性表。

日东电工是多种材料经营厂商，总部设在日本大阪。它在全世界拥有制造厂，在美国有 3 家。公司成立于 1918 年,生产电子绝缘材料,大约有 30％的业务与电子相关。其它业务领域包括工业产品、包装产品、工程塑料、医药产品和膜类产品。

住友是日本东京的一家塑料生产公司,大约有 30％的业务是与电子相关的。其余涉足的市场包括汽车材料、医药材料、建筑材料和包装产品。

Plaskon 是位于佐治亚州 Alpharetta 的 Cookson Semiconductor Packaging Material (CSPM) 公司的分公司。它是 1999 年从 BPAmoco 中分立出来的。CSPM 生产清洗剂、助焊剂、锡膏、胶黏剂和底填料。设计在佐治亚州,而在新加坡生产。公司在美国、新加坡、欧洲、韩国和菲律宾都有应用工程师。

2.2.12 商业用模塑料特性

模塑料由一系列特性参数决定其对于既定应用和工艺的适用性。从制造角度看,黏度和流动特性、固化时间和温度都是决定封装材料应用的重要因素。从性能角度看,关键特性范围从电性能、机械性能、热性能到化学性能及耐湿性、杂质的水溶性、芯片/元器件表面的附着力。关键特性包括下述:

成型-填充特性,树脂溢料、热固化和模着色性;

螺旋流动长度;

低剪切速率下的剪切黏度;

固化时间;

抗流动性;

玻璃化转变温度;

热机械性能;

热导率;

介电常数;

热稳定性;

热膨胀系数;

电阻率;

弯曲强度及模量;

水溶性离子纯度;

潮湿溶解性和扩散率;

与引线框架材料的黏结强度;

黏质的潮湿敏感度和玻璃化转变温度;

α 离子辐射 (如适用);

表面贴装工艺的防爆米花效应。

上述关于塑封料适宜生产条件的特性和信息由供应商提供。表 2.11 给出一种典型塑封料的特性范例。

本章节中的商业化封装材料特性来源于日东电工、住友及 Plaskon 公司。

表 2.11　典型塑封料的性能

项　目		单　位	数　值
螺旋流动长度		cm	105
凝胶时间		s	50
CTE	α_1	$10^{-6}/℃$	17
	α_2	$10^{-6}/℃$	68
T_g		℃	165
热导率		$10^{-2} W/(m·℃)$	67
弯曲强度	25℃	N/mm^2	120
	240℃	N/mm^2	16
弯曲模量	25℃	$10^2 N/mm^2$	120
	240℃	$10^2 N/mm^2$	6.5
相对密度		—	1.82
体积电阻率(150℃)		$\Omega·cm$	10^{13}
UL 燃烧等级		UL-94	V-0
吸水率(沸腾,24h)		(质量分数)%	0.30
水萃取率	Na^+	10^{-6}	1
	Cl^-	10^{-6}	5

2.2.12.1　日东电工

对于表 2.12 中的所有材料,在 175℃下固化 120s(MP-8000AHP,其固化时间是 90s)。所有列出的材料在固化后于 175℃再后固化 5h。

表 2.12　部分日东电工的塑封料的材料特性

材料	类型	最大吸湿率/%	175℃时的黏度/Pa·s	175℃ 1000psi 时的螺旋流动长度/cm	凝胶时间/s	T_g/℃	CTE1,CTE2/(10^{-6}/℃)	热导率/[W/(m·K)]	室温下的弯曲模量/GPa	1MHz下的介电常数
MP-7000	联苯,常规	0.35①	15	100	25	125	16,65	0.71	16	3.6
MP-7000H	联苯,快固	0.35①	25	70	15	125	16,65	0.71	16	3.6
MP-7000V	联苯,低 α	0.35①	15	100	25	125	16,65	0.71	16	3.6
MP-7100	联苯,常规	0.29①	15	100	25	125	13,55	0.75	19	3.7
MP-7100H-3	联苯,快固	0.25①	20	70	20	125	11,50	0.80	19	3.7
MP-7250	联苯,常规	0.30①	23	100	22	125	13,57	0.75	15	3.7
MP-7410TA	联苯,常规	0.17②	7.5	100	28	120	8,32	0.88	27	3
MP-8000A	联苯,常规	0.60②	23	80	17	158	18,70	0.67	13	3.7
MP-8000AHP	联苯,常规	0.60②	30	55	10	158	18,70	0.67	13	3.7

材料	类型	最大吸湿率/%	175℃时的黏度/Pa·s	175℃ 1000psi时的螺旋流动长度/cm	凝胶时间/s	T_g/℃	CTE1，CTE2/(10^{-6}/℃)	热导率/[W/(m·K)]	室温下的弯曲模量/GPa	1MHz下的介电常数
MP-8950CH	联苯，常规	0.24[②]	14	95	20	135	10,43	0.76	20	3.7
HC-30-2	联苯，常规	0.50[②]	17	85	17	169	28,70	1.47	15	4.6
HC-100-X1	联苯，常规	0.18[②]	10	110	25	160	6,25	0.97	27	3.6
MP-4000H7	联苯，常规	0.40[②]	80	65	37	162	23,60	2.51	22	4.7

① 在85℃，85%RH条件下120h后。

② 在沸水中48h后。

2.2.12.2 住友

住友的封装材料特性在表2.13中给出。

表2.13 住友塑封料的材料特性

材料	类型	24h沸腾试验后最大吸湿率/%	螺旋流动长度/cm	175℃凝胶时间/s	T_g/℃	CTE1，CTE2/(10^{-6}/℃)	热导率/[W/(m·K)][①]	室温弯曲模量/GPa[②]	成型固化时间/s	后成型固化时间/h
EME-6300H	OCN，工业标准，低应力	0.30	80	40	165	17,68	0.67	11.8	90	4
EME-6600CS	DCPD，短时间后成型固化	0.16	90	30	150	10,40	0.75	20.6	60	2
EME-6600H	DCPD，成型后短时间固化，低CTE	0.12	90	30	150	8,34	0.92	26.5	100	2
EME-6710S	OCN，低应力，高温	0.30	75	40	170	13,65	0.67	11.3	90	4
EME-6650R	OCN，短时间后成型固化，低应力	0.22	100	35	165	11,45	0.75	18.6	60	20
EME-6730B	OCN，低应力	0.22	110	30	150	11,49	0.71	12.7	60	4
EME-7320CR	联苯，薄型	0.22	140	30	145	13,52	0.75	17.2	45	8
EME-7351UT	联苯，薄型	0.18	100	30	130	10,45	0.83	23.0	60	8
EME-7372	联苯/OCN，薄型	0.19	100	33	135	9,38	0.92	25.5	60	3
EME-7720TA	用于BGA/CSP，多功能，高T_g	0.33	133	27	195	11,40	0.80	20.6	45	4
EME-7730L	联苯，用于BGA/CSP	0.17	120	35	150	10,36	0.88	24.0	70	4

①1.0W/(m·K)=0.0023885cal/(cm·s·K)，②1GPa=101.97kgf/mm²。

注：BGA为球栅阵列；CSP为芯片尺寸封装；CTE为热膨胀系数；DCPD为二环戊二烯；OCN为邻甲酚醛。

2.2.12.3　Plaskon

Plaskon 的封装材料特性见表 2.14。

表 2.14　Plaskon 塑封料的材料特性

材料	最大吸湿率/%[①]	175℃时的黏度/Pa·s	175℃及1000psi时的螺旋流动长度/cm	凝胶时间/s	成型温度/℃	成型压力/psi	模内固化时间/s	成型后固化时间/h	T_g/℃	CTE1, CTE2/(10⁻⁶/℃)	热导率/[W/(m·K)]	室温下的弯曲模量/GPa	1kHz下的介电常数
3400	0.50	8~15	63~87	18	170~185	750~1000	60~120	4~12	155	20,62	0.7	2.2	3.8
AMC-2RA	0.50	7	76	10	165~175	500~1000	60~90	0~0.3	155	12,61	0.7	2.2	3.6
AMC-2PC	0.50	7	76	10	175	800~1400	30~90	0~2	155	12,61	—	2.4	3.6
LS-16	0.45	12.5	56	8	165~175	500~1000	30~40	0~0.3	165	16,67	0.7	1.7	3.3
S-7P	0.49	8.5	100~130	15~23	170~185	900~1200	60~120	4~12	150	18,45	0.7	1.9	3.8
S-7PG	0.49	9.0	60~90	10~18	170~185	900~1200	60~120	4~12	170	18,65	0.7	1.9	3.6
SMT-B-1FX	0.59	5.4	103	16	175	800~1200	60~150	4	218	13,53	0.8	2.2	3.9
SMT-B-1LAS	0.59	4.5	140	15	170~185	750~1000	120~180	4~5	220	16,68	0.7	2.0	3.7
SMT-B1LV	0.59	5.0	130	19	170~185	750~1250	120~180	4~6	225	14,58	0.7	1.8	4.0
SMT-B-1RC	0.59	5.5	105	12	175	800~1200	60~150	4	226	15,55	0.8	1.9	3.9
SMT-B-1150.910-1	0.38	5.5	140	18	170~185	750~1250	70~120	0~3	170	10,50	0.7	2.6	4.0

① 85℃，85%RH 条件下浸泡 168h 的大约吸湿量（质量法）。

2.2.13　新材料的发展

为了改善性能、适应飞速改变的半导体和封装技术以及环境友好的要求，新的塑封料不断地被研究与发展。封装塑封料总的发展进展见图 2.23。可靠性、组成、模压性能是驱动新型塑封料发展的最主要的因素。新材料包含环境友好或称"绿色"材料、新的组分设计以及持续的工艺改善，决定了塑封领域的发展方向。下文将单独用一章节（2.7）来讨论环境友好或称"绿色"封装材料，包括有毒阻燃剂

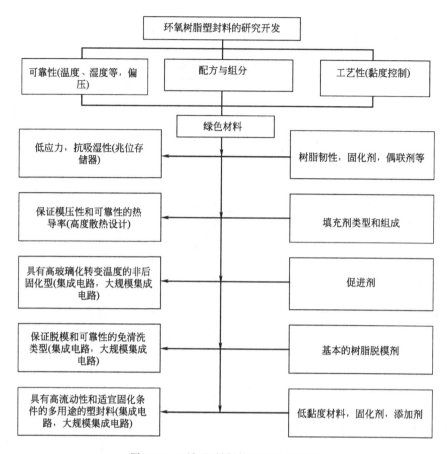

图 2.23　环氧塑封料的发展趋势近况

和"绿色"材料的进展。

　　在半导体领域，为了适应环境兼容性的增长需求，无溴-锑（Br-Sb）的塑封料和无铅焊料正在研制。对塑封料中去除溴-锑（Br-Sb）已经研究很长时间了。最近，一些含有金属氢氧化物或磷阻燃剂的材料已经上市。对于这些材料，已经考虑到去除卤素和锑的环境压力。对于无铅焊料，其应用才刚刚开始，但是其发展一定会很迅速。通常，锡铅共晶焊料应用于半导体封装安装到基材的过程中。然而，发展趋势指向限制或禁止锡铅焊料的使用；焊料中的铅通过酸雨流入地表对人体有害。然而，当使用无铅焊料时，许多问题需要考虑到，例如：

- 再流焊温度提高；
- 成本增加（焊料价格）；
- 互连可靠性的改变。

　　其中，无铅焊料应用时的再流焊温度提高对于半导体塑封料是最关键的问题。传统的锡铅焊料的熔点是 183℃，再流温度大约在 240℃。然而，对于备选的无铅焊料之一的锡-银基焊料，其熔点大约在 210～220℃。因为可使用性（润湿性）不如锡-铅焊料，要达到相同的互连可靠性，再流温度需要在 260℃。随着工艺温度的提升，形变以及塑封料内部吸潮而产生的气压会相应增加。

因而，通过 JEDEC Level 1（85℃，85％RH，168h）和三次 240℃再流焊的材料若进行 260℃再流焊时，可能会开裂或分层。因此，有必要去提高聚合物的隔热等级。一些研制新型塑封料的工作正在开展，这种塑封料能生产出在 260℃回流下无缺陷且无 Br-Sb 的产品。

另一方面，通过研发新的材料提高塑封料的热导率。科研人员将二氧化硅包覆的氮化铝（SCAN）填料添加至塑封料中，以提高其导热性。这种新型塑封料的应用改善了封装功能器件如金属氧化物硅场效应管的热性能和电性能（MOSFET 器件，S0-8 封装）。这种器件被评估其在电性能和可靠性方面的改变。

陶氏化学公司开发了一种新型的热导填充材料应用于耐热塑封料和包封料。二氧化硅包覆的氮化铝（SCAN）是一种具有粒度分布和离子纯度的水解稳定的氮化铝粉末，适合用于微电子器件的封装。SCAN 是一种热导填充物，能够显著提高环氧塑封料的热耗散性能而不影响其它性能参数如可靠性。该研究中使用的塑封料配方（质量分数 75％SCAN）是基于标准的邻甲酚醛环氧树脂配方，日本主要的塑封料厂商均有相应产品。

图 2.24 给出与包含 SCAN 的塑封料组装的器件的热切换响应（在静态空气中）及与其它标准塑封料装连的器件的比较。很明显，含有 SCAN 的塑封料在静态直流条件下降低了 8％的热阻。

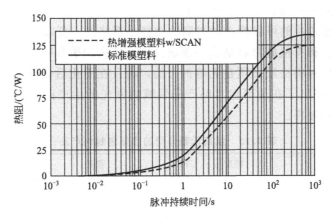

图 2.24　与 SCAN 塑封料组装的器件及与标准塑封料组装
的器件的热切换响应曲线的比较

Henkel 电子材料分公司（以前称为 Dexter 公司）正在开发一种既可作为底部填充料又可作为封装料的塑封料。Henkel 公司采用的方法是合成高球形度的填料颗粒。这种粉末中没有任何"支撑点"或"钩链"，用其所制备的塑封料流动性能好，底部填充没有空洞。非球形颗粒表面不能相互支撑，影响材料的流动，从而生成空洞。

2.3 顶部包封料

顶部包封料是高黏度的胶，用来封装如倒装焊芯片及芯片直接贴装的器件。这些材料在半导体器件的顶部像液体一样滴加，然后通过防护罩进行固化。顶部

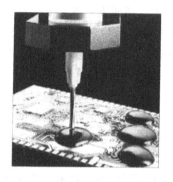

包封的实例见图 2.25。顶部包封也用于 TAB 器件，因为载带易碎。

顶部包封料是热固性环氧或硅树脂，并适当添加无机填料，但是某些顶部包封料是作为一种单一组分的固化剂混合在点胶机中。固化后，环氧基顶部包封料产生具有适中的玻璃化转变温度的刚性结构，而硅树脂或者聚氨酯基顶部密封料显示出柔性适应性。

图 2.25　在电路卡上的
顶部包封器件[33]

在应用和固化中，顶部包封料必须具有适宜的浓度、触变性、防流淌性能。低黏度主要是对流入倒装焊芯片和倒装-TAB 封装中细间距的封装料的要求。顶部包封料所需的其它的特性包括无空洞的快速固化、水解离子含量低、适当的机械强度、低应力、良好的抗吸湿性、对所有封装表面的良好黏附性、合适的热导率及良好的绝缘性能。

为了保证芯片的可靠性，对树脂的选择是严格的。低黏度环氧树脂、有机硅改性环氧树脂和有机硅材料是这一领域最广泛使用的聚合物材料。为了防止起泡形成，顶部包封料涂层必须是无溶剂型的，而且在固化后低应力。

表 2.15 列出了在顶部包封料产品领域内领先的生产商之一的汉高乐泰公司提供的顶部包封料。

表 2.15　汉高乐泰公司的顶部包封料产品[34]

产品	颜色	黏度 (25℃) /10³cP	CTE1, CTE2 /10⁻⁶	T_g /℃	邵氏硬度 D	固化条件	储存期 (4℃)
Hysol® EO1016	黑色	62	46,140	126	86	20min@150℃	12mo
Hysol® EO1060	黑色	20	40,—	125	—	4～6h@125℃	5mo
Hysol® EO1061	黑色	50	40,—	125	—	3h@140℃	7mo
Hysol® EO1080	黑色	60	35,125	121	86	20min@150℃	12mo
Hysol® FP4323	黑色	220	29,—	160	97	4h@150℃	9mo@−40℃
Hysol® FP4402	黑色	100	22,—	155	97	5h@150℃	5mo@−40℃
Loctite® 3534	暗红色	60	20,72	139	—	60min@150℃	—

注：1. 典型的性能值；不适用于产品规格书。
2. mo为月。

2.4　灌封料

灌封通常是用在大型电子单元如变压器、连接器、电源、感应器、放大器、高压电阻包和继电器中的封装技术。在灌封工艺中，电子器件安置在一个"罐子"或容器中，液态填充树脂倒入里面并完全覆盖器件（图 2.26）。树脂固化后，这个容器就成了封装电子单元的一部分。在浇铸工艺中，除了最后一步容器从封装单元中取出灌注溶液以外，其它步骤是类似的。通常用作电子单元灌注或浇铸工艺的材料是硅树脂、环氧树脂和聚氨酯树脂。Dow Corning 公司、通用电气和 National Starch and Chemical 公司是灌封料的三家主要的生产商。

图 2.26　灌封硅树脂材料（ITW 聚合物科技允许，http：//www. insulcast. com/solutions. html）

2.4.1　Dow Corning 材料

Kipping 花费 30 多年的时间研究硅树脂，但是直到 1943 年 Corning Glass and Dow Chemicals（成立 Dow Corning 公司）开始生产硅树脂聚合物（Plastiquarian，http：//www. plastiquarian. com/kipping. htm），硅树脂的商业价值才被认识到。从那儿开始，Dow Corning 成为电子封装和涂覆用硅树脂材料的最主要的生产商之一。表 2.16 列出了 Dow Corning 电子零件用的灌注和浇铸材料，包括几项材料特性。

适用期或工作时间是从混合 A 组分（如树脂）和 B 组分（如催化剂）开始直至混合物持续适合使用的时间。由于固化过程中的黏度显著提高，一些生产商在混合物黏度的基础上定义适用期。例如，Dow Corning 定义适用期为 A 组分和 B 组分（基底和固化剂）混合后黏度变为两倍时所需要的时间。

表 2.16　Dow Corning 硅树脂灌注产品

产　品	混合比例	颜色	黏度/cP 或/mPa·s	邵氏硬度	介电常数（100Hz 时）	RT 时工作时间	线性 CTE/10^{-6}	RT 时固化时间	150℃下固化时间	室温下从生产日算起的存储寿命/月
Sylgard® 160	1:1	灰	4×10^3	60	3.30	30min	240	24h	5min	18
Sylgard® 164	1:1	灰	12.8×10^3	61	3.34	14min	220	35min	—	15
Sylgard® 170	1:1	灰黑	2.9×10^3	40	3.17	15min	270	24h	—	24
快速固化 Sylgard® 170	1:1	灰黑	2.85×10^3	42	2.97	<5min	—	10min	—	18
Dow Corning® 96082 A&B	1:1	黑	1.1×10^3	31	3.14	14 天	285	—	30min	12

产品	混合比例	颜色	黏度/cP或/mPa·s	邵氏硬度	介电常数(100Hz时)	RT时工作时间	线性CTE/10⁻⁶	RT时固化时间	150℃下固化时间	室温下从生产日算起的存储寿命/月
Sylgard® 182	10∶1	澄清	3.9×10³	50	2.65	＞8h	310	—	10min	24
Sylgard® 184	10∶1	澄清	3.9×10³	50	2.65	＞2h	310	约48h	10min	24
Dow Corning® 3-6121	10∶1	透明	25×10³	30	2.92	2h	290	约48h	10min	18
Dow Corning® 3-8264	1∶1	黑	2.9×10³	45	3.11	5h	290	—	＜30min	9
Dow Corning® 567	1∶1	黑	1.5×10³	45	2.85	＞3 天	300	—	15min	24
Dow Corning® 255	10∶1	灰黑	5.5×10³	25	2.95	＞5min	311	约4h	—	—

注：典型特性值，不用于产品规格书。

RT 表示室温。

2.4.2　GE 电子材料

　　GE 电子采用 RTV（室温硫化）硅树脂产品作为电子涂覆层、胶黏剂、密封剂和不同用途的灌注封装料。表 2.17 给出 RTV 硅树脂在航空电子领域的应用。RTV 硅树脂一般在室温固化（硬化），尽管某些固化需要更高的温度。RTV 硅树脂是单一组分或者是双组分的产品。固化过程不是加聚就是缩聚。RTV 硅树脂一览见图 2.27。

表 2.17　用于航空电子灌注封装的 GE 硅树脂

电学应用	单组分				双组分					
	RTV-106	RTV-116	RTV-142	RTV-160	RTV-11 RTV-21 RTV-41	RTV-60	RTV-88	RTV-560 RTV-566	RTV-577	RTV-8000 系列
电路和引脚保护			●	●	●	●	●	●	●	●
坐舱器械密封			●	●						
电线密封	●	●								
密封,浇铸剂封装电脑部件			●	●	●	●	●	●	●	●
电源设备封装				●						

　　缩聚固化的硅树脂产品暴露在室温潮湿环境下发生固化。由于湿气通过材料扩散到内部未暴露的部分中，所以产品固化需要一些时间。材料的反应机理和黏度也影响固化时间。25℃和50％RH（典型室内条件）下，完全固化需要24～48h。在某些情况下，完全固化可能需要更长的时间（即7～14 天）。

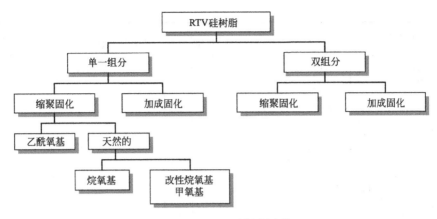

图 2.27　RTV 硅树脂图形

表 2.18 和表 2.19 分别列出了 GE 缩聚固化 RTV 单一组分及双组分产品的材料特性。对于一种缩聚固化的 RTV 产品来讲，不黏时间指的是形成一层外层固化层所需的时间。未固化的产品通常是微微发黏或较黏的，非黏层显示正在固化。

表 2.18　GE 单一组分的缩聚固化 RTV 封装料

RTV	固化性能	颜色	黏度(cP)/应用速度(g/min)	温度范围/℃	邵氏硬度	拉伸强度/psi	伸长率/%	介电强度/(V/mil)	介电常数	无轨迹时间	固化时间(25℃)/h
106	乙酰氧基	红	400g/min	−60～260	30	375	400	500	2.8	20min	24
116	乙酰氧基	红	2.5×10⁴cP	−60～260	20	350	350	400	2.8	30min	24
160	烷氧基	白	3.5×10⁴cP	−60～204	25	275	230	500	2.8	4h	24
142	烷氧基	白	725g/min	−60～204	34	550	400	500	2.8	4h	24

表 2.19　GE 双组分的缩聚固化（烷氧基的）RTV 封装料

RTV	最小比率（基材与固化剂的质量比）	颜色	黏度/10³cP	温度范围/℃	邵氏硬度	拉伸强度/psi	伸长率/%	热膨胀系数(CTE)/10⁻⁵[cm/(cm·℃)]	介电常数(1kHz)	适用期/h	固化时间(25℃)/h
11	100:0.5	白	11	−54～204	41	300	160	25	3.3	1.5	24
12	20:1	澄清	1.3	−54～204	18	—	200	29	3.0	1.6	24
21	100:0.5	粉	26	−54～204	45	310	180	20	3.8	1	1
31	100:0.5	红	25	−54～260	30	870	170	20	4.4	2	24
41	100:0.5	白	39	−54～260	47	310	180	20	3.7	2	24
60	100:0.5	红	40	−54～260	20	990	120	20	4.0	2	24
88	100:0.5	红	880	−54～260	58	830	120	20	4.3	0.75	24

RTV	混合比例（基材与固化剂的质量比）	颜色	黏度/10^3cP	温度范围/℃	邵氏硬度	拉伸强度/psi	伸长率/%	热膨胀系数(CTE)/10^{-5}[cm/(cm·℃)]	介电常数(1kHz)	适用期/h	固化时间(25℃)/h
511	100：0.5	白	16	−115～204	42	380	170	22	3.6	1.5	24
560	100：0.5	红	30	−115～260	55	690	120	20	3.9	2.25	24
566	100：0.1	红	42.7	−115～260	61	800	120	—	—	1.5	24
577	100：0.5	白	700	−115～204	48	440	150		3.9	2	24
8111	100：2	白	9.9	−54～204	45	350	160	25	3.3	0.5	24
8112	100：5	白	11	−54～204	42	300	160	25	4.0	2	24
8262	100：5	红	47	−54～260	25	580	150	20	3.9	2	24

缩聚固化的 RTV 材料在固化过程中会产生副产物。表2.20 列出 GE 缩聚固化 RTV 封装料的副产物。

表2.20　GE 缩聚固化 RTV 封装料的副产物

缩聚固化产品类型	固化化学组成	副产物
单一组分	乙酰氧基	乙酸
单一组分	烷氧基	乙醇
单一组分	甲氧基	甲醇和/或氨
双组分	催化剂	乙醇和水

加成固化 RTV 产品通常是在室温下通过加热固化。加热到较高温度可以加速固化过程。加成固化灌注材料通常在配方中存在阻聚剂，阻聚液态封装料固化直到其在一定温度下被活化，这个温度通常在室温或者室温以上。表2.21 和表2.22 分别列出了 GE 加成固化 RTV 单一组分和双组分产品。

表2.21　GE 单一组分加成固化灌注封装料

浇铸封装体	颜色	黏度/10^3cP	温度范围/℃	邵氏硬度	拉伸强度/psi	伸长率/%	介电强度(75mils)/(V/mil)	固化时间(100℃)/h
TSE 325	白	4	−60～205	12	102	200	530	4
TSE 3251	白	8.5	−60～205	16	102	200	500	4
TSE 3221 S-W	透明	58	−60～205	28	406	370	635	3

表 2.22　GE 双组分加成固化灌注封装料

浇铸封装体	混合比例（质量比）	颜色	黏度/10^3 cP	温度范围/℃	邵尔硬度	拉伸强度/psi	伸长率/%	热膨胀系数（CTE）/10^{-5} [cm/(cm·℃)]	适用期（25℃）/h	固化时间（100℃）
TSE3033	1∶1	透明	1	−60~204	30	142	130	23	6	1h
RTV615	10∶1	透明	4	−60~204	44	920	120	27	4	1h
RTV655	10∶1	透明	5.2	−115~204	45	920	120	33	4	1h
RTV656	10∶1	透明	5	−115~204	44	920	100	33	4	1h
RTV627	1∶1	深灰	1.3	−60~204	62	475	60	21	2	1h
RTV6428	1∶1	深灰	1.4	−60~204	62	475	60	21	4	10min

2.5　底部填充料

在倒装焊封装中，硅芯片、焊球与基板之间存在热膨胀不匹配的问题。硅的热膨胀系数（CTE）大约是 $3×10^{-6}$/℃，典型氧化铝基材的 CTE 在 $6.7×10^{-6}$/℃。最外侧的焊球可以观察到明显的由于热膨胀系数不匹配造成的应力变形。半导体芯片做得越大，这种应力变形也越大。为了补偿这种不匹配，在芯片与基材的间隙之间填充并固化具有与焊球的 CTE（大约是 $30×10^{-6}$/℃）接近的液态底部填充树脂。底部填充料的使用能增强芯片与基材之间的粘接，有效降低剪切应力，继而降低了焊点的应力变形[35]。底部填充料的关键特性详见表 2.23。

底部填充料是一种复合材料，由环氧聚合物和大量的填充物制成。底部填充料配方中额外添加了流平剂、附着力促进剂和着色剂。底部填充料尽管主要使用在倒装焊器件中，但也能用于球栅阵列（BGA）和芯片级封装（CSP）器件中。一些使用底部填充料的理由包括：

□ 减少由于硅芯片与基材的 CTE 不匹配导致的影响；

□ 机械支撑与稳定性；

□ 对芯片在周围环境中的保护（湿气、离子残留物和不需要的物质）；

□ 器件和基材的黏附性；

□ 防护冲击。

底部填充料最近的发展为非流动型底部填充料，这种材料在芯片安装前分布到基材表面并在焊球再流焊时固化[37]。非流动底部填充过程不仅消除了底部填充材料对黏性、工艺温度和封装尺寸的严格限制，又能改善生产效率[38]。在底部填充技术方面其它的改进包括快速固化底部填充料和可修复的底部填充料。

表 2.23　底部填充材料的关键特性[36]

特性	说　明
黏度,流动性能	需要低黏度和良好流动性,这样底部填充料就可以完全填充在芯片与基材间的狭小间隙(50～100μm 高)
二氧化硅填充剂含量	填充剂需要降低聚合物 CTE 以匹配焊球的 CTE
填充剂尺寸、分布和形状	填充剂尺寸、分布和形状影响流动性能
热固性聚合物的化学性质	为了得到稳定的机械性能,需要具有较高玻璃化转变温度(T_g)的聚合物体系
弹性模量	模量需要尽可能高来保证芯片与基材之间良好的机械匹配
固化流程	固化流程必须相对短并且易于制造
黏附性	固化后需要在芯片与陶瓷表面形成良好黏附
耐湿性	良好的耐湿性
离子污染	对于半导体的应用,需要有较低的离子杂质
质量控制	对于底部填充材料需要严格的质量控制
成本	在合理的成本上生产出高品质的材料

表 2.24　汉高乐泰的底部填充封装料产品

产品	应用	25℃时的适用期	推荐的固化条件	黏度(25℃)/10^3cP	T_g/℃	CTE/(10^{-6}/℃)
Hysol® FP6100	可修复的 CSP/BGA	16h	10min@150℃	7.9	0	94
Hysol® FP4531	倒装芯片 75mm 间隙	8h	7min@160℃	9.0	144	28
Hysol® FP4549	倒装芯片 12mm 间隙	24h	30min@165℃	2.3	140	45
Hysol® FF2200	倒装芯片,不流动(助焊剂)	16h	回流曲线	3	128	72
Loctite® 3513	可修复的 CSP/BGA	5 天	30min@100℃	3.5	140	57
Loctite® 3514	底部填充的 BGA/CSP	5 天	60min@100℃	3.5	140	57
Loctite® 3563	快速固化的倒装芯片	大于 8h	5min@150℃	8	130	35
Loctite® 3565	高 T_g 的倒装芯片	大于 8h	30min@150℃	45	155	25
Loctite® 3568	可修复的倒装芯片 BGA/CSP	30h	15min@150℃	11	110	55
Loctite® 3593	快速固化的底部填充的 CSP	7 天	5min@150℃	5.5	110	50

表 2.24 列出汉高乐泰公司的底部填充材料,包括应用、适用期、推荐固化条件和其它特性。

2.6　印制封装料

通常用于印制封装的封装材料是具有低热翘曲特性的液态环氧树脂。在印制封装中,封装材料被涂覆在丝网开口处（或封装空腔）,涂平并固化。由于印制封装特性（即丝网上多个开口或空腔）,印制封装往往比其它封装技术更容易变形。为了减少印制封装过程中的变形,低应力的封装材料已被研发出来[39]。

封装材料内应力的降低可以通过使用特殊弹性体如硅树脂改性标准环氧树脂来实现[39]。在 Okuno 等人的研究中对两种环氧树脂体系的内应力进行了比较。用于一般电子封装的标准环氧树脂，当温度从固化温度下降时，其内应力呈现线性增长。然而，弹性体改性的环氧树脂在冷却至 T_g 温度以下时，显示出较低的应力数值和较低的应力增长率。由于这种低应力性能，弹性改性的环氧树脂体系在印制封装过程中当从固化温度开始冷却时更不容易变形。

2.7　环境友好型或"绿色"封装料

世界范围内向环境友好材料发展的运动始于 20 世纪 80 年代的欧洲，而后扩展到亚洲和北美洲。无数的研究表明传统阻燃剂对环境和健康的毒害影响。因此，有毒的阻燃剂已经被限制或禁止使用，不含任何毒害物质的新型环境友好或称"绿色"封装材料出现了。在本章节中，首先，讨论有毒的阻燃剂并描述它们对环境的有害影响。然后，讨论绿色封装材料的发展和面临的挑战。

2.7.1　有毒的阻燃剂

溴化有机物和三氧化二锑是已知的对环境有毒害影响的物质，通常用于塑封料的阻燃剂[40]。溴化阻燃剂（BFRs）因其含有卤素 Br$^-$ 也被称为含卤阻燃剂。卤素是位于新的元素周期表 17 族的非金属元素，包括氟、氯、溴、碘和砹。

另一种受到关注的传统阻燃剂是三氧化二锑。三氧化二锑作为协同剂来增加含卤阻燃剂的活性，这种作用是通过逐步释放含卤自由基来阻碍分子链的燃烧反应[41]。

溴化阻燃剂，特别是多溴联苯（PBBs）、多溴联苯醚（PBDEs）和包含一个或一个以上碳环的四溴双酚 A（TBBPA）使得产品非常稳定。图 2.28 给出了 PBDE，PBB，TBBPA 和六溴环十二烷的化学结构式。这些物质的化学稳定性是溴化阻燃剂成为国际环境争议的主要原因。

溴化阻燃剂（BFR）在食物链中积聚，仅仅对点源（如废水或空气排放）采取处理措施是无法避免其扩散到环境中的[42]。因此，在产品处理地点的点源污染以及扩散源污染都会产生。一些研究表明，BFR 还可能通过蒸发扩散到海洋环境以及大气中[43~45]。

研究表明，海洋环境[46]、人类母乳、脂肪组织和血液中的 PBDE 水平持续上升，因为 PBDE 的结构类似于甲状腺激素[48]。研究鲸脂中 PBDE 含量的 Dutch 报告指出，不是原始资源的 PBDE 已经渗透到开放的海洋食物链中[49]。来自北海和波罗的海的海豹体内的检测结果表明，沿海的动物也受到相当含量 PBDE 的威胁。波罗的海中的鱼体内也检测到 PBDE。来自北极和法罗群岛的鸟、海豹和鲸的检测结果也显示溴化阻燃剂散布至广阔的环境中[50]。有研究表明，BFRs 的含量随着

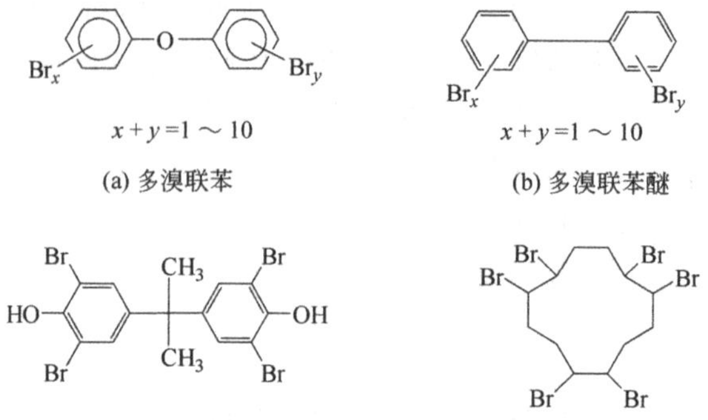

$x + y = 1 \sim 10$

(a) 多溴联苯

$x + y = 1 \sim 10$

(b) 多溴联苯醚

(c) 四溴双酚 A

(d) 六溴环十二烷

图 2.28　化学结构式

年龄增长而累积，这与这些物质的特性是相一致的[51]。

溴化阻燃剂对健康的首要威胁与其长期影响相关。三氧化二锑具有短期影响和长期影响[52]。表 2.25 提供了主要溴化阻燃剂和三氧化二锑的毒性。在 PBDE 中，北美洲主要使用的三种物质是十溴二苯醚、八溴二苯醚和五溴二苯醚。

多溴代二苯并二口英（PBDDs）和多溴代二苯并呋喃（PBDFs）中的溴代二口英会在废物的焚烧或含有溴化阻燃剂的消费品的燃烧过程中产生[52]。溴化阻燃剂也可能含有少量作为杂质的溴代二口英。由于其高毒性和在生物体内积累的潜在风险，PBDDs 和 PBDFs[53] 是主要的关注焦点。按照环境保护组织（EPA）解释，二口英的毒害反应包括皮肤反应、免疫系统毒害、致癌性和生殖毒害。

欧洲议会在 2006 年提出对所有 PBDEs 的禁令[47,54]。世界卫生组织（WHO）和美国环境保护署也推荐了对二口英及其类似物质的限量要求和风险评估[52,55]。因其燃烧过程会产生高毒性和潜在的致癌风险的溴化呋喃和二口英，欧盟计划限制溴化联苯氧化物阻燃剂的使用[47]。表 2.26 给出了应对溴化阻燃剂的时间表（www.cleanproduction.org；www.ospar.org）。

四溴双酚 A 广泛应用于活性阻燃剂，还未被最终确定对环境或人类健康存在风险。作为国际化学品安全组织的一部分，世界卫生组织对四溴双酚 A 对环境和人类健康的影响进行了全面的评估。研究表明，四溴双酚 A 在生物体内积累的潜在风险很小，因此对环境和健康的威胁是轻微的。欧盟对四溴双酚 A 的风险评估目前正在进行[54]。然而，人类母乳中的四溴双酚 A 水平有增加的趋势。此外，研究结果[56]显示，四溴双酚 A 与 PBDE 和 PBB 一样具有取代甲状腺激素的潜在风险，对人类健康和生存不利。

为了引起对健康和含有溴化阻燃剂的产品的再循环的关注，欧盟颁布《关于报废电子电气设备指令》（WEEE）和《关于在电子电气设备中限制使用某些有害物质指令》（RoHS）。RoHS 在 2006 年 1 月开始生效，限制六种毒害物质的使用：铅、汞、镉、铬（Ⅵ）、PBB 和 PBDE[57]。每种物质在均匀材料中的最大限制质量比为 0.1%（镉为 0.01%）。

表 2.25　溴化阻燃剂和三氧化二锑的毒性[40]

物　质	毒　　性
十溴二苯醚	神经发育受损
	肝脏和甲状腺肿瘤
八溴二苯醚	肝脏和甲状腺肿大
	甲状腺激素水平降低
五溴二苯醚	神经发育毒害
	甲状腺激素水平降低
六溴环十二烷	神经发育毒害
	大脑神经传递素干扰
	甲状腺激素干扰
四溴双酚 A	毒害肝脏细胞和免疫系统(T 细胞)
	甲状腺激素干扰
	大脑神经传递素干扰
三氧化二锑	刺激皮肤,眼睛,呼吸道
	在汗腺和皮脂腺周围出现脓包状皮疹,也称为"锑点"
	肺炎、慢性支气管炎和慢性肺气肿
	增加自发流产的概率及不良的生殖影响
	可能的人类致癌物质

　　这些废弃物处置的规定中要求分类和控制处理含卤废弃物[59]如个人电脑。此外,澳大利亚和瑞士已经全面禁止 PBB 的使用。在德国和荷兰,逐步淘汰 PBB 和 PBDE 的自发决议已经产生。德国要求产品中二口英及呋喃低于限定值,这能减少 PBDE 和 PBB 的使用[60,61]。瑞典化学品巡查员建议全面逐步淘汰 BFR,瑞典用于电脑的 TCO 95 标准要求部件中的有机溴化物含量不能超过 25g[62]。

表 2.26　应对溴化阻燃剂的时间表 (www.cleanproduction.org; www.ospar.org)[58]

年	国家/组织	措　　施
1989	德国	工业用户自发通过逐步淘汰 PBDE
1989	荷兰	工业用户自发通过逐步淘汰 PBDE 和 PBB
1992	OSPAR	取代 BFR 的名单化学品优先行动;建议立即去除 PBDE 和 PBB
1993	德国	禁止使用 PBDE
1995	北海	环境部长提出较低毒害的 BFR 的替代品
1999	瑞典	瑞典化学品巡查员(Keml)建议在五年内逐步淘汰 PBDE 和 PBB,最后逐步淘汰所有的 BFR
1999	世界卫生组织	建议 BFR"不应用于有合适的替代品可应用的地方"
2000	经济合作与发展组织	化学品委员会和工作小组联席会议承认溴行业结束 PBB 生产的自愿协议

年	国家/组织	措　施
2003	澳大利亚	提倡禁止 Deca-BDE
2003	挪威	污染控制局要求公司提供 BFR 的削减和逐步淘汰计划
2003	荷兰	禁止八溴醚的生产
2004	欧盟	关于 Deca-BDE 的辩论
2004	挪威	禁止 Penta-BDE 和 Octa-BDE
2004	美国	生产者自愿逐步淘汰 Penta-BDE 和 Octa-BDE
2005	挪威	禁止 Deca-BDE、HBCD 和 TBBPA
2006	欧盟	RoHS 指令禁止欧洲出售或进口的所有电子电气设备中含有 Deca-BDE、Octa-BDE 和 Penta-BDE,但后来解除了对 Deca-BDE 的禁令
2006	日本	日本 RoHS(符合欧盟 RoHS)限制包括 PBB 和 PBDE 在内的毒害物质的使用
2006	美国　缅因州	禁止 Penta-BDE 和 Octa-BDE
2007	美国　加州	依据欧盟 RoHS,限制包括 PBB 和 PBDE 在内的毒害物质的使用
2007	中国	中国 RoHS(类似于欧盟 RoHS),限制包括 PBB 和 PBDE 在内的毒害物质的使用
2008	欧盟	重新禁止 Deca-BDE
2010	美国　缅因州	首次禁止电子产品中的 Deca-BDE
2020	OSPAR	目标是逐步淘汰所有的 BFR

注：BFR 为溴化阻燃剂；Deca-BDE 为十溴二苯醚；HBCD 为六溴环十二烷；Octa-BDE 为八溴二苯醚；PBB 为多溴联苯；PBDE 为多溴联苯醚；Penta-BDE 为五溴二苯醚；RoHS 为《关于在电子电气设备中限制使用某些有害物质指令》；TBBPA 为四溴双酚 A。

来源为 www. cleanproduction. org；www. ospar. org。

2.7.2　绿色封装材料的发展

环境友好或称"绿色"封装材料是不含有有毒阻燃剂的材料。然而,电子封装中的环境友好级别在很大程度上取决于限制或禁止使用的物质。表 2.27 列举了"绿色"封装的不同水平[63]。

塑封料生产商和电子封装工业者积极研发绿色封装材料并已发表许多此类研究报告[44,64-79]。对绿色塑封料大致的研究途径见图 2.29。

绿色塑封料的发展始于对传统塑封料中包括 BFR 和三氧化二锑配合剂在内的传统毒害物质的限制和禁止。在不使用传统阻燃剂的情况下,新型绿色材料的阻燃性能可以分别通过三种途径来实现：①改变树脂/固化剂的结构；②增加填充剂的含量或③使用无卤阻燃剂。这三种途径可以单独或同时发挥作用。基于发展途径的不同,绿色材料可以进一步分为两种：具有无卤阻燃剂的绿色材料和无阻燃剂的绿色材料（自熄）。

在绿色封装材料合成之后，这种新型阻燃剂需要进行 UL-94 可燃性评估。阻燃等级通常基于 UL 垂直燃烧试验（即 V-0，V-1 和 V-2）而得出。如果绿色材料在可燃性试验中失败，则必须重新设计，包括调整树脂结构、填充剂含量及/或改用其它适用的阻燃材料。

表 2.27 "绿色"封装和组装材料的限值[63]

绿色级别	元素/化合物	限值/10^{-6}
无铅	铅	1000
符合 RoHS	铅	1000
	汞	1000
	镉	100
	铬（Ⅵ）	1000
	多溴联苯	1000
	多溴联苯醚	1000
完全绿色	所有上述总和	
	溴	900
	氯	900
	锑	900
	TBTO	不使用
	磷	不使用

注：RoHS 为《关于在电子电气设备中限制使用某些有害物质指令》；TBTO 为三丁基氧化锡。

通过 UL-94 测试后，测试绿色封装材料的特征及其临界性能，其临界性能将影响生产质量和封装可靠性。这些性能包括粘合强度、弯曲强度、吸湿性和热机械性能。在这个阶段获得的材料性能对改善或恶化封装的可制造性及可靠性有指示作用。例如，吸湿性能的降低表明可靠性更高。然而，为了更权威地评估可制造性和可靠性，封装材料必须进行详尽的可模压性、可制造性和可靠性测试。

在可模压性测试中，潜在的模压缺陷将被鉴定，这些缺陷的严重性将被测量。封装缺陷包括封装翘曲（外平面变形或不共面），冲丝（模压过程中引线变形），外部空洞（封装过程中由于空气滞留造成的）和分层（封装体与相邻材料脱附或脱键合）。封装缺陷在 5.2 章节中有更详尽的讨论。

封装体的可制造性与封装缺陷的产生和严重性直接相关。例如，在模压及其后的固化过程中变形较小的封装体会有更高的成品率[74]。从生产线上进行可制造性和成品率评估所进行的一般测试项目包括模压、标记、管脚修整/整形、焊球置放（BGA 封装）和锯切（圆片级封装）[66,74]。

在可模压性测试和可制造性测试后，采用绿色材料封装的封装体要进行可靠性测试。潮湿敏感等级测试、热循环测试和高加速应力测试是广泛应用的可靠性测试项目。电子封装体的可靠性测试详见第 7 章。

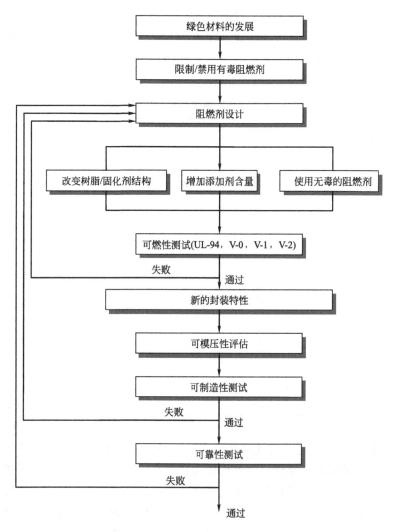

图 2.29　绿色材料研发的一般途径

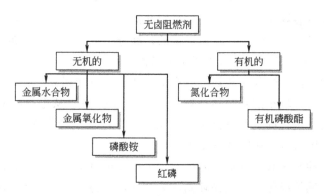

图 2.30　无毒阻燃剂的选择

2.7.2.1　含无卤阻燃剂的绿色材料

包括 Nikko Denko、住友和信越化学在内的许多制造商已研发出采用替代性无毒阻燃剂的绿色塑封料。一些无卤（无溴）阻燃剂已经被开发。图 2.30 展示了可供新型绿色材料使用的有机及无机无毒阻燃剂。无卤无机阻燃剂包括金属水合物、金属氧化物、多聚磷酸铵和红磷。无卤有机阻燃剂包括有机磷酸酯和氮化合物。

阻燃剂的作用机理基于化学反应而变化。总体上，阻燃剂通过捕捉燃烧反应所必须的化学元素、通过形成碳来阻断燃烧所需的氧气、通过产生水来阻止材料燃烧。图 2.31 图解了三种类型阻燃剂的阻燃机理[65]：金属水合物、磷化合物和传统的有毒阻燃剂。

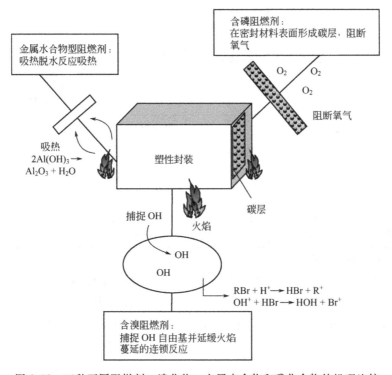

图 2.31　三种不同阻燃剂：溴化物、金属水合物和磷化合物的机理比较

表 2.28 列举了五种不同的无卤阻燃剂类型，包括磷化合物、氮化合物、金属水合物、金属氧化物和高碳/氢比树脂（高芳香族）。表中也给出了每一类型中的主要阻燃物质、阻燃机理、优缺点[65,67,69]。

红磷阻燃剂是一种需要小心防范的无卤阻燃剂。研究表明，如果红磷表面没有被充分包覆，它会导致半导体器件的失效[44,80,81]。在 20 世纪 90 年代末至 2002 年期间，住友研发并推广了一系列的使用稳定红磷作为阻燃剂的绿色塑封料，称为EME-U 系列。然而，由于红磷不够稳定，导致了封装器件的严重失效。采用红磷作为阻燃剂的塑封料在 2002 年被逐步淘汰。

表面未完全被包覆的红磷阻燃剂会导致生成磷离子和酸，这些生成物作为电解

表 2.28　无卤阻燃剂的优缺点[65,67,69]

类　型	主要材料	机　理	优　点	缺　点
磷化合物	聚磷酸铵 磷酸酯 红磷	形成碳,阻断氧气	阻燃性好	高吸湿性 电性能下降 红磷会导致可靠性问题
氮化合物	三聚氰胺 三聚氰酸衍生物	形成蓬松的碳,使材料绝缘	降低烟气	阻燃性差 需要量大(螺旋流动性、强度降低)
金属水合物	氢氧化铝 氢氧化镁 硼酸盐	排出能覆盖表面的水 形成碳层	高 HTSL 适用于所有的环氧/酚醛树脂体系 氢氧化镁的活性温度约为 350℃,适合回流(>220℃)	阻燃性差 氢氧化铝活性温度相对较低(180~200℃),不适合回流(>220℃) 需要量大(螺旋流动性、强度降低) 大量填充会降低电性能和物理性能
金属氧化物	钼化合物	捕捉氢气 形成碳层	高 HTSL 降低烟气 良好的键合强度 适用于所有的环氧/酚醛树脂体系	分散性好
高碳/氢比树脂(高芳香族)	一些联苯类 一些萘类物质	形成碳,阻断氧气	大量填充的高阻燃性 改善抗回流开裂	低活性 高成本

注：HTSL 为高温存储寿命。

液导致引脚材料的电化学迁移（见图 2.32）[81]。发生迁移的引脚材料会形成多余的导电通道并导致在封装体内的引脚之间的短路和漏电流失效，也会导致引线键合的电阻升高和开路失效。这些伴随采用新型阻燃材料的环境友好型塑封料的问题可

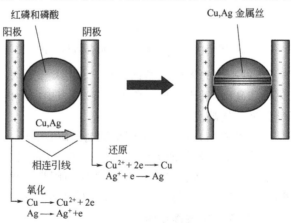

图 2.32　内部相邻引线间的电化学反应和引线间 Cu，Ag 金属丝的形成

以通过充分的评估和鉴定试验来避免。

磷化合物阻燃剂与其它无卤阻燃剂相比是较不环保的。如果被加入到湖泊、河流的水域中，磷会引起藻类和水生植物的大量繁殖。当这些藻类死亡，在被细菌分解的过程中，大量的氧气被消耗。这个过程被称为过营养化。磷化合物所致的过营养化将导致鱼类和需要氧气的生物体系死亡[72,82]。然而磷酸盐对人类和动物是无毒的，除非含量非常高的情况下会导致消化系统的问题[82]。

除了带来环境问题，磷化合物阻燃剂一般都具有高吸湿性会导致封装体的可靠性问题[72]。潜在的环境和可靠性问题阻碍了磷化合物成为理想的阻燃剂。因此，许多制造商将绿色封装材料的研发标准扩展到无溴、无锑、无磷[63,72,74,83,84]。

住友电木株式会社已研发出绿色环氧树脂塑封料，商标为住友 EME 包括 E500，E600，G500，G600 和 G700 系列（见表 2.29）。表 2.29 中所列的 EME 封装材料是无溴、无锑和无磷的阻燃剂。

表 2.29　住友电木的绿色塑封料

等　级	特　　点	主要应用
EME-E500	低引脚数器件	DIS,DIP,SO
EME-E590	高热导率	TO-220F
EME-E630	低应力	DIP,SO,PLCC,QFP
EME-E670	超低应力	DIP,SO,电源模块
EME-G500	低引脚数器件	DIP,SO,PLCC,QFP
EME-G600	标准	DIP,SO,PLCC,QFP
EME-G620	潮湿回流敏感等级好	DIP,SO,PLCC,QFP
EME-G630	标准	DIP,SO,PLCC,QFP
EME-G700	潮湿回流敏感等级好	DIP,SO,PLCC,QFP
EME-G750	用于层压封装,低变形	BGA,CSP
EME-G760	标准 EME,用于层压封装,长流程	BGA,CSP
EME-G770	标准 EME,用于层压封装,潮湿回流敏感等级好	BGA,CSP
EME-G900	下一代 EME,用于层压封装,低变形,长流程	BGA,CSP

汉高乐泰研发出商标为"GR 系列"的绿色塑封料。表 2.30 列举了这些采用无毒阻燃剂且高热稳定性的绿色塑封料、其应用和特性[83]。

由日本信越化学工业株式会社研发的绿色塑封料，混合硅树脂阻燃材料来替代锑化合物和溴化环氧树脂。这些材料成功通过 UL-94，V-0（UL 的最高等级）。信越化学工业将此产品商标定为"KMC-2000 系列"并推向市场（表 2.31）。

日东电工的绿色塑封料的商标是"GE 系列"，是从"MP 系列"衍生而来的。表 2.32 列举了引线框架封装体的绿色塑封料及其特点（日东电工株式会社，ht-tp://www.nittoeurope.com/）。日东的 GE 系列塑封料使用金属氢氧化物阻燃剂[77]。BGA 封装的绿色塑封料属于"GE-100 系列"。

表 2.30　乐泰的绿色塑封料[34]

产品	描述	T_g /℃	CTE1 /(10^{-6} /℃)	CTE2 /(10^{-6} /℃)	弯曲模量 /MPa	弯曲强度 /GPa	吸湿性 (85℃ /85% RH, 168h)	260℃ 回流等级
MG15F-MOD11	不对称的表面安装封装,高 T_g,低应力 CSP	235	14	55	17.00	120	0.37	
GR330	低成本,分立的插装二极管和 IC	150	19	50	17.00	139	0.40	
GR360	高性能,可靠性好,低成本,适用于低引脚数的 PDIP,IC	170	19	65	16.90	140	0.045	J1
GR380	SMD,PDIP,SOIC 封装和 QFP,低应力,高电阻放大,分立小规模晶体管	160	17	70	13.50	130	0.35	
GR625	表面安装分立器件,IC,QFP,通过 JEDEC 等级 1,260℃ 回流	140	13	40	17.50	130	0.25	
GR640	为弱信号小规模晶体管设计,高速自动模压,快速固化	165	21	65	16.20	155	0.80	J2
GR725	汽车电子(185℃,20000h),为高温工作的表面安装分立器件封装设计	135	12	35	20.00	116	0.28	
GR750	高热导率,为改善半导体器件的热操纵性设计,与铜和铜合金黏附性好	160	23	70	19.70	120	0.90	J1
GR828	为 SO 封装升级到 TSSOP/TQFP 特别设计	145	13	45	18.00	127	0.25	J1
GR9800	为倒装阵列封装应用设计,适用于底部填充和顶部模压的间距小于 40μm 的倒装组装	200	14	48	14.50	110	0.40	J2
GR9810	层压封装,设计用于顶部模压,低变形	195	11	35	23.00	120	0.30	J2
GR9820	阵列 QFN,应力极低,超低变形,对特定引线框架金属具有良好的黏附性	195	11	35	21.80	110	0.31	J1
GR9825	单腔体的 QFN 引线框架封装	145	13	45	18.00	127	0.25	
GR9840	为智能卡的应用设计,要求成型好	165	21	65	16.2	155	0.80	J1

注:1. 典型性能值,不能用于规格书。
　　2. CSP 为芯片级封装;CTE 为热膨胀系数;IC 为集成电路;JEDEC 为电子器件工程联合委员会;PDIP 为塑封双列封装;QFN 为四边无引脚扁平封装;QFP 为四边扁平封装;SMD 为表面安装器件;SO 为小规模;SOIC 为小规模集成电路;TQFP 为薄型四边扁平封装;TSSOP 为薄型小规模封装。
　　3. 来源为 http://www.loctite.com/int_henkel/loctite/binarydata/pdf/lt3758a_SemiMoldComp.pdf。

表 2.31　信越化学的绿色塑封料[86]

应用设计和材料	PBGA 封装					L/F 封装		
	层压材料		BOC	陶瓷	QFN	PPF	Cu-Ag	合金 42
	刚性	卷带						
MSL1-2 260℃								
KMC-2520	☐	☐	☐	☐	☐			
KMC-2520L	☐	☐		☐	☐			
KMC-2260G-1								☐
KMC-284		☐					☐	☐
MSL 2-3 260℃,高 T_g								
KMC-2210G	☐	☐						
KMC-2210G-8T	☐	☐	☐	☐	☐			
KMC-2212G	☐	☐		☐	☐			
MSL 1-3 260℃,标准								
KMC-2110G							☐	☐
KMC-2160G						☐	☐	

注：BOC 为芯载板；L/F 为引线框架；MSL 为潮湿敏感等级；PBGA 为塑料封装球栅阵列；PPF 为前镀层；QFN 为四边无引脚扁平封装。

表 2.32　日东电工用于引线框架封装的绿色塑封料

产品	化学性	特 点
GE-7470-A	联苯	对 PPF 和 Cu L/F 具有高潮湿敏感等级(MSL)
GE-7470L-AW	联苯	用于长引线
GE-7470L-B44	联苯	对于银镀层具有高潮湿敏感等级
GE-1030	联苯	低成本
GE-200	OCN	低成本,用于小型封装
GE-880	OCN	低成本,用于表面安装器件封装

注：1. L/F 为引线框架；MSL 为潮湿敏感等级；OCN 为邻甲酚醛环氧树脂；PPF 为前镀层。

2. 来源为 http://www.nittoerope.com/。

2.7.2.2　无阻燃剂的绿色材料

一类不含阻燃剂的绿色封装材料已被研发出来。图 2.33 给出了一款由日本电气电子公司（NEC）研发的无阻燃剂绿色材料的自熄机理[85]。燃烧时，这种绿色塑封料立即产生一种稳定的泡沫层阻断燃烧中的热传导并自熄。自熄型的绿色塑封料由填充了 70％熔融硅粉的苯酚-芳烷基型环氧树脂构成。这种树脂和固化剂在其主链中都含有多芳香族。

NEC 研发的绿色塑料的一个重要的有助于其自熄机制的特性就是材料在高温时的低弹性。高温时材料内部产生的挥发性物质导致表面材料出现泡沫层。绿色塑封料的低弹性应归功于加入多芳香基团后，环氧树脂和固化剂网络的低交联密度。并且，泡沫层的高稳定性应归功于绿色材料的抗高温分解性。

京瓷化学也研制了一种用于汽车行业的绿色塑封料（"Perfect Green"），这种材料中不含有任何阻燃剂如磷化合物，公司宣称这种材料具有优异的热稳定性和热循环可靠性[87]。这种材料的阻燃性通过调整基体树脂的分子结构和增加塑封料中的填充剂含量来实现。

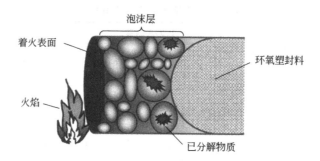

图 2.33　NEC 研制的无阻燃剂的环境友好环氧塑封料自熄机理

2.8　总结

　　本章描述了电子封装包括塑封、顶部包封、灌封、底部填充和印制封装体中所用到的基本封装材料。也探讨了封装材料的化学特性。环氧树脂是最为通用的塑封材料。硅树脂、聚氨酯和酚醛树脂是其它类型的主要封装材料。添加剂是添加到塑封料中以实现各种功能和特性的材料，包括固化剂、促进剂、填充剂、偶联剂、应力释放剂、阻燃剂、脱模剂、离子捕获剂和着色剂。

　　本章中讨论了一些技术领先的制造商包括日东电工、住友电木、Plaskon、汉高乐泰、通用电气、陶氏化学和信越化学的一些商用封装材料。提到了塑封料中使用的传统阻燃剂的环境危害影响，探讨了不添加含卤阻燃剂和三氧化二锑的环境友好或称"绿色"材料。

参　考　文　献

［1］　Painter，P. C. and Coleman M. M.，*Fundamentals of Polymer Science*，Technomic Publishing Company，Lancaster，PA，1997.

［2］　Massingill，J. L.，"Epoxy"，*Modern Plastics Encyclopedia*，vol. 64，McCraw-Hill，New York，p. 114，1988.

［3］　Dow Coring Corporation："Silicone chemistry overview"，1997. http://www. dowcorning. com/content/pubilishedlit/51-960A-01. pdf.

［4］　Licari，J. J. *Coating Materials for Electronic Applications*，Noyes Publications/William Andrew Publishing，Norwich，NY，2003.

［5］　Kim，W. G.，and Lee，J. Y.，"Contributions of the network structure to the cure kinetics of epoxy resin systems according to the change of hardeners," *Polymer*，vol. 43，no. 21，pp. 5713-5722，Octorber 2002

［6］　Kin，M.，and Oppliger，P. E.，Silicone Resins，*Modern Plastics Encyclopedia*，Vol. 45，pp. 303-306，McCraw-hill，New York，1968.

［7］　Mark，J. E.，"Overviews of siloxane polymers"，*Silicone and Silicone Modified Materials*，ACS Symposium Series 729，pp. 1-10，S. J. Clarson，et. al.，(editors)，American Chemical

Society, Washington, DC, 2000.

[8] Lewis, L. N., "From sand to silicones: An overview of the chemistry of silicones", *Silicone and Silicone Modified Materials*, ACS Symposium Series 729, pp. 11-19, S. J. Clarson, et. al., (editors), American Chemical Society, Washington, DC, 2000.

[9] Baekeland, H. L., "From sand to silicones: An overview of the chemistry of silicones," Silicone and Silicone Modified Materials, ACS Symposium Series 729, Clarson, S. J., et al., American Chemical Society, Washiongton, DC, pp. 11-19, 2000.

[10] Packaging Today, "An introduction to the history of plastics: Bakelite" [http://www. packagingtoday. com/introbakelite. htm].

[11] May, C. A., "Epoxy Materials", Electronic Materials Handbook, 1-Packaging, ASM Intl. (1989) 825-837.

[12] Pecht, M., Nguyen, L. T., and Hakim, E. B., Plastic-Encapsulated Microelectronics, John Wiley & Sons, New York, NY, 1995.

[13] Rauhut, H., "New types of microelectronic epoxy compounds", Technical Paper, Dexter, December 1994.
http://www. electronics. henkel. com/int _ henkel/loctite/binarydate/pdf/elec _ NewTypMicroelec. pdf.

[14] Kinjo, N., Ogata, M., Nish, K., and Kaneda, A., "Epoxy Molding Compounds as Encapsulation Materials for Microelectronic Devices", *Advances in Polymer Science 88*. Springer, Berlin (1989).

[15] Ellis, B., "The kinetics of cure and network information", Chemistry and Technology of Epoxy Resins, Eliss, B., editor, pp. 72, Blackie Academic & Professional, 1993.

[16] Gallo A. A., Bischof C. S., Howard K. E., Dunmead S. D., and Anderson S. A., "Moisture Resistant Aluminum-Nitride Filler for High Thermal Conductivity Microelectronic Molding Compound", *1996 IEEE 46th Electronic Components & technology Conference*, pp334, May 28-31, Orlando, FL (1996).

[17] Tracy, D., Nguyen L., Giberti R., Gallo A., and Bischof C., "Reliability of Aluminum-Nitride Filled Mold Compound", 1997 *IEEE 47th Electronic Components & Technology Conference*, pp72, May 18-21, San Jose, CA (1997).

[18] Rosler, R. K., "Rigid Epoxies", *Electronic Materials Handbook*. 1-Packaging. ASM Intl. (1989) 810-816.

[19] Howard K. E. and Knudsen, A. K., "Hydrolytical Stable Aluminum Nitride as a filler Material for Polymer Based Electronic Packaging", 3rd *International Symposium on Advanced Packaging Materials*, pp98, March 9-12, 1997.

[20] Proctor, P. and Solc, J., "Improved Thermal Conductivity in Microelectronic Encapsultants", Proc. 41*st Electron. Comp. Conf.*, IEEE (1991) 835-842.

[21] Ko, M., Kim, M., Shin, D., Lim, I., Moon, M., and Park, Y., "The Effect of Filler on the Properties of Molding Compound and Their Moldability", 1997 *IEEE 47th Electronic Components & Technology Conference*, pp108, May 28-31, San Jose, CA (1997).

[22] Nguyen, M. N. and Chien, I. Y., "Development of An Ultra Low Moisture Polymer Adhesive for Die Attach Application", 1997 *IEEE/CPMT International Electronic Manufacturing Technology Symposium*, pp245, Austin, TX (1997).

[23] Chen, A. S., Nguyen, L. T., and Gee, S. A., "Effects of Material Interactions During

79

Thermal Shock Testing on Integrated Circuits Package Reliability", *Proceedings of the IEEE Electronic Components and Technology Conference*, 1993, p693-700.

[24] Moloney, A. C. , Kausch, H. H. , and Stieger, H. R. , "The fracture of particulate-filled epoxide resins. I", *Journal of Materials Science*, Vol. 18, No. 1, pp. 208-216, 1983.

[25] Moloney, A. C. , Kausch, H. H. , and Stieger, H. R. , "The Fracture of particulate-filled epoxide resins. I", *Journal of Materials Science*, Vol. 19, No. 4, pp. 1125-1130, 1984.

[26] Spanoudakis, J. , and Young, R. J. , "Crack propagation in a glass particle-filled epoxy resin, T. Effect of particle volume fraction and size", *Journal of Materials Science*, Vol. 19, No. 2, Feb. 1984, pp. 473-86.

[27] Roulin-Moloney, A. C. , Cantwell, W. J. , Kausch, H. H. , "Parameters determining the strength and toughness of particulate-filled epoxy resins", *Polymer Composites*, Vol. 8, No. 5, pp. 314-323, 1987.

[28] Ditali, A. and Hasnain, Z. , "Monitoring Alpha Particle Sources During Wafer Processing", Semicond. Intl. (June 1993) 136-140.

[29] Brydson, J. A. , in *Rubbery Materials and Their Compounds*, Elsevier Applied Science, London, 1988.

[30] Manzione, L. T. , Gillham, J. K. , and McPherson, C. A. , "Rubber Modified Epoxies, Transitions and Morphology", *J. Appl. Polym. Sci.* 26. (1981) 889.

[31] Nakamura, Y. , Tabata, H. , Suzuki, S. , Iko, K. , Okubo, M. and Matsumoto, T. , *J. Appl. Polym. Sci.* 32 (1986) 4865.

[32] Mizugashira, S. , Higuchi, H. , and Ajiki, T. , "Improvement of Moisture Resistance by Ion-Exchange Process", *IRPS IEEE* (1987) 212-215.

[33] Goodrich, B. , "New Generation Encapsulants," *International Journal of Microcircuits and Electronic Packaging*, vol. 18, no. 2, 1995, pp. 133-137.

[34] Henkel Loctite Corporation Encapsulants Datasheet Brochure. [http://www. electrocnics. henkel. com].

[35] Wang, D. W. and Papathomas, K. I. , "Encapsulant for Fatigue Life Enhancement of Controlled-Collapse Chip Connection (C4)," *IEEE Transactions on Components*, *Hybrids*, *and Manufacturing Technology*, vol. 16, no. 8, 1993, pp. 863-867.

[36] Lombardi, T. , Pompeo, F. , Coffin, J. , Plouffe, D. , and Reynolds, C. , "Rapid Cure Encapsulant for Use in Ceramic Chip-Carrier Applications," *IBM-MicroNews*, vol. 5, no. 4, 1999.

[37] Pennisi, R. W. and Papageorge, M. V. , "Adhesive and Encapsulant Material with Fluxing Properties" US Patent 5128746, 1992.

[38] Wong, C. P. , "Polymers for Encapsulantion: Materials Processes and Reliability," *Chipscale Review*, March 1998. (http://www. chipscalereview. com/9803/wong1. htm, March 2001).

[39] Okuno, A. , Fujita, N. , and Ishikawa, Y. , "High reliability, high density, low cost packaging systems for matrix systems for matrix BGA and CSP by Vacuum Printing Encapsulation Systems (VPES)," *IEEE Transactions on Advanced Packaging*, vol. 22, no. 3, pp. 391-397, August 1999.

[40] Janssen, S. , "Brominated flame retardants: rinsing levels of concern," *Health Care Without Harm*, June 2005, www. noharm. org.

[41] ChemicalLand21. com, http://chemicaLand21. com/industrialchem/inorganic/ANTIMONY% 20TRIOXIDE. htm.

[42] Wensing M. , "Measurement of VOC and SVOC emission from computer monitors with 1m3 emission test chamber," *Proceedings of Joint International Congress and Exhibition-Electronics goes Green* 2004+, pp. 759-64, 2004.

[43] Vorkamp, K. , Dam, M. , Riget, F. , Fauser, P. , Bossi, R. , and Hansen, A. B. , "Screening of new contaminants in the marine environment of Greenland and the Faroe Islands (UK)," *National Environmental Research Institute (NERI) Technical Report*, no. 525, 2004.

[44] Pecht, M. and Deng, Y. , "Electronic device encapsulation using red phosphrous flame retardtants," *Microelectronics and Reliability*, vol. 46, no. 1, pp. 53-62, Junuary, 2006.

[45] Sϕrensen, P. B. , Vorkamp, K. , Thomsen, M. , Falk, M. , and Mϕller, S. , "Persistent organic Pollutants (POPs) in the Greenland environment-Long-term temporal changes and effects on eggs of a bird of prey," *National Environmental Research Institute (NERI) Technical Report*, no. 509, 2004.

[46] Wit, C. A. , "An overview of broninated flame retardants in the environment," *Chemosphere*, vol. 46, no. 5, pp. 583-624, 2002.

[47] Government Concentrates, "EU restricts brominated flame retardants," *Chemical and Engineering News*, vol. 79, no. 38, p. 33, Septamber 2001.

[48] Schubert C. , "Burned by flame retardants," *Science News*, vol. 160, no. 15, pp. 238-239, 2001.

[49] Ministry of Environment and Energy, Danish Environmental Protection Agency, "Action plan for brominated flame retardants," March 2001.

[50] Witt, D. , "Brominated flame retardants in the environment-an overview," Presentation at Dioxin 99 in Venice, Italy, Setemper 12-17, 1999.

[51] Strandman, T. , "Levels of some polybrominated diphenyl ethers (PBDEs) in fish and human adipose tissue in Finland," Presentation at Dioxin 99 in Venice, Italy, Setemper 12-17, 1999.

[52] Environmental Protection Agency (EPA), "Dioxin levels in Ireland are well below EU limits," News Centre, Press Release, January 2008, http://www. epa. ie/news/pr/2008/jan/name, 24021, en. htm.

[53] Hedemalm, P. , Eklund, A. , Bloom, R. , and Haggstrom, J. , "Brominated flame retardants-an overview of toxiclogy and industrial aspects," *Proceedings of the 2000 IEEE International Symposium on Electronics and the Environment*, pp. 203-208, May 2000.

[54] Stevens, G. C. , and Mann, A. H. , "Risks and benefits in the use of flame retardants in consumer products," DTI Report, London, 1999.

[55] Van Esch, G. J. , "Environmental Health Criteria 218-Flame retardants: tris (2-butoxyethyl) phosphate, tris (2-ethylhexyl) phosphate and tetrakis- (hydroxymethyl) phosphate salts," WHO, Geneva, 2000.

[56] Meerts, I. , Van Zanden, J. J. , Luijks, E. A. C. , van Leeuwen-Bol, I. Marsh, G. Jakobsson, E. , Bergman, A. , and Brouwer, A. , "Potent competitive interactions of some brominated flame retardants and related compounds with human transthyretin in vitro," *Toxicological Sciences*, vol. 56, pp. 95-104, 2000.

[57] RoHS, "Directive 2002/95/EC of the European Parliament and of the Council on the restriction of the use of certain hazardous substances in electrical and electronic equipment," *Official Journal of the European Union*, January 27, 2003, http://www. dtsc. ca. gov/Hazardous Waste/upload/2002 _ 95 _ EC. pdf.

[58] Davis, J. , "RoHS: coming to a state near you," Electronic News, February 2006, http://www. edn. com/index. asp? layout＝article&artivleid＋CA6305899.

[59] Weil, E. , "An attempt at a balanced view of the halogen controversy," Business Communications Company (BCC) Conference on Flame Retardancy, Stamford, CT, May 2001.

[60] Danish EPA, "Brominated flame retardants, substance flow analysis and assessment of alternatives," Environnental Project 494, June 1999.

[61] Danish EPA, "Brominates flame retardants in widespread use," http://www. mst. dk/project/Ny Viden/2000/05130000. htm, September 17, 2002.

[62] Wang, C. S. , Shieh, J. Y. , and Lin, C. H. , "Flame retardant copper clad laminate and semiconductor encapsulant without halogen," Science and Technology Information Center, National Science Council, Taipei, Taiwan, Knowledge Bridge, November 2000 (http://www. stic. gov. tw).

[63] Cannis, J. , "Definition of 'green' IC packages," Amkor Technology, December 2003, http://www. amkor. com/services/Green _ Packaging/index. cfg.

[64] Yamaguchi, M. , Shigyo, H. , Yamamoto, Y. , Sudo, S. , and Ito, S. , "Non halogen/antimony flame retardant system for high end IC package," Electronic components and Technology Conference (ECTC), pp. 1248-1253, 1997.

[65] Gallo, A. , "Green molding compounds," Technical Paper, Dexter Electronic Materials (henkel Loctite), September 2000, http://www. loctite. com/int _ henkel/loctite/binarydata/pdf/elec _ GreenMoldComp. pdf.

[66] Cada, L. G. , Lalanto, R. , Coronel, G. , San Gregorio, N. , Asis, D. , Ong, G. , Ducusin, C. , Desengano, R. , Llamas, R. , Canates, N. , Rayes, A. , and Miciano, P. , "Manufacturability and reliability of non-halogenated molding compounds," *Electronics Packaging Technology Conference* (EPTC), pp. 15-20, 2000.

[67] Yagisawa, T. and Suzuki, H. , "Development of the environmentally friendly epoxy molding compound," *Electronic Compounds and Technology Conference* (ECTC), pp. 1737-1742, 2000.

[68] Kong, B. S. , Yun, H. C. , Lim, J. C. , Jung, Y. S. , Kim, D. Y. , and Chung, K. S. , "Highly reliable and environmentally friendly molding compound for CABGA packages," *51st Electronic Components and Technology Conference*, pp. 1393-1397, 2001.

[69] Rae, A. , Gilleo, K. , Moses, C, Ostrow, S. , and Varnell, B. , "Halogen free packaging materials," *International Symposium on Advanced Packaging Materials*, pp. 148-152, 2001.

[70] Kee, J. B. N. and Yip, J. T. S. , "Towards a halogen-free package-green molding compound," *IEEE/CPMT/SEMI 28th International Electronics Manufacturing Technology Symposium*, pp. 107-115, 2003.

[71] Lin, T. Y. , and Fang, C. M. , "Green mold compound," *Advanced Packaging*, April 2003, http://ap. pennet. com/display _ article/172236/36/ARTCL/none/none/1/Green-Mold-Compound/.

[72] Chiou, K. C., Lee, T. M., Tseng, F. P., Liao, L. S., Huang, J. C., and Lin, T. T., "Halogen-free, phosphorous-free flame retardant advanced epoxy resin and an epoxy composition containing the same," US Patent 6809130, 2004.

[73] Gallo, A., "Green molding compounds for high temperature automotive applications," *International Conference on the Business of Electronic Product Reliability and Liability*, pp. 57-61, April 2004.

[74] Ingkanisorn, R., and Sriyarunya, A., "RoHS-compliant molding compound evaluation and manufacturability for FBGA packages," *Electronics Packaging Technology Conference*, pp. 479-482, 2004.

[75] Scandurra, A., Zafaranab, R., Tenyac, Y., and Pignatarod, S., "Chemistry of green encapsulating molding compounds at interfaces with other materiala in electronic devices," *Applied Surface Science and 8th European Vacuum Conference and 2nd Annual Conference of the German Vacuum Society*, vol. 235, nos. 1-2, pp. 65-72, July 2004.

[76] Chungpaiboonpatana, S., Shi, F. G., Todd, M., and Crane, L., "Comparative studies of green molding compounds for the encapsulation of Cu/low-k packages," *International Symposium on Advanced Packaging Materials: Processed, Properties and Interfaces*, pp. 287-292, 2005.

[77] Akizuki, S., "Environment-friendly semiconductor encapsulate: GE series," *Nitto Denko Giho*, vol. 44, no, 1, pp. 21-25, 2006.

[78] Mao, J. and Gui, D., "Study on epoxy molding compounds modified by novel phosphorous-containing flame retardant and OMMT," *7th International Conference on Electronic Packaging Technology (ICEPT)*, pp. 1-4, 2006.

[79] Liu, F., Yao, C. T., Jiang, D. S., Wang, Y. P., and Hsiao, C. S., "Halogen-free mold compound development for ultra-thin packages," *57th Electronic Components and Technology Conference (ECTC)*, pp. 1051-1055, 2007.

[80] Deng, Y., and Pecht, M., "The story behind the red phosphorous and compound device failures," *International Symposium on Electronics Materials and Packaging*, pp. 1-5, 2005.

[81] Deng, Y., Pecht, M., and Rogers, KL., "Analysis of phosphorous flame retardant induced leakage currents in IC packages using SQUID microscopy," *IEEE Transactions on Components and Packaging Technologies*, vol. 29, no. 4, pp. 804-808, December 2006.

[82] Murphy, S., "General information on phosphorous," *Boulder Area Sustainability Information Network (BASIN), City of Boulder/USGS Water Quality Monitoring*, April 2007, http://bcn. boulder. co. us/basin/data/BACT/info/TP. html.

[83] Loctite (Henkel Loctite Corporation), "Hysol semiconductor molding compounds," http://www. loctite. com/int _ henkel/loctite/binarydata/pdf/It3758a _ SemiMolkdComp. pdf.

[84] Sumitomo, http://www. sumibe. co. jp.

[85] Kiuchi, Y., and Iji, M., "Environmentally conscious IC molding compound without toxic flame retardants," *Ninth International Symposium on Semiconductor Manufacturing (ISSM)*, pp. 147-150, 2000.

[86] Shin-Etsu Chemical, " Green epoxy molding compounds: KMC-2000 Series," http://www. shinetsu. co. jp/e/semiconjapan/2002/pdf/08. pdf.

[87] Kyocera Chemical, "Perfect green molding compounds for automotive devices," News Release, February 2005, http://www. kyocera-chemi. jp/english/news/2005/20050204. html.

第3章　封装工艺技术

在电子应用中主要有五种封装技术：塑封、顶部包封、灌封、底部填充和印刷。图 3.1 示意了这几种主要的封装技术类型。合适的封装技术选择取决于下列几个因素，包括设备、人工成本、产量、封装周期、应用要求、封装器件的可靠性、封装材料和封装的形式。进一步来讲，与封装相关的因素也影响封装工艺的选择，如封装厚度、尺寸控制、封装的复杂性、小空洞或窄间隙、阵列封装、翘曲控制、2D 或 3D 封装、晶圆级封装或芯片级封装以及互连类型等（如锡球或者引脚）。

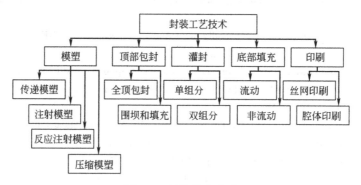

图 3.1　封装技术类型

3.1　模塑技术

有几种模塑技术适用于微电子器件的封装工艺。其中，使用最广泛的是传递模塑工艺，其它的封装技术包括注射模塑、反应-注射模塑和压缩模塑。

3.1.1　传递模塑工艺

对封装而言，传递模塑工艺是集成电路最常见的封装方式。传递模塑是通过加压，将热固性材料通过流道输送进入闭合腔内对微电子元器件进行封装的过程。热固性材料是在低温时呈现流动性的聚合物，当被加热时发生不可逆的反应形成交联的网状结构，而使其不能重新熔化。图 3.2 描绘了传递模塑过程。经过预热的模塑料饼放置在辅助腔体里面，称为传递腔。模塑料在传递压力的作用下，通过流道和浇口进入闭合的模腔或空腔内。

和其它的模塑工艺相比,传递模塑工艺具有下列优点。由于传递模塑工艺过程中的高压力,传递模塑工艺很适合用于塑封带嵌入物的嵌入式器件。另外,传递模塑工艺也有利于减少键合丝变形现象的产生。

由于传递腔能和多个流道相连从而可以同时塑封多个器件,我们就可以在相对更短的时间在传递腔中装入大量的模塑料,从而节省时间。因此,传递模塑工艺也更适合大规模和短周期的器件的封装。

传递模塑工艺通常需要低的设备和维修成本。传递模塑工艺中不需要深井,由于在封装过程中的压力较低,模具也可以更薄。在传递模塑工艺中模具的磨损也较小。由于器件在一个封闭的模具内进行封装,封装材料能更低地被磨损和腐蚀,并有更低的尺寸公差。

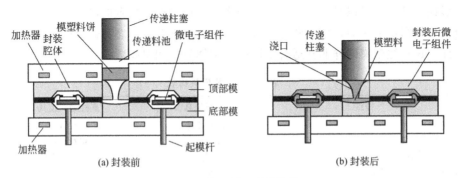

图 3.2   传递模塑封装[1,2]

传递模塑的主要工艺局限之一是废料较多。留在加料室、注塑口和流道中的材料会完全交联聚合而浪费。对于小型封装而言,这个浪费占注塑材料很大的比重。然而,在用于电子部件封装的全自动传递模塑工艺中,其他方面节约的成本(包括模具和加工成本)通常可以抵消掉材料方面的浪费。

3.1.1.1   模塑设备

传递模塑需要四个关键设备的投资:预热台、压机、包封模和固化箱。传递模压机通常由液压驱动,在传递模塑中常使用辅助冲压型传递模,图 3.3 示出了有着分开封料腔体的传递腔模具。这种传递模内放有模塑料的传递腔,为适合压机的能

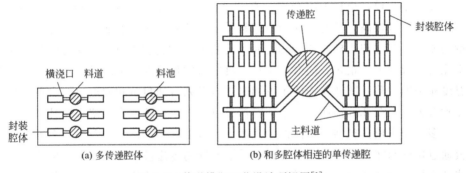

图 3.3   传递模塑工艺设计顶视图[1]

力，模塑料预塑件的体积和尺寸都需适当选择。模具通过紧固压力并压紧，传递冲头对模塑料施加压力，模塑料通过流道和浇口进入模腔内。图 3.3(a) 显示了带多头腔的传递模塑工艺的顶视图，图 3.3(b) 显示了和多腔体相连的单传递头和活塞结构图。

从 20 世纪 80 年代以来，小孔板模和多注塑头模是塑封微电子注塑工艺的主要方法。表 3.1 比较了这些不同模压方法的特征。小孔板模是专门为塑封微电子研制的注塑专利技术（U.S 专利号：No.4，332，537，1982.6.1）。小孔板模设计图见图 3.4。小孔板模由一系列堆叠板组成。引线框架构成了小孔平板。模具的上下部分由分离板组成。底平板包括浇道系统，顶平板经过抛光处理用于激光或油墨打印。浇口位于流道之间，平行于模具底平面，小孔板模腔可以在该横断面的任何地方形成，其宽度可以是断面长度的几分之一。这种模腔位置的灵活性，以及单个孔板浇口相当低的压力，使注塑过程金丝的弯曲损伤较少，芯片焊盘的偏位可以忽略不计。这种注塑模同样非常适合不同的封装体类型和引脚数。

表 3.1 封装模具比较

特点	小孔板模具	多注塑头模具
腔数	可能几千个	2～1000 个
封装类型的灵活性	极灵活	相对固定
工艺设定和控制	中等	自动化一直在发展
流动引发的应力问题	小	中等
溢料和排气	小	一般
模塑料损耗/%	20～40	10～25
单个周期封装量	高	非常高
顶出	外部推顶	推顶针在每个腔内
流动时间和模腔材料的均匀性	好	极好
封装压力/MPa	1.4～2.8	1.4～4.1,随腔数变化
温度分布和稳定性	要注意	极好
自动化程度	中等	非常高
投资成本	低	高(小模具低)
劳动力成本	高	低
维护成本	中等	高(由于自动化)

多注塑头模，也称为组合模。有多个注塑头，每个塑料室供给 1～4 个模腔。其自动化程度很高，且对于新的模塑料易于调整和优化。然而，由于可用的腔体数量的差异（多注塑头模通常为几百而小孔板模可以达到几千），多注塑头模的生产率比小孔板模要小很多。同时，手动工具中低的预热温度可能导致封装器件存在和温度相关的缺陷。图 3.5 描述了可同时进行双列直插封装和四边引线扁平封装的多注塑头模具。图 3.6 描述了每个加料器只供给一个模腔的多注塑头模具。

多注塑头模具包括上下两部分。两个对应啮合表面称为结合线。上下部分钢板通过螺栓与注塑模结合。图 3.7 显示了不同的传递模塑压机的不同部件，包括腔体和钢板；图 3.8 显示了传递腔、流道和腔体的放大照片。封装压力部分包括定位

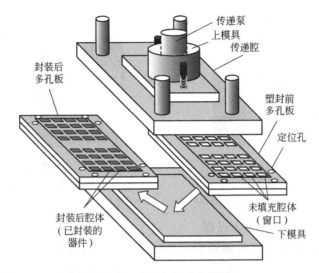

图 3.4　小孔板模示意图[3]

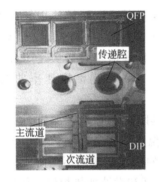

图 3.5　用于封装 DIP 和 QFP
的多注塑头模具

（来自 National Semiconductor 1994）

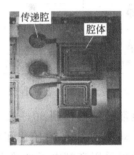

图 3.6　每个加料器只供给一个
腔的多注塑头模具

（来自 National Semiconductor 1994）

针和顶针。顶针确保两啮合面正确对位和移动。顶针起模在模具开模后帮助顶出注塑好的元件。

浇口设置的位置使其易于拆卸和清洗。浇口的合理设计可以使材料进入模腔后恰当地流动。浇口的位置必须远离注塑元件的功能部件。

所有注塑模都有气孔以便于排出空气。这些气孔的位置取决于零件的设计和顶针及插件的位置。通气孔小到只允许空气通过而模塑料不能通过。通孔经常布置在型腔的远角处或型腔最后被填充的位置。

图 3.8 给出了一个四方扁平封装（QFP）模具的具体设计图。在这个设计中，一个传递腔为超过 10 个腔体供料。该图的顶部显示了在引线框架上的塑封体，图的下部则显示了腔体结构。从图可以看出，塑封料通过流道和浇口流动和填充。

图 3.7　传递模塑压机的
各部分

（来自 National Semiconductor 1994）

图 3.8　四边扁平封装（QFP）
模具的具体设计图

（来自 National Semiconductor 1994）

3.1.1.2　传递模塑工艺过程

图 3.9 显示了典型的传递模塑工艺的流程。在这种工艺中，引线框架（每排

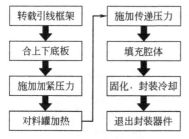

图 3.9　传递模塑工艺流程图

6～12 个）装在模具的下半部。对于平面和空腔凹模，引线框架的装载是在与模压机分离的工作台上完成的。空腔模使用装载夹具，大多数塑封操作都配有自动的引线框架装卸工具。移动压板和传递活塞起初快速闭合，随着闭合速度开始减慢。传递活塞速率曲线如图 3.10 所示。

当模具闭合后开始施加压力，预成型的模塑料（通常已经预热到 90～95℃，低于注塑温度）置放在料筒中，传递活塞或注塑杆开始动作。图 3.10 给出了传递模塑工艺的传递活塞的不同阶段特点。模塑料的预热过程采用高频电子加热设备，其工作原理和微波加热相似。传递活塞然后施加传递压力迫使模塑料通过浇口和流道进入模腔。该压力维持一段时间确保模腔完全填充。模具随后打开，起初比较慢，称为慢速分离过程。有时希望传递活塞能向前运动而送出料屑或料筒中剩余的材料。最后元件用模具中的顶杆系统推出。在孔板模具中，板本身和引线框架一起装入。

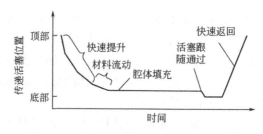

图 3.10　典型传递模塑工艺的不同阶段[4]

为了保证得到最佳的结果，传递模塑工艺必须要控制几个工艺参数。这些参数包括料室和模具的温度、传递压力、模具合模夹紧压力和完全填充模腔所需要的传

递时间等。

模具的温度必须足够高从而保证塑封体的快速固化，但也不应该过高以免导致模塑料在完成填充模腔前固化或凝固。电加热是加热模具最常用到的方法，多个加热元件放置于模具的上下两个模具面中，以供给模腔足够的热量。

传递活塞压力也称传递压力，是由传递活塞所产生的，传递压力推动模塑料填充所有的空腔。一旦模具被完全填充，塑封料将由于固化而收缩，从而使传递压力将额外的一部分材料推入腔体。这个过程被称为包封，所施加的压力称为包封压力。

对腔体填充而言存在两个必要的阶段：阶段一包括模塑料熔化并填充封装腔体，如图 3.11 所示；阶段二包括固化、压紧、冷却和凝固。当模塑料填充模具后就发生化学反应，材料的黏度开始变大，起初缓慢，当反应物分子变得较大时，黏性升高很快直到变成胶体，最终，模塑料凝固而成为高度交链网状分布的材料。

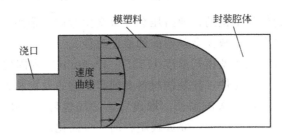

图 3.11　熔化的模塑料流到腔体中

传递活塞施加的压力必须足够大，使材料通过流道和浇口进入模腔且维持材料直到聚合反应完成。在大批量生产时，希望材料的传递和反应过程尽可能快，但缩短传递时间要求传递压力升高，典型值高达 170MPa，高的传递压力会使封装件内部受损，如金丝弯曲短路、严重时键合线脱开、切断或破裂。这些问题可以通过精心设计模腔和传递浇口参数（如角度、宽度和深度）以减小模腔填充过程中剪切率和材料流动应力来避免。总之，使上述问题趋于恶化的因素包括高的键合丝弧度、长的键合引线、键合方向垂直于聚合物前进的流动面、快速传递时间和相对较高的传递压力、高黏度模塑料、低弹性模量的引线等。

降低流动导致的应力和提高模塑成品率的一个重要方法是降低流动速度。在恒定传递率和压力的传递模塑工艺中，高速流动引发的应力常发生在离料室最近和最远的模腔中。而中间的模腔经历最低的流速和应力。流动导致的缺陷封装分布图表明，在模腔的最远和最近位置的成品率最低[5]。用起始较慢、到模腔中间加快、在抵达最后模腔时减速的这种传递速率曲线可以降低由于流动引起的压力（图 3.12）。

不同的封装模具设计和不同的模塑料要求不同的传递压力和传递速率分布。对特定的模塑料和封装设计，降低流速的方法是不变的。封装模具设计的目标是使填充料在通过模具的不同部位时能保持几乎一致的正面应力来平衡模具的填充。其中，为保持模腔内容积流量和压力下降的均匀性，流道的截面积是被控制的。但在任何情况下，当封装设备开关从传递压力拨至封装压力时，流速骤然增加。高的传

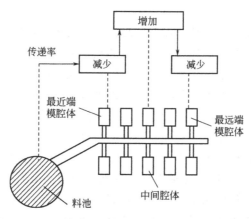

图 3.12　通过传递腔和腔体不同距离进行传递率控制

递速度并对存在的任何空位的快速挤压会导致金丝弯曲。采用可编程的压力控制器来减少这种压力的变化是减少金丝弯曲的最佳途径。

模具中的聚合物在典型模塑温度 175℃ 下 1～3min 之内固化。固化后，模具打开，顶针推出封装好的元件，封装的材料必须有足够的硬度和弹性，这样在顶出过程中不会对元器件造成永久的损伤。取出后，已经塑封好的引线框架封装在料盒里，送入固化箱进行固化处理，完成模塑料的完全固化。后固化通常将待固化的元件放入烘箱中，在低于模塑温度但远高于室温下固化数小时。有时，后固化安排在打印工艺完成后，以消除另外的加热固化周期。后固化的重要性在于提高产品的热-机械特性。举例来说，塑封材料的玻璃化转变温度（T_g）受材料反应（交联密度）程度的影响很大。如图 3.13 所指出，合适的后固化处理可以充分实现材料的性能。

3.1.1.3　模塑模拟

因为模塑料的材料特性随时间变化、流道的横截面不规则、模腔中存在插件等，研究和分析传递模塑工艺比热塑性成型和注模成型更加复杂和困难，然而，一旦好的传递模塑工艺的定量模型被证实，时间和生

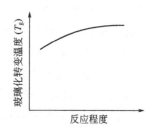

图 3.13　模塑料玻璃化转变温度与反应程度

产成本都将得到显著的节省。对新模具的调试和误差调整及新模塑料的长期昂贵的考核过程将不再需要。

传递模塑的动力学模型已经取得一定的成功，该方案通常包括提出环氧模塑料的化学流变特性以及它与网络流动模型的耦合[6]。成功模拟的关键因素是对化合物流变性和动力学特性的准确描述。通常，环氧模塑料的固化反应可用自催化表达式描述。用平板和锥形黏度计测量的动态黏度很好地和 Castro-Macosko 模型相一致[7]。将这种材料特性数据与包括多模腔模具的错综复杂的流动模型相结合，将使我们能对特殊化合物的填充特性有完整的了解。

应用流变模型，可以对各种各样的封装工艺进行优化和设计[7~9]。例如对不同的温度、压力和包装设备参数的设定，可通过模型估算给出来优化最佳填充分布。为了减少封装过程引线形变（这是对窄间距封装成品率影响最大的因素），一种引线形变的解析模型可与流变学和动力学数据相结合，来改进封装工艺参数和封装外形设计规则[8]。在传递模塑流体仿真过程中，已采用赫尔-肖氏（Hele-Shaw）模型和三维有限体积方法对空洞形成以及翘曲进行预测，并已进行试验验证以确定重要的工艺参数及防止缺陷[10,11]。一旦模具被转换成尺寸等效模型，则各种不同的流道尺寸、浇口位置、浇口尺寸、模腔外形等组合都可以通过模型来评估。

3.1.2　注射模塑工艺

注射模塑工艺最初是为热塑性材料而开发的工艺，在对工艺做轻微的更改，该工艺也能应用到热固性塑封材料上。注射模塑技术通常用在大体积（封装体积）、低劳动力成本和低自动化程度的场合。注射模塑工艺的一个缺点是由于设计复杂和需要耐受很高的压力从而导致设备昂贵。一种典型的注模设备见图 3.14。

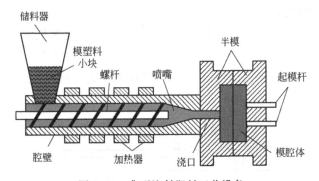

图 3.14　典型注射塑封工艺设备

封装腔体由合在一起的两部分夹紧构成，模塑料饼从储料器被装入到螺旋孔中，然后经过几个预热区，从而使得模塑料从螺旋孔中出来的时候塑料完全熔化、排气和全干燥。熔化的模塑料从螺旋孔另一端的喷嘴出来时为黏滞态，被压缩到3000kg/cm^2。在一定速度下，对粘模料施加高压来填充腔孔，为了补偿材料收缩效应，可能需要额外的熔化。在模塑料冷却后（常用水冷），假如遵守好的操作规范，器件的形状将得以形成。然后打开模具取出封装器件。

通过注模工艺形成的封装通常不需要进行表面处理。小的器件可以以低成本进行大批量的制造。注模工艺在 80 年代被广泛应用到半导体器件的封装上，采用的是热塑性材料如 PPS。这个工艺在当时来讲是一个创新的工艺，因为它提供了可替代传递模塑封装工艺的更快速的工艺，但是其低的可靠性很快浇灭了人们的热情。由于 PPS 的熔态黏度很大（通常比传递模塑工艺压力高一个数量级），很高的注射压力导致大量的键合丝变形。更重要的是，热塑料和铜引线框架之间的粘接强度很差，令人气馁。考虑到昂贵的投入，注模工艺逐渐淡出了人们的视线。

尽管存在由于 PPS 材料所导致的不足，一些欧洲公司还在进行一些努力，评估注模工艺作为一种备用选择的可能性。既然热固性材料如聚酯采用注模工艺已经在某些领域商用化，把该技术延伸到环氧树脂的趋势是显然的。结果显示，由于使用的材料相同，采用上述两种封装工艺的器件其可靠性大致相当。虽然在注模工艺中金丝的塌陷通常比传递模塑工艺要严重，适当的工艺优化可以降低此类缺陷的产生。两种方法的不同之处主要在于工艺条件和所需要的维护设备；对于注模工艺而言，清洗、部件磨损、残留物去除是非常麻烦的事情。

3.1.3 反应-注射模塑工艺

反应-注射模塑工艺和其它封装工艺的不同之处在于其封装材料在室温下是液态的，聚氨酯通常应用在此工艺过程，但是如果使用聚酯和环氧树脂作为树脂材料，则该工艺就是所知道的树脂传递模塑工艺。熔融物的成分包括多羟基化合物、聚酰亚胺和模塑过程中化学反应的促进剂。起反应的化合物单独制备然后用泵把液态的化合物注入混合头并在那里进行充分混合。从那里，充分混合的液态树脂被注入加热的模具里进行固化。

反应-注射模塑工艺的一个主要优势是该工艺只需要很低的夹紧压力，意味着可以用很低的成本进行大器件的封装。反应-注射模塑工艺与注模工艺存在相同的不足，即缺乏可以使用的合适材料和昂贵的设备投资。没有合适的候选材料并没有

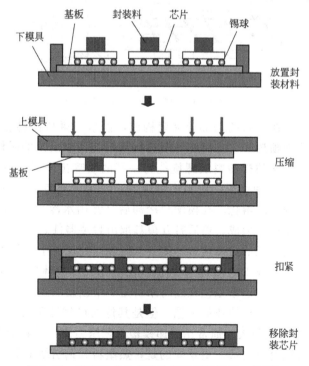

图 3.15　倒装工艺的多芯片组件压缩模塑工艺[12]

成为尝试的障碍，即使树脂供应商如 SHELL 和 Dow 化学尽了努力但并没有提供一种高纯度、高反应能力的双组分的环氧树脂体系适用于传递模塑工艺。外部的竞争占据了有利的地位，从而使上述两家公司已经不在该领域里竞争。Ciba Geigy 公司 90 年代在研发材料系统方面取得了阶段性的成功，虽然采用此公司的封装可靠性和传递模塑工艺相比还存在明显的不足。另一方面，考虑到反应-注射模塑工艺需要封装设备上的更新，这进一步降低了在该工艺上投入更多资源的动力。

3.1.4 压缩模塑

压缩模塑工艺适用于薄外形的封装、多芯片组件和晶圆级封装。图 3.15 给出了压缩模塑工艺的样例。经过精确计算的树脂放置在需要封装的芯片上。然后，压缩力施加到上半模具上迫使树脂围绕芯片周围流动，并进入到小的突出结构里。加紧压力保证封装材料的完全流动。然后去掉加紧装置移除封装器件。

3.1.5 模塑工艺比较

四种不同微电路封装工艺的比较见表 3.2。

表 3.2 封装工艺比较

封装工艺	优 点	缺 点
传递模塑工艺	多腔体,高产量 低的封装设备成本 周期短 低的设备(工具)保养成本	高封装压力 封装材料浪费,高的材料成本 需要去除毛刺
注射模塑工艺	良好的表面处理 良好的尺寸控制 劳动力成本低 高的生产率	材料很难获得 较高的压力 较高的投资成本 设备(工具)磨损快
反应-注射模塑工艺	能效高 低的封装压力 芯片表面良好的润湿性 适用于 TAB 工艺	很少的适用于微电子封装的树脂体系 需要良好的混合 高的资金投入
压缩模塑工艺	适用于薄、多芯片组件和晶圆级封装 封装设备投资低 周期短	可能需要去除毛刺 材料浪费导致的额外的成本 高的封装压力

3.2 顶部包封工艺

顶部包封工艺被用来在 PCB 板上直接进行器件封装，如倒装芯片和板上芯片等。在顶部包封工艺中，需要被灌封的表面放置在和液态封装材料池相连的吸嘴下方。加热需要连接的芯片表面，从而有利于封装材料在其表面的扩展。封装材料从

图 3.16　液态封装
料配送系统照片
(Camelot 3900)

吸嘴流出然后在表面扩散开（该工艺也称扩展封装）。封装工艺参数包括材料池的压力、树脂黏度、吸嘴和表面清洁、压力脉冲及吸嘴的物理设计。在沉积一定的材料后，通过热电阻、微波或辐射加热或加热炉加热器件使其固化。如果需要的话，还可以采用离线加热方式进行批量固化。在操作过程中，封装材料的体积和孔洞率控制是两个重要的控制参数，因为它直接影响了封装的外观与性能。图 3.16 显示了一种商用的液态封装料配送系统。

在顶部包封工艺过程中，必须确保所有重要的电子单元被完全覆盖从而保证封装的可靠性特性得以实现。和传递模塑工艺相比，顶部包封技术有两大优势：小的封装压力和少的流动相关的问题如引线变形。然而，制造的缺点包括长的周期和低黏度封装化合物的选择性小。顶部包封器件对潮湿非常敏感和高的收缩应力可能导致芯片破裂。这可能是由于一侧的封装材料以及封装材料和基板之间的界面可能存在的分离显著增加了封装的吸水率所引起的。

两种广泛使用的点胶技术为：顶部包封和围坝-填充。封装采用顶部包封工艺要求封装材料通过吸嘴阀门，从而覆盖芯片和键合引线。在操作过程中，封装材料的体积和空洞率控制是两个重要的参数，直接影响了封装的外观和性能。封装材料体积太少将导致引线键合点未被覆盖，太多的封装材料体积则将导致太大的封装体圆顶尺寸从而使得封装体过大。一个采用顶部包封工艺的板上芯片示意图见图 3.17。

另一顶部包封工艺方法叫两步法，也叫做围坝-填充法。图 3.18 显示了通过围坝-填充的顶部包封工艺的示意图。首先，分配针用高黏度的材料在芯片周围需要灌封的位置建立一个坝。大坝把较低黏度的材料填充在限制区域，流动覆盖芯片和键合引线。大坝内部区域限制了低黏度的材料的流动并进行填充。因此，和顶部包封工艺相比，可以允许更低黏度的填充材料，更快的填充和更均匀的封装厚度[13]。

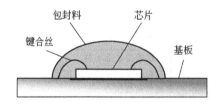

图 3.17　板上芯片的顶部包封技术

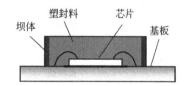

图 3.18　板上芯片的围坝-填充工艺

封装材料的特性和点胶加热系统对芯片和键合引线点的封装质量起到了关键的作用。封装材料应该具有低的黏度以及与芯片和键合系统相接近的热膨胀系数。温度控制在材料的黏度变化上也起到了重要作用。在点胶过程中应该使用建立在系统内部的加热源来使材料的温度升高到 80℃ 和 100℃ 之间，从而实现低黏度且提升材料流动性。包封材料在点胶过程中的温度依赖于材料的类型，在某些情况下，基板也会被加热到 60～110℃之间来保证材料的顺利流动[14,15]。热量使得封装材料在结合系统周围充分流动，从而消除或减少截留的起泡，进而生产出没有起泡的封装体。

点胶设备的选择对于生产出高质量品和长时间可重复的生产工艺十分关键。这里有三种类型的点胶分配器：真空注射器，正位移螺旋泵和旋转正位移螺旋泵[13]。真空注射器由一个充满了封装材料的注射器以及和其相连的针头组成。施加的空气压力迫使顶部包封材料流动和分配，流动率决定于材料的黏度和压力。

和真空注射器相比旋转正位移螺旋泵（RPDV）提供更稳定流动性能。图 3.19 给出了螺旋泵内流动率和注射参数之间的关系。通过减少针头的尺寸和流动速度，螺旋泵出口位置的压力下降上升。当然，为增加螺旋泵马达的精确度，质量校准系统是必需的[13]。采用质量校准系统，点胶机就可以监控流动率，注射速度就可以自动调整，从而在长时间内保持一个稳定的注射体积。

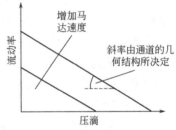

图 3.19　螺旋泵内流动率和注射参数之间的关系[13]

在三种点胶技术中，精确的正位移泵（TRDP）提供最高的精度和稳定性。TRDP 使用金属活塞在一个封闭的空间内转移封装材料，从而可以控制材料流动率。一个低的活塞运动速度将保证流动的连续。

液体点胶技术发展到可以保证无气泡的封装，包括了真空注射和压力固化。在真空工艺中，封装器件在注射环氧树脂过程中或者注射后立刻放置在真空环境下，真空过程将加速树脂的流动，从而消除封装树脂内的空洞。在压力固化工艺中，封装器件在树脂点胶后，立刻被放置于高温高压的压力锅内。压力将有助于任何空洞破裂，而高温则能够加速固化的过程。Tessera 已经成功地把两个过程集成在一起，即在真空下进行封装材料点胶和在压力下进行材料的固化[16]。

3.3　灌封工艺

图 3.20　灌封工艺产品示意图
（来自 ITW Polymer Technologies,
http://www. insulcast.
com/solutions. html)

灌封工艺通常用作连接器、电源、传感器、高压电阻、继电器和其它大的电气单元的封装。灌封工艺通常包含注胶和固化两个步骤。液态的灌封材料灌注到一个包含了电子器件的容器、罐子（器皿型腔等）或者模具内，如图 3.20 所示。在灌注封装材料之前或固化后，根据封装材料的具体类型、固化的化学性质和铸造过程的不同，可能需要另外的步骤。双组分灌封胶在灌注前必须进行混合。在将灌封料配送至容器的过程中，灌封和铸造这两个术语有时是可互换使用的。然而在灌封工艺中外壳或者容器是封装器件的一部分，而在铸造工艺中容器则是被移除的。

灌封容器或托盘通常由塑料制成，但是由于金属良好的散热性，也可以用来做灌封的容器。塑料灌封容器可以用聚合物材料做成，如 ABS、尼龙和 PVC 等，也可以添加玻璃纤维加强材料强度。玻璃纤维聚酯、聚苯醚（PPO）和聚碳酸酯可以用在高温的场合。聚乙烯和聚丙烯由于和灌封材料之间的连接强度差，通常不被使用。灌封容器（模具）的形状可以有很大的不同，从简单的长方体到复杂的形状。

铸造模具通常为具体的器件封装而设计。在灌封材料中添加适当的脱模剂可以降低模具和封装器件之间分离的难度。灌封化合物通过通道注入到模具内。固化后，分离模具，并去掉通道。

在处理灌封材料的时候（如混合、灌注等），由于和化学物质相接触，推荐使用防护手套避免潜在的健康问题。在灌封和铸造工艺中，腈和橡胶手套是合适的选择。为了保护眼睛，使用安全防护眼镜也是被推荐的措施。

需要根据灌封的外形尺寸来选择合适的灌封材料（单组分、双组分，添加或者浓缩固化）。图 3.21 给出了通用电气公司推荐的不同形状下进行适合于室温条件下

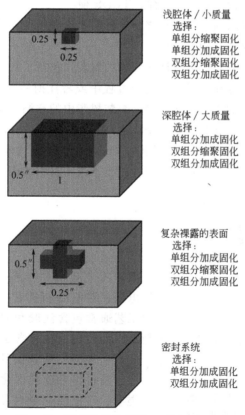

图 3.21　通用电气公司基于不同几何形状
推荐的灌封材料固化选择指南

固化的灌封材料的选择指南。当封装尺寸较小、形状简单、并且允许在空气中通过潮气或热固化，则四种固化系统均可使用。如果几何形状复杂或者不能暴露在潮湿环境中，则仅限于采用添加固化（加热固化）。

3.3.1　单组分灌封胶

单组分灌封胶由已经混合好的环氧树脂和固化剂组成。固化剂暴露在热、潮湿或者 UV 光之前是没有活性的。单组分灌封胶的存储寿命和双组分灌封胶相比较短，且可选择的材料特性也受到较多的限制。

单组分灌封胶被灌到放置电子部件的容器中直至部件被完全覆盖。在灌注之前，如果灌封材料包含颗粒的话，建议进行搅拌混合以保证颗粒的均匀分散。然后被浇灌的液体树脂和固化剂的混合物在环境湿度、加热或者 UV 光的条件下进行固化。

3.3.2　双组分灌封胶

双组分灌封胶由相互分离的树脂和固化剂组成，必须在第一时间进行混合。通常根据重量或体积比例进行混合。在混合组分 A 和 B 之前，推荐首先各自充分搅拌以确保均匀。然后将组分 A 和 B 彻底均匀地搅拌混合。然后将该混合物灌入装有电子元部件的容器，直到整个单元被完全覆盖。

双组分灌封胶具有几项优势。它们可以在室温下固化，与单组分灌封胶相比，具有更广泛的材料特性。此外，双组分灌封胶具有较长的储存寿命。双组分灌封胶的缺点包括需要精确的混合比例和充分混合。

不充分的混合会降低灌封产品的固化质量。对于任何不充分混合的可视迹象均需加以注意，例如混合物中的浅色条纹或大理石状条纹 [Dow Corning]。推荐采用自动混合配料设备进行充分混合，该设备对于那些快速固化灌封胶尤其适用。

在混合和灌注液态混合物的过程中，必须足够小心以防止产生或者最少化气泡。如果可行，特别对于那些有小空洞或气穴的电子元件，最好在真空条件下灌注。那些对内部气泡敏感的应用场合，可能需要抽取空气以达到 $28\sim30\text{inHg}$（$1\text{inHg}=3386.379\text{Pa}$）的真空度 [Dow Corning 灌封材料手册]。

3.4　底部填充技术

底部填充在保护倒装芯片封装的可靠性上起到了重要作用。底部填充能降低硅芯片和基板之间热膨胀不匹配的影响，这意味着它减少了焊料凸点的应力应变，使它们在整个芯片区域内分布，否则会在芯片边角位置的焊料凸点处发生应力集中。底部填充料的另一优点是在潮气、离子污染、辐射和恶劣操作环境（如热、机械、冲击和振动应力环境）下对芯片提供保护。研究发现底部填充胶能使倒装芯片封装的可靠性增加 10 倍[17]。底部填充胶的缺点包括返修困难和生产效率低下。现在出现了一种非流动型底部填充胶，可以减少制造工艺步骤，从而提高制造生产速度。图 3.22 对毛细力牵引的底部填充和非流动型底部填充的工艺步骤进行了对比。

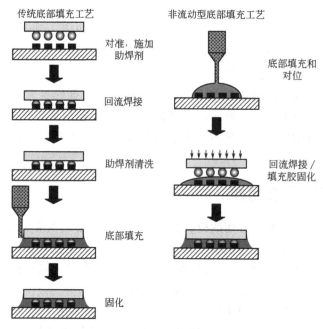

图 3.22　传统底部填充工艺和非流动型底部填充工艺对比

3.4.1　传统的流动型底部填充

由于基板和芯片材料之间的热失配，底部填充材料可以在热循环过程中充当缓冲层而有效保护焊点免于破坏。底部填充工艺包括将可控数量的填充料灌注入芯片

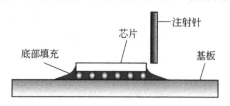

图 3.23　倒装芯片底部填充示意图[18]

和基板之间的空隙内，如图 3.23 所示。底部填充料沿着邻近芯片边缘位置呈线状灌入，通过毛细力牵引吸入到芯片下，从而填充芯片、基板和互连凸点之间的空隙。由于芯片组件的寿命取决于填充质量，故要求填充料能完全填充芯片和基板

之间的空隙。为了确保填充料正确流动，需要对基板进行均匀加热。如果温度太高，灌入的底部填充料可能不会有效流动，从而可能导致流动时间长或不完全填充。

必须对填充图形进行优化以确保完全填充，并消除因流体在芯片下流动时产生的气穴。填充材料可能沿着芯片一侧边缘灌入，可能沿两相邻边缘呈"L"形灌

入，也可能沿两相邻边缘和第三边灌入。芯片形状和流动的最大距离可有助于确定完全填充芯片的最佳图形。

为确保正确填充，每个底部填充工艺都有一个精确的需被注入的流体体积。通过计算芯片和基板之间的空隙体积，并加上倒角需要的体积，然后减去互连凸点的体积就可得到需注入的填充胶体积，如果注入填充胶太少，底部填充将不完全和无效。如果填充胶注入太多，会导致材料的浪费，增加生产制造的成本[19]。

底部填充工艺的最后步骤是进行材料固化。将组件置于特定的温度范围下保持指定的时间以使填充材料固化。固化时间和温度取决于所使用的填充材料。这一阶段通常是最耗时间的。目前，正在研究新型材料以减少固化时间。

无气泡的底部填充工艺的两个关键因素是：①倒装芯片功能面与基板表面之间没有空隙；②组装基板在底部填充之前的储存时间[20]。倒装芯片与基板之间的空隙会导致底部填充之前沿表面速度的较大波动而抑制了底部填充料与阻焊/底部填充料之间的表面张力作用。较短的基板存储时间可以减少潮气吸收，降低底部填充起泡产生的危险。

3.4.2　非流动型填充

生产率往往可以通过融合多种工序为一而加以改进。在摩托罗拉从事有机基板工作的研究人员提出在单一材料中添加底部填充胶和助焊剂[21~23]。其工艺包括在板上涂覆助焊型填充胶、芯片贴装和通过回流焊接炉进行组装。后来高校开始跟踪研究这一课题，称之为"非流动型"底部填充[22]，并发现它可以解决许多与材料相关的问题。

传统底部填充技术主要依靠毛细作用牵引流动，这种技术已经使用一段时间了。然而，这种技术需要分别进行助焊剂涂覆、助焊剂清洗、焊料凸点回流、填充胶灌注、填充胶流动和离线填充胶固化操作。因此，传统底部填充工艺是繁琐、昂贵的，且没有充足的 SMT 安装设备。非流动型填充胶在芯片安装到基板或支架上之前已被涂覆到芯片或基板上。这种灌封胶在互连凸点回流焊接的同时实现固化，且在回流焊接工艺中起到助焊剂的作用。

非流动型填充料的一个缺点是由于未使用硅填料而使其热膨胀系数比传统流动型填充料更高，这会导致潜在的可靠性问题。封装料中不使用硅填料是由于它们会干扰焊点的形成。已有一些创新方法（比如双层非流动填充以及纳米填充技术）允许在非流动型填充料中添加硅填料而不会影响到焊点的形成[24,25]。另外，非流动型填充料价格更昂贵[26]。

3.5　印刷封装技术

印刷封装技术常常适用于小、薄和高密度的封装器件中，这种类型的器件狭窄的空间要求采用更精确的封装技术。在封装器件中,采用印刷技术进行封装的主要包括球栅阵列封装(BGAs)、芯片级封装(CSPs)、多芯片模块(MCMs)、晶圆级封装(WLPs)和发光二极管(LEDs)。印刷封装通常是使用在丝网(丝网印刷)或是诸如互连凸点之间的过孔和空隙(空穴印刷)上的技术。

在丝网印刷(也被称为模板印刷)封装工艺中,将丝网或者模板安装在包含多个需要封装的器件的晶圆或基板上。图 3.24 所示为丝网印刷工艺流程。丝网窗口(开口)即为需要封装的区域。液态塑封料沉积在丝网上,然后使用刮刀将塑封料推入丝网窗口内。为了确保封装完全和平整,可能需要刮刀来回运行几次。刮刀平整工艺如图 3.25 所示。液态树脂完全平整包封后,就对塑封料进行固化,最后,将丝网和基板分离。

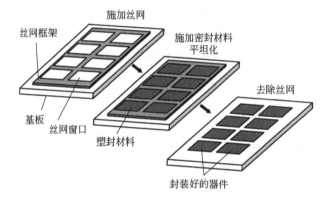

图 3.24　丝网印刷工艺流程

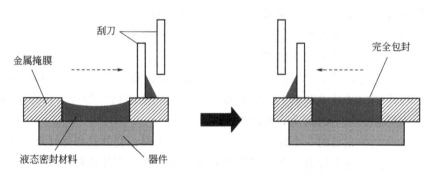

图 3.25　印制封装过程中的平坦化工艺[27]

由 Okuno 和他在 Sanyu Rec. Co 的团队研究的真空印刷封装系统(VPES)因其高真空度(150Torr)可以确保完全和无空洞封装[27]。图 3.26 所示为采用 SANYUREC VPES-HAVI 机的印刷封装工艺流程[28]。

印刷封装也可在晶圆级 CSP 空穴或过孔上进行(空穴印刷)。图 3.27 所示为采用空穴印刷技术的 WL-CSP 封装[29]。首先,在经过预处理的晶圆顶部淀积一层干膜光刻胶。晶圆包括多个键合焊盘和输入/输出的再分布金属层。接着光刻胶绘出各种沟槽和过孔图案。液态光刻胶材料将填充沟槽,导电金属材料将填充过孔以

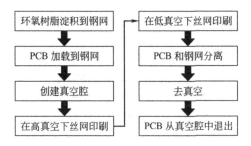

图 3.26 SANYUREC 真空印制封装系统（VPES）工艺流程[28]

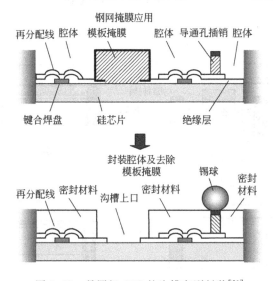

图 3.27 晶圆级 CSP 的沟槽印刷封装[29]

形成过塞孔。然后清除干膜光刻胶，并且将塑封料印刷在晶圆上。由于沟槽和塞孔的存在，图 3.27 所示的晶圆级封装的塑封料是不连续的。这种不连续性有利于防止因热膨胀系数失配而引起的翘曲。

3.6 2D 晶圆级封装

单芯片晶圆级封装（WLP）的封装结构类似于芯片级封装（CSP）。它们之间的不同点主要在于封装工艺。单芯片 WLP 封装采用晶圆级封装技术制作，这种封装技术直接在晶圆上进行互连凸点和测试[30]。而在传统的 CSP 组装工艺流程中，晶圆被切割后，互连凸点和测试在芯片上进行。由于两者的相似性，单芯片 WLP 被许多制造商称为超级 CSP、特级 CSP、极限 CSP 和 WLCSP。

传统 CSP 通常要求底部填充增强焊料球的互连可靠性，但 WLP 则无此要求。对于小芯片的 WLP（到中心点距离小于 2mm），通常将底部填充当作可选项而不做要求[30]。对于大芯片封装（5～10mm），是否进行底部填充取决于特定的应用要求。

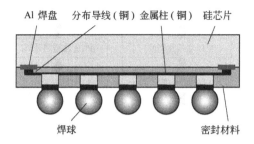

图 3.28　来自富士通的晶圆级 CSP（超级 CSP）截面[31]

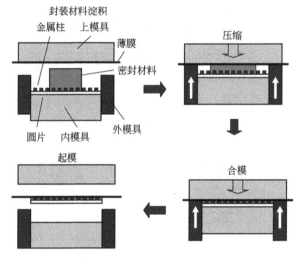

图 3.29　富士通用于晶圆级芯片尺寸封装（超级 CSP）的压缩模塑方法[31]

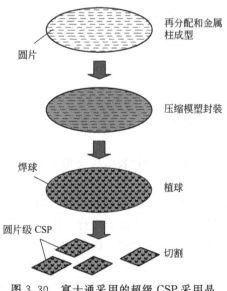

图 3.30　富士通采用的超级 CSP 采用晶圆级封装的工艺流程图[31]

WLP 封装既可以在晶圆上也可以在芯片上进行。在晶圆切割之前进行封装不必被视为一个晶圆级封装的标准。

WLP 器件可以采用多种方法进行封装。传统的应用于 CSP 的底部填充技术并不适用于具有小尺寸芯片和焊料球的 WLP，而 WLP 器件应该采用选择性塑料封装方法。方法之一是采用前面章节讨论的印刷封装。印刷封装技术对于小空间封装具有一定优势。图 3.27 所示为采用印刷技术进行晶圆级 CSP 封装的例子。

WLP 器件的另一个封装方法是压缩模塑。图 3.28 所示为富士通采用压缩模塑方法封装的晶圆级 CSP。图 3.29 所示为压缩模塑的工艺流程。将一层临时薄膜放置在上模具和封装体之间以便在压缩模塑过程中保护金属柱，并可在拔模时去除模塑料残留。图 3.30 所示为晶圆级封装器件在晶圆切割之前进行封装的工艺流程。

3.7　3D 封装

目前，可以采用多种技术进行三维封装。三维封装可在晶圆（3D 晶圆级封装）或芯片（3D 芯片级封装）上进行。

传统的用于二维封装的传递模塑和注射模塑封装方法，也适用于部分三维封装设计。图 3.31 所示为 NEC 采用传递模塑进行引线键合三维叠层芯片无引脚器件封装的例子。图 3.32 所示为三星公司采用注射模塑进行 3D 有引脚封装的例子。

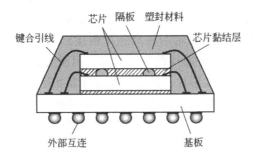

图 3.31　NEC 公司传递模塑芯片叠层封装示意图[34]

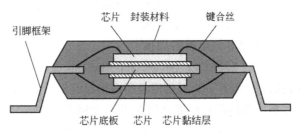

图 3.32　三星公司采用注射模塑进行芯片叠层封装的示意图[35]

压缩模塑也可用于三维叠层芯片级或具有互连凸点的晶圆级封装。图 3.33 为日立（Hitachi）公司采用压缩模塑方法对多芯片组件（MCM）叠层器件进行封装的示意图。

基于 Thomson 方法的三维封装器件可以通过浇铸进行封装（如图 3.34）[36]。首先将芯片叠层组件置于模腔（或型腔）内，然后将液态灌封胶注入模腔。塑封胶硬化后，将模腔去除，从而露出引线。最后进行金属化互连。

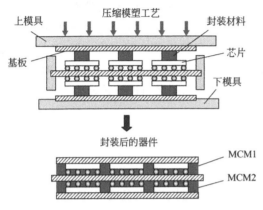

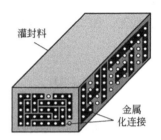

图 3.33　日立公司的三维 MCM 叠层器件压缩模塑封装[12]

图 3.34　三维 Thomson 封装器件的模塑封装[36]

聚合物内置芯片（chip-in-polymer，CIP）是一种特殊的三维封装技术[33]。图 3.35 所示为 CIP 封装的工艺流程。首先，采用旋转刻蚀、等离子刻蚀或者干法抛光将晶圆减薄到小于 $50\mu m$。超薄硅晶圆具有非常大的柔韧性，且易发生脆性断裂。然后将晶圆切割后采用黏结剂将薄芯片粘接到基板上。采用一层电介质材料（环氧树脂或者环氧覆铜）将芯片覆盖。然后采用激光钻孔开出微过孔。重复上述工艺步骤制造出多层嵌入式芯片。最后，生成外部互连金属凸点。

ASAE 开发的具有铜过孔和铜凸点键合（Cu bump bonds）的三维芯片叠层封装器件可以采用类似于非流动型底部填充和压缩模塑的方法进行封装。将非导电颗粒（NCP）树脂淀积在芯片上，如图 3.36 所示。在顶层芯片上施加一定的压力，强制树脂在互连凸点和芯片之间的空隙内重新均匀分布。这种强制流动的封装方法相比传统的毛细牵引流动的方法，更快速和高效。该封装方法的另一个优点是凸点互连和封装胶固化同时进行（类似于非流动型填充）。为了避免外部的树脂沿芯片边缘流失，必须精确控制非导电胶的用量[37]。

采用新型系统级封装 SMAFTI（smart chip feed through interconnection）技术[38]制造的三维芯片叠层封装器件，硅晶圆需经历两个封装步骤，如图 3.37 所示。首先，将填充料注入芯片叠层之间以及底部叠层和 FTI 之间的空隙，以保护互连凸点。这个步骤类似于二维封装的传统底部填充技术，除非几个叠层芯片需同时封装。在第二个封装阶段，采用晶圆模塑技术对叠层芯片进行封装，这种多芯片叠层的整个晶圆将完全被封装住。然后将封装好的晶圆切割成单个三维芯片叠层封装器件。

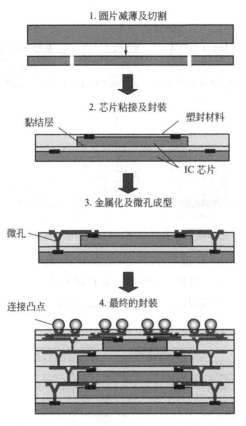

图 3.35　聚合物内置芯片（CIP）封装流程

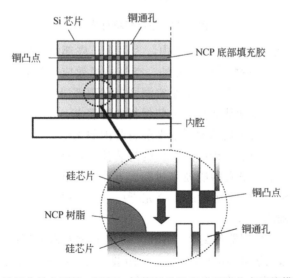

图 3.36　采用非导电颗粒（NCP）树脂的叠层芯片互连凸点压缩模塑封装[39]

105

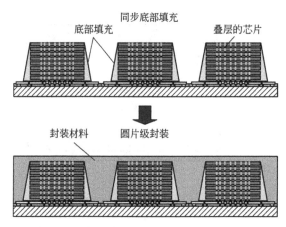

图 3.37 底部填充和晶圆模塑同时进行的晶圆级叠层芯片封装[40]

图 3.38 为另一个同时进行底部填充封装的例子，它主要用于模块叠层封装[41]。首先将几个多芯片模块（MCM）垂直堆叠并通过焊球键合进行互连。然后采用底部填充工艺同时将芯片之间的空隙和叠层模块之间的空隙都进行填充。

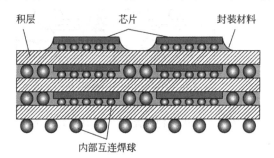

图 3.38 叠层模块封装[41]

在 3D 堆叠封装的底部填充工艺中，为了防止底部填充材料芯吸到下一层，注胶的速率必须是均匀一致的[42]。另外，空气捕抓效应会导致 3D 填充胶内存在空洞。大尺寸的空洞通常在底部层而小空洞则易在顶部层产生。因此一种点动态加热方法被用来辅助材料流动从而降低封装材料的空洞率。在该方法中，温度梯度将引起流动形式和流动率的变化从而保证多层封装内的无空洞。

印刷封装是一种用于三维叠层器件的封装技术，该类型封装中的过孔主要用于 Z 方向互连，一般采用空穴印刷技术进行过孔填充。图 3.39 所示为采用真空印刷封装系统（VPES）进行的互连过孔填充[43]。为实现完全和平整的封装，可能需要刮刀进行多次刮涂。

塑封连接的三维叠层器件封装（MID）可以通过专递模塑的方法进行包封，图 3.40 显示了芯片级封装和 MID 堆叠封装的组装。先将芯片固定在柔性基板上，然后采用传递模塑技术将其一侧封装。接着去除柔性基板，并完成互连凸点组装。最后，将 MID 封装互相进行叠层、焊接，并最终组装到印制电路板上。这种工艺也可以进

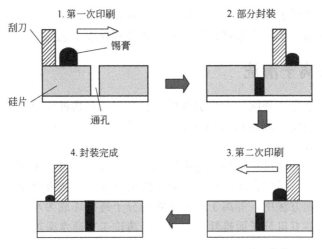

图 3.39   采用 VPES 进行的三维互连过孔填充[43]

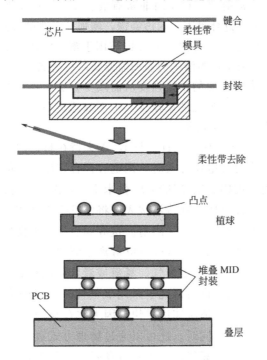

图 3.40   芯片级封装及 MID 封装工艺流程[33]

行修改,以进行晶圆级封装,从而取代整个晶圆被封装后再进行切割的封装方法。

3.8   清洗和表面处理

封装之前,需对电子部件进行清洗以去除各种污物,如上游制造工艺带入的油污。清洗后的部件表面应能与塑封料实现更好粘接，以使其不易在制造和使用过程中产生粘接失效。下面章节将讨论等离子清洗和除胶工艺。

3.8.1 等离子清洗

等离子清洗是一种除去来自引线框架和金属氧化物冲压时的冲压油等表面污染物的方法。它能用于表面形貌粗化如刻蚀。等离子清洗能改善内层界面的粘接强度，从而减少分层。

等离子是一种通过静电场或电磁场制造的正离子、负离子和电子的混合物。离子或者带电粒子（活性自由基）通过对表面的物理溅射或者化学反应，以去除污染物。在化学去除方法中，等离子将污染物的分子链破坏成为水汽、二氧化碳气体以及小的、挥发性有机分子而排耗尽。等离子清洗工艺通常采用氩或氧气等离子体在真空腔内进行。

等离子在去除非常薄的有机层时非常有效。在半导体工业中，等离子清洗是非常常见的。它通过去除键合盘表面的污染物，增强了引线键合的可靠性，从而改进了引线键合的质量和强度[44]。等离子清洗也被用于塑料电镀之前的表面处理。等离子非常适合于可视线内清洗，被清洗的表面需要暴露在清洗介质的可视线范围内。

目前，为改善内层界面的粘接强度从而减少分层，基板的等离子清洗已被广泛采用。分层的减少会使爆米花现象减少。由于渗透进有机基板的潮气的存在，PB-GA器件最容易发生爆米花现象。

BGA的等离子清洗过程中，首先将BGA夹持在料盒内，然后将其手动放置在等离子刻蚀机内。当打开电流开关时，因电容耦合作用，在能量架和接地架之间产生等离子。将等离子腔内真空度抽到90微米汞柱，然后往等离子腔内注入约5min氩气。由于氩气是惰性气体，在待清洗表面将仅发生物理作用，这个过程类似于氩气与待清洗表面的原子摩擦而产生溅射。这等同于为实现良好粘接而通过去除有机污染以激活表面。图3.41为YES G1000等离子清洗机。

等离子清洗过程中也能采用氧气、臭氧或者紫外线代替氩气。SGS Thompson（公司）采用相同的等离子设备研究了采用氧气代替氩气的惰性环境的情形。氧气清洗速度更快，因为它在与表面污染物发生化学反应的同时，还可以通过物理方式轰击进行清洗。然而，由于氧气清洗不具有良好的可复现性或可控性，因此它有时会过度刻蚀基板。而且从安全的角度考虑，氧气也不如氩气方便。采用臭氧和紫外线清洗已经被尝试过了。这些试验在包封BGA和塑封有引脚芯片载体（PLCC）上进行，但具有相同的工艺问题，得出类似的结果，这些试验几乎全部在实验室环境下进行，有别于生产环境。采用臭氧清洗可以在大气环境下进行，所以是相当便宜的，但每次只能清洗一个表面。等离子清洗是一个可以

图3.41　YES G1000等离子清洗机（GLEN技术）

针对大量封装同时进行的大规模生产工艺。因此，等离子清洗生产效率非常高。

在芯片贴装和塑封之前进行等离子清洗可以获得最佳效果。表 3.3 为等离子清洗的比较表。

表 3.3 不同研究机构得到的等离子清洗比较表

公司	封装类型	清洗剂	结　论
阿尔法	PBGA	等离子（氩气）	分层明显减少，特别是在塑封成型之前
SGS Thompson	PBGA	等离子（氧气）	阻焊膜和模塑之间的黏结力明显增强；等离子工艺窗口宽且清洗时间短
摩托罗拉	TQFP	等离子（氩气）	极大改善了模塑和铜引线框架之间以及模塑和聚酰亚胺芯片涂层之间的粘接强度
摩托罗拉	GTBGA	等离子（氩气＋氧气）/紫外线	塑封成型之间进行清洗是至关重要的
摩托罗拉	PLCC	等离子臭氧/紫外线	塑封成型之间进行清洗是至关重要的

真空等离子清洗，也被称为低压等离子清洗（LPP），它的优点是处理温度适中，非常适合于热敏元器件，且在相同比率的大面积材料中具有均匀的辉光放电。然而，低压等离子清洗也有一些缺点，如真空设备购买和维护费用较高。转载物体进入真空系统可能需要机器人装配。另外，抵押等离子清洗装载物的尺寸也受真空腔尺寸的限制[45]。

低压等离子体的一种类型是大气压等离子（APP）体。常压等离子源具有两种类型：热型和非热型。热型常压等离子源，因为其工艺温度范围极高，从 400℃ 到 3000℃，不适合电子类应用[45]。适合半导体材料的非热型等离子发射类型是常压等离子喷射（APPJ）。APPJ 主要用于表面清洗、修缮、选择性刻蚀以及薄膜淀积。常压等离子喷射（APPJ）几乎具有低压等离子源的所有优点，例如适中的温度和均匀的交换，且没有与真空等离子相关的缺点[45~47]。

常压等离子源包括两个可具有不同结构的封闭的非接触电极。一个普通的 APPJ 电极包括两个同心的圆柱形电极，其中内层电极接地，外层电极接 13.56MHz 的电源[46,47]。来自气瓶的氩气和其它气体进入喷枪并在两个电极之间流动。图 3.42 所示为一个 APPJ 设备构造图。流过电极之间的气体，被激活或电离。快速流动的由离子和电子组成的流体通过喷嘴从喷枪喷射出，轰击待清洗表面。

3.8.2 去毛边

在塑封工艺过程中，模塑料会沿模具边界线流动并在器件引脚上残留。这层残留物非常薄，被称为树脂溢出。较厚的溢出称为胶渣。如果这层树脂残留在引脚上，将给引脚切筋、成型、焊料浸渍和/或镀层制作等下游工艺带来一系列问题。

去毛边工艺主要为机械打磨以去除引线框架上轻微的和大量的溢出材料。如果树脂溢出层很薄，就可以先用化学方法使其软化然后通过机械方法去除[49]。介质去料机采用压缩空气和研磨剂的混合物机械去除引线框架表面的溢出材料。在许多

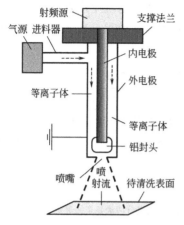

射频源　支撑法兰
气源　进料器
内电极
外电极
等离子体
等离子体
铝封头
喷嘴　喷射流　待清洗表面

图 3.42　大气压力等离子喷射装置[48]

情况下，采用塑料粒状介质去除毛刺并抛光引线框架。不推荐采用胡桃核和杏仁核等天然介质材料，因为这些材料易于在引线框架上留下油性残留物而影响下游的焊料浸渍工艺。去除树脂残留后，塑性介质也将使引线框架粗化。这种粗化将增强焊料和引线框架之间的接合强度，增加焊料涂层在蒸汽老化测试时的耐久性。另一种去除毛边的方法是采用水和研磨剂的泥状混合物，以及高压水冲去除引线框架表面的树脂残留。然而，这种方法不会粗化引线框架以增强焊接性能的可能。

在某些情形下，可以采用介质除胶溢料技术去除阻焊坝和封装体之间的塑料垃圾。如果在除毛边工艺中未能完成胶渣清除，必须对器件进行垃圾分拣操作以防止其在切筋和成型工艺中被损坏。

3.9　总结

在电子应用领域主要有五种塑料封装技术：模塑、顶部包封、灌封、底部填充和印刷封装。用于微电子器件中的塑封技术包括传递模塑、注射模塑、反应注射模塑和压缩模塑。传递模塑属于主流封装方法。压缩模塑在多芯片模块封装和晶圆级封装中应用广泛。

顶部包封是应用于倒装器件和 PCB 板上芯片等微电子器件的直接封装技术。顶部包封技术由顶部包封与筑坝填充技术组成。灌封工艺通常应用于连接器、功率模块等大的电子器件。底部填充工艺被用来保护焊球连接和倒装芯片以及 BGA 等封装器件。有两种底部填充技术方法，分别是传统流动型和非流动型。印刷封装可用于 BGA、CSP、MCM、WLP 和光放射晶体管等封装。印刷封装又分为丝网印刷和漏板印刷两种类型。

对 2D WLP 器件最常用的两种封装方式为压缩模塑和印刷模塑工艺。3D 封装可以采用多种封装工艺。传统的封装方法如传递模塑工艺和注射模塑工艺也能够应用到带键合丝的堆叠芯片封装上。压缩模塑工艺也能够应用到芯片尺寸封装器件和带凸点的圆片级封装上。更复杂的 3D 封装如带引线键合叠层 Thomson 封装可以采用灌封或铸造工艺进行。利用互连凸点的 3D 堆叠晶圆级封装可以同时多层，然后在晶圆上塑封。

清洗和表面处理技术包括等离子清洗和去毛边，等离子清洗采用等离子气体去除引线框架的油污或者其它污染物。去毛边工艺采用机械打磨去除引线框架的残留物等。

参　考　文　献

[1]　Sera, M. , "Method for encapsulating semiconductor devices," US Patent 4554126, 1985.

[2]　Kovac, C. A. , "Plastic package fabrication," Electronic Materials Handbook, Minges, M. L. , editor, ASM International, Vol. 1 Packaging, pp. 470-482, 1989.

[3]　Slepcevic, D. , "Encapsulation mold with removable cavity plates," US Patent 4332537, 1982.

[4]　Rubin, I. I. , Handbook of plastic Materials and Technology, John Wiley & Sons, Inc. , 1990.

[5]　Tummala, R. R. , Rymaszewski, E. J. , and Klopfenstein, A. G. , editor, Micro-electronics Packaging Handbook, Semiconductor Packaging, Part Ⅱ, 2nd edition, Springer, 1997.

[6]　Manzione, L. T. , Osinski, J. S. , Poslzing, G. W. , Crouthamel, D. L. , and Thierfelder, W. G. , "A semi-empirical algorithm for flow balance in multi-cavity transfer molding," Polymeric Engineering Science, Vol. 29, no. 11, p. 749, 1989.

[7]　Nguyen, L. T. , "Reactive flow simulation in transfer molding of IC packages," Proceedings of the 43rd Electronic Components and Tenology Conference, pp. 375-390, 1993.

[8]　Nguyen, L. T. , Danker, A. , Santhiran, N. , and Shervin, C. R. , "Flow modeling of wire sweep during molding of integrated circuits," ASME Winter Annual Meeting, pp. 27-38, 1992a.

[9]　Han, S. and Wang, K. K. , "A study of the effects of fillers on wire sweep related to semiconductor chip encapsulation," ASME Winter Annual Meeting, pp. 123-130, 1993.

[10]　Chang, R. U. , Yang, W. H. , Hwang, S. J. , and Su, F. , "Three-dimentional modeling of mold filling in microelectronics encapsulation process," IEEE Transactions on Components and Packaging Technologies, Vol. 27, no. 1, pp. 200-209, March 2004.

[11]　Nguyen, L. T. , Wallberg, R. L. , Chua, C. K. , and Danker, A. , "Voids in integrated circuits plastic packages from molding," Joint ASME/ISME Conference on Electronic Packaging, pp. 751-762, 1992b.

[12]　Eguchi, S. , Nagai, A. , Akahoshi, H. , Ueno, T. , Satoh, T. , Ogino, M. , Nishimura, A. , Anjo, I. , and Tanaka, H. , "Semiconductor module and method of mounting," US Patent 6627997, 2003.

[13]　Babiarz, A. J. , "Die encapsulation and flip chip underfilling process for area array packaging of advanced integrated circuits," Asymtek Technical Paper, June 1997 (http://www.nordson.com/pdf/electronics/csp13.pdf).

[14]　Höhn, H. , "Protective encapsulation of chip&wire with GlobTop or dam&fill," EPP, April 1999 (http://www.epp-online.de/epp/live/de/fachartikelarchiv/ha _ artikel/detail/785868.html).

[15]　Wong, C. K. Y. , and Teng, A. , "The effect of globtop process and material condition on voiding," International Symposium on Electronic Materials and Packaging, pp. 251-256, 2000.

[16]　Mitchell, C. , "Recent advances in CSP encapsulation," Chip Scale Review, March 1998 (http://www.chipscalereview.com/9803/mitchell.htm).

[17]　Darbha, K. Okura, J. H. , and Dasgupta, A. , "Impact of underfill filler particles on reliability of flip chip interconnects," IEEE Transactions on Components, Packaging, and Manufacturing Technology: Part A, vol. 21, no. 2, pp. 275-280, June 1998.

111

[18] Chia, Y. C. , Lim, S. H. , Chian, K. S. , Yi. S. , and Chen, W. T. , "A study of underfill dispensing process," International Journal of Microcircuits and Electronic Packaging, vol. 22, no. 1, pp. 345-352, 1999.

[19] Chia, Y. C. , Yam, H. S. , Lim, S. H. , Chian, K. S. , Yi, S. , and Chen, W. T. , "An optimization study of underfill dispensing volume," IEEE transactions on Electronics Packaging Manufacturing, vol. 26, no. 3, pp. 205-210, July 2003.

[20] Ying, M. , Tengh, A. , Chia, Y. C. , Mohtar, A. , and Wong, P. W. , "Process development of void free underfilling for flip-chip-on-board," 9th Electronics Packaging Technology Conference, pp. 805-810, December 2007.

[21] Pennisi, R. W. , and Papageorge, M. V. , "Adhesive and encapsulant material with fluxing properties," US Patent 5128746, July 1992.

[22] Wong, C. P. , Shi, S. H. , and Jefferson, G. , "High performance no flow underfills for low-cost flip-chip applications," Proceedings of 47th Electronic Components and Technology Conference, pp. 850-858, May 1997.

[23] Gilleo, K. , "A brief history of flipped chips," FlipChips Dot Com, Tutorial 6, March 2001 (http://www. flipchips. com/tutorial06. html).

[24] Zhang, Z. and Wong, C. P. , "Double-layer no-flow underfill materials and process," IEEE Transactions on Advanced Packaging, vol. 26, no. 2, pp. 199-205, May 2003.

[25] Rubinsztajn, S. , Buckley, D. , Campbell, J. , Esler, D. , Fiveland, E. , Prabhakumar, A. , Sherman, D. , and Tonapi, S. , "Development of novel filler technology for no-flow and wafer level underfill materials," ASME Journal of Electronic Packaging, vol. 127, no. 2, pp. 77-85, June 2005.

[26] Baldwin, D. F. , "The latest in underfill for advanced chip assembly: is a low-cost, surface-mount-compatible process possible?" Circuits Assembly, September 1, 2003.

[27] Okuno, A. , Fujita, N. , and Ishikawa, Y. , "High reliability, high density, low cost packaging systems for matrix systems for matrix BGA and CSP by Vacuum Printing Encapsulation Systems (VPES)," IEEE Transactions on Advanced Packaging, vol. 22, no. 3, pp. 391-397, August 1999.

[28] Kim, T. H. , Yi, S. , Seo, H. H. , Jung, T. S. , Guo, Y. S. , Doh, J. C. , Okuno, A. , and Lee, S. H. , "New encapsulation process for SIP (System in Package)," Electronic Component and Technology Conference, pp. 1420-1424, 2007.

[29] Huang, C. and Tsao, P. H. , "Method for fabricating wafer level chip scale package with discrete package encapsulation," US Patent 6372619, 2002.

[30] Garrou, P. , " Wafer-level packaging has arrived," Semiconductor International, October 2000.

[31] Hamano, T. , Kawahara, T. , and Kasai, J. , "Super CSP™: WLCSP solution for memory and system LSI," International Symposium on Advanced Packaging Materials, pp. 221-225, 1999.

[32] Kelly, G. , Morrissey, A. , Alderman, J. , and Camon, H. , "3-D packaging methodologies for microsystems," IEEE Transactions on Advanced Packaging, vol. 23, no. 4, pp. 623-630, November 2000.

[33] Becker, K. F. , Jung, E. , Ostmann, A. , Braun, T. , Neumann, A. , Aschenbrenner, R. , and Reichl, H. , "Stackable system-on-packages with integrated components," IEEE Transactions on Advanced Packaging, vol. 27, no. 2, pp. 268-277, May 2004.

[34] Kurita, Y. , Shironouchi, T. , and Tetsuka, T. , "Semiconductor device and method for manufacturing the same," US Patent 6930396, 2005.

[35] Ahn, S. H. , and Oh, S. Y. , "Ultra-thin semiconductor package device and method for manufacturing the same," US Patent 7253026, 2007.

[36] Val, C. , "Device for the 3D encapsulation of semiconductor chips," US patent 5400218, 1995.

[37] Umemoto, M. , Tanida, K. , Tomita, Y. , Takahashi, T. , and Takahashi, K. , "Non-metallurgical bonding technology with super-narrow gap for 3D stacked LSI," Electronics Packaging Technology Conference, pp. 285-288, 2002.

[38] Kawano, M. Uchiyama, S. , Egawa, Y. , Takahashi, N. , Kurita, Y. , Soejima, K. , Komuro, M. , Matsui, S. , Shibata, K. , Yamada, J. , Ishino, M. , Ikeda, H. , Saeki, Y. , Kato, O. , Kikuchi, H. , and Mitsuhashi, T. , "A 3D packaging technology for 4 Gbit stacked DRAM with 3 Gbps data transfer," IEDM International Electron Devices Meeting, pp. 1-4, December 2006.

[39] Tanida, K. , Umemoto, M. , Tomita, Y. , Tago, M. , Nemoto, Y. , Ando, T. , and Takahashi, K. , "Ultra-high-density 3D chip stacking technology," Electronic Components and Technology Conference, pp. 1084-1089, 2003.

[40] Kurita, Y. , Matsui, S. , Takahashi, N. , Soejima, K. , Komuro, M. , Itou, M. , Kakegawa, C. , Kawano, M. , Egawa, Y. , Saeki, Y. , Kikuchi, H. , Kato, O. , Yanagisawa, A. , Mitsuhashi, T. , Ishino, M. , Shibata, K. , Uchiyama, S. , Yamada, J. , and Ikeda, H. , "A 3D stacked memory integrated on a logic device using SMAFTI technology," 57th Electronic Components and Technology Conference, pp. 821-829, May 2007.

[41] Pienimaa, S. K. , Miettinen, J. , and Ristolainen, E. , "Stacked modular package," IEEE Transactions on Advanced Packaging, vol. 27, no. 3, pp. 461-466, August 2004.

[42] Quinones, H. , Babiarz, A. , Fang, L. , and Nakamura, Y. , "Encapsulation technology for 3D stacked packages," Asymtek Technical Paper, 2002 (http://www. asymtek. com).

[43] Okuno, A. and Fujita, N. , "Filling the via hole of IC by VPES (Vacuum Printing Encapsulation System) for stacked chip (3D packaging)," International Symposium on Electronic Materials and Packaging, pp. 133-138, 2002.

[44] Nowful, J. M. , Lok, S. C. , Ricky, Lee, S. -W. , "Effects of plasma cleaning on the relibility of wire bonding," Electronic Materials and Packaging, pp. 39-43, 2001.

[45] Schutze, A. , Jeong, J. Y. , Babayan, S. E. , Park, J. , Selwyn, G. S. , and Hicks, R. F. , "The atmospheric-pressure plasma jet: A review and comparison to other plasma sources," IEEE Transactions on Plasma Science, vol. 26, no. 6, December 1998.

[46] Hicks, R. , Jeong, J. , Babayan, S. , Schuetze, A. , Park, J. , Herrmann, I. , and Selwyn, G. , "Materials processing with atmospheric-pressure plasma jets," 25th IEEE International Conference on Plasma Science, P. 178, June 1998.

[47] Park, J. , Herrmann, H. W. , Henins, L. , and Selwyn, G. S. , "Atmospheric pressure plasma jet applications," 25th IEEE International Conference on Plasma Science, p. 290, June 1998.

[48] Selwyn, G. S. , "Atmospheric-pressure plasma jet," US Patent 5961772, October 1999.

[49] Zecher, R. F. , "Deflashing encapsulated electronic components," PLASTICS, vol. 41, no. 6, pp. 35-38, 1985.

第4章 封装性能的表征

封装材料通常针对特定的应用和工艺选用一组性能参数来表征，封装材料的性能可以分为4类：工艺性能、湿-热机械性能、电学性能和化学性能。表4.1给出了几种由生产商和供应商提供的封装材料的典型性能。

从工艺的角度来看，黏度和流动特性、凝胶化时间、固化与后固化时间和温度都是决定选择何种封装材料和封装技术的重要性质。

从性能和功能的角度来看，弯曲模量和强度等机械性能，介电常数和损耗因子等电学性能，以及吸潮和扩散系数等吸湿性能是主要的性能参数。

表 4.1 供应商提供的封装材料的典型性能

类 别	性能和特征	单 位
工艺性能	螺旋流动长度	cm
	胶凝时间	s
	黏度	P
	剪切速率	s^{-1}
	固化温度	℃
	固化时间	s
	热硬化	—
	后固化时间	h
湿-热机械性能	热膨胀系数(CTE1 和 CTE2)	$10^{-6}/℃$
	玻璃化转变温度	℃
	弯曲强度	MPa
	弯曲模量	GPa
	伸长性	%
	吸潮率	%
	潮气扩散系数	cm^2/s
	热导率	W/(m·K)
电学性能	体积电阻率	Ω·cm
	介电常数	—
	击穿强度	MV/m 或 V/mil
	损耗因子	%
化学性能	离子杂质	$\times 10^{-6}$
	易燃性	UL 等级

4.1　工艺性能

针对特定的封装技术或封装设计，制造和封装工艺过程中的材料性能是决定材料应用的关键。制造性能主要包括螺旋流动长度、渗透和填充、凝胶时间、聚合速率、热硬化和后固化时间和温度。

4.1.1　螺旋流动长度

ASTM D-3123[1]或 SEMI G11-88[2]试验是让流动的塑封料穿过横截面为半圆形的螺旋管直到停止流动，它不是测定黏度的试验，而是用来测量在一定压力、熔融黏度及凝胶化速率下的熔融情况。螺旋流动试验不但用来比较不同的塑封料，而且用来检验塑封料的质量，但是它不能区分黏性以及运动对螺旋流动长度的影响。较高的黏度及较长的凝胶化时间能相互补偿以获得理想的螺旋流动长度。试验中使用的注塑模具如图 4.1 所示。

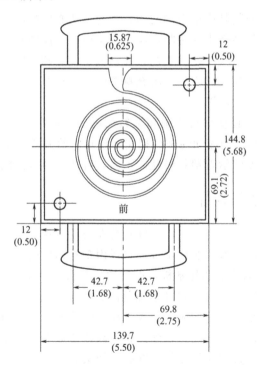

图 4.1　ASTM D-3123 螺旋流动长度试验用注塑模具[1]

注：括号外的数据单位为 mm，括号内的数据单位为 in

在 SEMI G11-88[2]中规定用一个"推杆随动"装置用来测量推杆的先行速度，它能记录推杆随时间的位移。它能在不同塑封料的整个螺旋长度成型时间内区分塑封料的流动时间和凝胶时间。螺旋流动试验中使用的注塑模具涉及的剪切速率范围是每秒数百次，因而试验结果对成品率及生产率没有影响。通过设定注塑流的流动长度和时间以满足特定的成型工具，SEMIG11-88 的试验结果可以用来提高成型过程的质量。

4.1.2 凝胶时间

凝胶时间是塑封料由液相转变为凝胶所需的时间，凝胶态封装材料属于高黏度材料，本身不再具有流动性，无法涂覆成为薄层。热固性塑封料的凝胶时间通常用凝胶板测量。测量凝胶时间时，少量塑封料粉末软化在可精确控制的热板上（温度通常设定为 170℃）形成黏稠的流动状态，定时用探针探测是否凝胶。

SEMI G11-88[2] 标准推荐使用螺旋流动性试验作为比较评定法。凝胶时间体现了模塑料的产出能力，较短的凝胶时间促使较快的聚合速率和较短的模塑周期，提高了产量。

4.1.3 流淌和溢料

树脂的流淌和溢料是成型中的问题，塑封料从腔体挤出到达注塑模具边缘的引线框。树脂流淌只包括挤出的树脂，而飞边是由所有注塑料的溢出造成。尽管造成这两个问题的根本原因是注塑的工艺条件、成型设计和缺陷，但流淌与注塑化合物本身的关系更大，低黏度树脂和大填充颗粒的塑封料配方在高封装压力和低的模具夹钳压力下更可能发生流淌。

SEMI G45-88 是评估材料流淌和溢料问题的试验标准。通过测量塑封料在浅沟（$6 \sim 75 \mu m$）模具中的流动性来模拟实际模具中的流淌和溢料。在螺旋流动试验中长的螺旋流动长度暗示着塑封料性能不当，可能会导致流淌和溢料。

4.1.4 流变性兼容性

这一试验通过采用塑封工艺将器件封装在模具中观察塑封料的流变性能。流变的不兼容性能够引起冲丝、芯片基板偏移或因塑封腔体的未充满而形成空洞。对封装体的 X 射线分析以及沿芯片基板截面的切片分析是流变性试验的主要分析手段。长引线跨距（$>2.5mm$）和大尺寸基板是测试冲丝和基板偏移的常用的极端手段。

浇铸口塑封料承受的剪切应力最大，模具的填充特性即通过浇注口的压降来控制。不完全填充问题是由于浇铸口塑封料在高速变形下黏度过高，这种情况与塑封料流过骤然收缩口的过程非常相似，既有剪切又有拉伸。

所有随机现象的统计学抽样（如胶体或填充物堵塞浇铸口）需要大量的封装试样。注塑试验结果的分析应该着重塑封料的密度和针对空隙率评价的封装界面分析。

仅仅少量空洞造成的不完全填充（由于注塑压力过低）会造成封装体中空隙率的上升，从而导致过量的潮气侵蚀，造成器件的严重损坏。在多型腔模具、大体积封装如 PQFPs、大芯片基板以及四周引脚的封装体中，这种现象更为普遍。

湿度对环氧塑封料的黏度有重要影响，其影响与不同配方中使用的添加剂及固化剂有关[3]。与干燥的情况相比，在潮气质量比约为 0.2% 或更大的情况下，熔融塑封料的黏度会下降 40% 甚至更大。

湿度对剪切变稀行为的影响如图 4.2 所示。黏度随切变率只有微小的变化，并呈幂函数规律降低。尽管潮气导致的熔融黏度降低会对克服流动应力及塑封填充问题有好处，但是，过多的潮气含量会产生过量的树脂漏出和空洞。因此，塑封料的吸湿性和湿气对剪切辨析的影响程度是选择塑封料重要的影响因素。

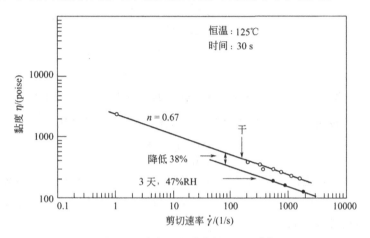

图 4.2　潮气对剪薄特性的影响[3]

4.1.5　聚合速率

密封材料的聚合反应包括在三种或四种反应物间的几种竞争性反应，其反应链段的形成比较复杂且难以预测。因此，对那些高密度填充的不透光系统，通常采用热分析法，该方法假设反应过程中释放的总热量与完成化学转变呈正比。对环氧树脂塑封料，已有多种符合实际转化数据的经验公式，这些公式虽不反映化学反应的分子动力学过程，但是在没有反应机理和反应顺序的理论基础的前提下，它们能代表反应动力学中的相行为。Hale 等人[4-6]提出了其中最著名的公式之一：

$$\frac{\mathrm{d}X}{\mathrm{d}t} = (k_{r1} + k_{r2} X^{m_r})(1-X)^{n_r} \tag{4.1}$$

这里用四个拟合参数来描述环氧化物类的转变，X 是反应时间的函数，m_r 和 n_r 是虚拟反应系数，k_{r1} 和 k_{r2} 是比例常数，对典型的环氧树脂塑封料：$m_r = 3.33$，$n_r = 7.88$，$k_{r1} = \exp(12.672 - 7560/T)$，$k_{r2} = \exp(21.835 - 8659/T)$[6]。图 4.3 给出了环氧化合物组分的等温部分转换与反应速率急剧下降的完全转换。转换常数随塑封料而异，从而形成了化合物聚合率问题的计算理论基础。差示扫描量热法 (DSC) 已用来获取填充塑封料聚合程度的测定[5]。测量等温固化过程中反应热随

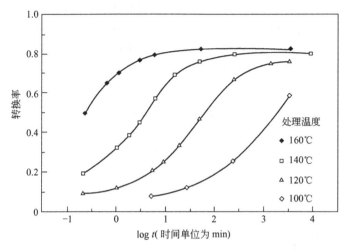

图 4.3　环氧塑封料在固化过程中的转换率与时间的关系曲线[4]

时间的变化，转换率随时间的变化等于反应热与总反应热之比。

$$\frac{\Delta H_{t=t1}}{\Delta H_{total}}=\frac{X}{100}$$ （4.2）

就材料选择而言，更深入地对聚合动力学进行更广泛的分析通常就不必要了。固化动力学的一些二级影响因素，如凝胶时间、机械性能、玻璃化温度等参数足以有效地比较不同塑封料性能。

4.1.6　固化时间和温度

固化和变硬是液态聚合物树脂转变为凝胶状并最终变硬的过程。从分子的层面来看，固化状态下聚合物链互相交联、互相束缚不能移动，塑封成型的生产能力取决于交联和化学转换的速率。

在 150～160℃ 下，模具的填充能在小达 10s 内完成（厂商所给），在从模具中取出封装件之前，所需要的固化时间可达 1～4min，固化时间大约占总成型时间的 70%，缩短固化时间通常要缩短凝胶前进入模型腔体的流动时间。多注塑头设备能缩短流动时间和固化时间，从而提高塑封成型的生产能力。多数塑封设备要求塑封料流动时间为 20～30s，然后在另外小于 1min 的时间内固化到一个可挤出的状态。

高温硬度也称热硬度，是固化过程的一个重要参数，热硬度是指固化过程结束后塑封料的刚度（stiffness）。部分已经成型的模塑件安全从特定模具中挤出之前，模塑料必须有一定的热硬度。4.1.7 节中将会有详细说明。

4.1.7　热硬化

高温硬化也称热硬化，是封装材料与固化过程相关的一个重要参数，热硬化可能表征着封装材料在固化周期最后的固化程度。热硬化可以使用标准化 ASTM D2240 硬度计测试方法（http：//www.ides.com/property _ descriptions/ASTMD2240.asp）测量。塑封料的抗压痕能力由锥形压头的插入深度来表征，如图 4.4 所示，硬度值范围为 0（完全穿过）～100（未穿过）。如果硬度计 A 测量的硬度大于 90（表示一种相对较硬的材料），就换硬度计 D 测量；如果硬度计 D 测量的硬度小于 20（相对较软的材料），则换由硬度计 A 测量。

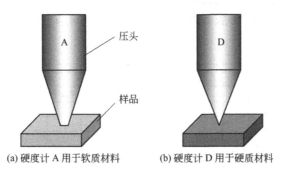

(a) 硬度计 A 用于软质材料   (b) 硬度计 D 用于硬质材料

图 4.4 抗压痕硬度测量方法

封装料挤出模具前需要达到一定的热硬化度，塑条从模具中挤出也与模具的特点有关，如垂直面的凹模倒角、模具表面光洁度、顶出针的数量和尺寸等。不同塑封料由于所达到的转换百分率不同，或在玻璃化转变温度之上时弹性模量低，影响其在固化过程中不同点的热硬度。因此，这是一个生产能力的问题，可以通过成型试验来确定或由供应商提供。打开模具 10s 之内，热硬度值达到邵氏 D 级硬度约为 80 就认为可接受。

4.1.8 后固化时间和温度

后固化是在固化工艺之后的再次加热，以确保聚合物链的完全交联，使与聚合物交联相关的特性如 T_g 稳定。在 T_g 温度之上，交联速度更快，而在 T_g 温度附近或低于 T_g 温度，交联速度非常慢[7]。这就是为何通常采用较高温度下的后固化工艺确保环氧组分的完全交联[7]。大部分环氧塑封料需要在 170～175℃之间进行 1～4h 的后固化工艺以实现完全固化。

4.2 湿-热机械性能

湿-热机械性能指的是塑封料的吸湿、热和（或）机械性能，塑封料的湿-热机械性能通常由热膨胀系数（CTE）、T_g、热导率、弯曲强度和模量、拉伸强度、弹性模量、伸长率、黏附强度、潮气吸收、潮气扩散系数、吸湿膨胀、潮气透过和放气作用来表征。

4.2.1　热膨胀系数和玻璃化转变温度

材料的热膨胀系数指单位温度变化时材料尺寸的变化，尺寸可以是体积、面积或长度。热膨胀系数因材料和温度而异，因此，相同的温度变化时，各种材料的热膨胀有所不同，紧密结合在一起的材料间需要有相同或类似的热膨胀系数，以避免材料结合界面的分层。玻璃化转变温度是膨胀随温度变化曲线的拐点，当温度高于玻璃化转变温度时，热膨胀系数上升 3～5 倍。图 4.5 给出了一个样品的 CTE 和 T_g 曲线。

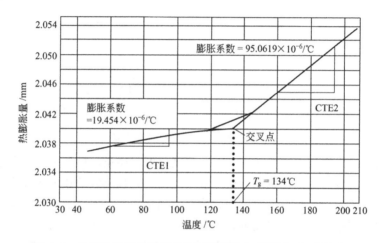

图 4.5　使用热机械分析仪的热膨胀曲线上 CTE 和 T_g 的计算

热膨胀系数（CTE）和玻璃化转变温度 T_g 是热力分析（TMA）测量的两个主要参数，试验方法在 ASTM D-696[8] 或 SEMI G 13-82 标准中都有介绍，ASTM D-696[8] 采用熔融石英膨胀仪测量 CTE，样品放置在外部膨胀仪管的底部，内部的膨胀仪管放置样品上。测量装置紧固在外部膨胀仪管上，并与内管顶部接触，显示样品长度随温度的变化。温度变化通过将外管浸入液体槽内或保持在设定温度的温控环境中实现。

一般情况下，膨胀量与温度的关系以曲线图的形式画出，曲线斜率即是膨胀率（图 4.5）。玻璃化转变温度是低温热膨胀系数（CTE1 或 α_1）和高温热膨胀系数（CTE2 或 α_2）的交点，如图 4.5 所示。玻璃化转变温度把玻璃态温度和无定形聚合物的胶化温度区别开来。

玻璃化转变温度成为聚合物材料整个黏弹性对所施加应变响应的一种象征，它取决于应变速率、应变程度及加热速率。不适当的成型和二次固化条件都会影响热膨胀系数和玻璃化转变温度，因此，多数 PEM 厂家会按照事先制定的质量控制程序重新检测上述两个参数。

测量 T_g 的技术很多，如热机械分析（TMA）[9]、差示扫描量热法（DSC）[10]、动态机械分析（DMA）[11] 和介电方法[12]等。T_g 和 CTE 的测试对测量技术、冷却或加热速率[9,10]等试验因素非常敏感。

测量 T_g 的常用方法是 TMA（图 4.6），测试样品置于探针下方样品台上，样品和探针尖端四周的炉体密封，当炉子内的温度上升或下降，塑料样品相应地跟着膨胀或收缩。样品的体积变化由线性可变差示变压器测量，温度的变化由热电偶测试。可以得到如图 4.5 所示的体积随温度的变化曲线，由此计算 CTE 和 T_g。

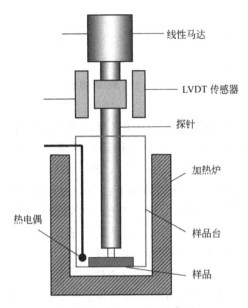

图 4.6　商业 TMA 示意图

测量 T_g 的另一种方法是 DSC，DSC 示意图如图 4.7 所示，测试样和参考样置于微型炉内，加热微型炉时，测量并记录测试样和参考样的热流变化，热流的台阶式变化表示材料的玻璃化转变，T_g 由图 4.8 中的斜面中线来确定。

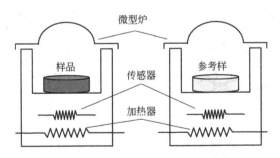

图 4.7　差示扫描量热仪示意图[13]

影响塑封料 T_g 的材料和工艺因素很多，交联密度是影响 T_g 的材料参数之一。当聚合物发生交联，其局部流动性受限，T_g 上升[7,14-16]。图 4.9 是 T_g 与交联密度变化关系曲线[15,17]，集成电路塑封过程中发生交联的概率达到 95％[15]。

塑封料的组成和化学性质也影响着 T_g 和 CTE。由于填料的 CTE 要比树脂小

121

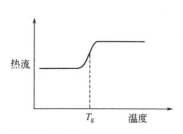

图 4.8　采用差示扫描量热仪确定 T_g

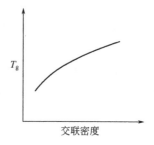

图 4.9　聚合物材料交联密度对 T_g 的影响

得多，因此会降低塑封料的 CTE。后成型固化时，额外的塑封料的热处理能形成额外的交联，提高了塑封料的 T_g[17]，后成型固化对 T_g 的影响取决于温度、时间和化学类型[15]。

　　影响 T_g 的另一个因素是加热和冷却速率，通过加热或冷却塑封料都可以测定 T_g，低的冷却和加热速率可以保证更加稳定和精确的测量，DSC 和 TMA 试验中典型的加热和冷却速率为 $5\sim20℃/min$[10]。相比加热测试，冷却测试获得的 T_g 可重复性更好[9,10,18]。该现象可以解释如下：冷却过程的测量是从平衡态（液态或者橡胶态）开始，并最终达到一个非平衡态（玻璃态）；相反，对加热过程的测量是从非平衡态开始，而该非平衡态必须首先进行表征[15]。

　　聚合物材料的 T_g 会吸潮而降低，这一现象可以用"自由体积理论"来解释。聚合物材料的体积由"占据体积"和"自由体积"组成。"占据体积"由分子的实际体积和热振动体积组成（图 4.10）。假设分子的空间域相互紧密排列，聚合物材料的体积即等于"占据体积"。但这不是真实的情况。"自由体积"是因堆积的不规则导致的空洞或孔隙[19-22]。

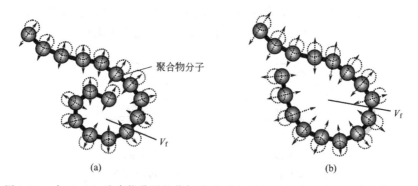

图 4.10　由于（a）聚合物分子的热振动和（b）热振动及相对位移导致的体积膨胀

　　当聚合物从 T_g 点以上开始冷却，自由体积和占据体积分别下降，占据体积由于分子热振动减小降低，自由体积也因为分子热运动（平动和转动）的减缓而降低。在 T_g 点，自由体积太小，以致分子无法改变其相对位置，因此，自由体积"冻结"了。在 T_g 点以下，聚合物材料的体积由于分子热振动的减慢而继续下降，聚合物的 CTE 会出现剧烈降低（图 4.11）[22]。

当水分在聚合物材料间扩散，水分子在聚合物链之间的润滑导致自由体积的上升[22]，当温度达到干燥固体树脂的 T_g 温度，吸湿聚合物的自由体积要大于干燥聚合物的自由体积，因此，甚至在 T_g 温度以下自由体积将继续降低直至达到临界自由体积，聚合物链固定下来。在该更低的温度下，聚合物达到临界自由体积，该温度是吸湿树脂的有效玻璃转变温度。

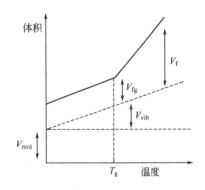

图 4.11　自由体积理论

（其中，V_{mol} 为聚合物分子实际体积，V_{vib} 为热振动体积，V_{fg} 为 T_g 点的凝固自由体积，V_f 为 T_g 点以上的自由体积）

4.2.2　热导率

热导率是材料传递热量的本征能力。同样，在常用电学分析中，热导率的倒数（即热阻率）是材料阻止热流扩散的能力。更加正式地，热导率可由稳态热传导 Fourier 定律表示（沿 x 轴一维方向）：

$$Q = kA\frac{dT}{dx} \tag{4.3}$$

式中，Q 为热流量（W），k 为热导率 [W/(m·K)]，A 为垂直于热流通过的截面积，T 为温度。同时做一个静电学推导，Q 表示电流，温度的微分表示势能变化，dx/kA 是材料电阻（热流）。

ASTM C177 标准中的屏蔽热台方法是测量热导率的常用方法[23]，屏蔽热台设备[23]中，两个相同的样品放在主加热器的两边（图 4.12），主加热器和屏蔽加热器保持相同的温度，辅助加热器温度较低，屏蔽加热器的作用是尽量减少主加热器上热量的横向传递，热流量 Q 可以直接测定，在主加热器两边的平面上均放置热电偶来监测温度，因此，可以测定温度 ΔT 随样品长度 ΔL 的变化，当温度和电

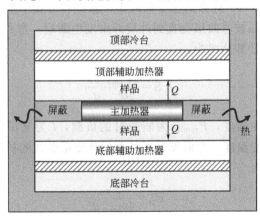

图 4.12　测量热导率的屏蔽热台方法

123

压值稳定时，达到热平衡，塑料样品的热导率由下式给出：

$$k = \frac{Q/A}{\Delta T/\Delta L} \qquad (4.4)$$

对高热量耗散或长时期工作器件来说，热导率是一个重要的塑封料性能。对于具体的电子系统或封装，当设计并确定适合的热管理系统时，塑封料往往处于热扩散通道，因此，塑封料的性能对热管理系统的总体设计至关重要。尽管大家都希望热导率值越高越好，但是对大多数聚合物材料来说，塑封材料的热导率非常低〔大约 $0.2W/(m \cdot K)$，而 Cu 约为 $385W/(m \cdot K)$〕。

4.2.3 弯曲强度和模量

塑封料的机械性能包括弹性模量（E）、伸长率（%）、弯曲强度（S）、弯曲模量（E_B）、剪切模量（G）和开裂势能。封装应力中机械性能有着重要作用。降低应力因子，如弹性模量、应变、CTE，可以减少应力，提高可靠性。例如，根据Young 方程，塑封体中的拉伸应力取决于弹性模量和拉伸应变。

$$\sigma = E\varepsilon \qquad (4.5)$$

弯曲强度和弯曲模量按标准 ASTM D-790-71 和 ASTM D-732-85 来测定，并

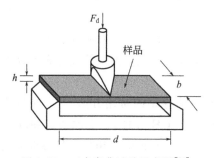

图 4.13 三点弯曲试验示意图[13]

由供应商提供，ASTM D-790 建议使用两个试验程序来确定弯曲强度和弯曲模量。建议的第一种方法是三点载荷系统（图 4.13），即在一个简单的被支撑试样的中间加载应力作用，此方法主要适用于那些在相对较小弯曲形变下就发生断裂的材料。被测试样放置在两个支撑点上，并在两个支撑点的中间施加负载。第二种方法是四点加载系统，所使用的两个加载点离它们相邻的支撑点距离是支撑跨距的 1/3 或 1/2。此方法主要设计用于在试验过程中形变较大的材料。上述任意一种方法，样品被弯曲形变直到外层纤维发生断裂，弯曲强度等于外层纤维破裂时的最大应力，计算公式为：

$$S = \frac{3P_{rupture}l}{2b_{beam}^3 d} \qquad (4.6)$$

其中，S 为弯曲强度，$P_{rupture}$ 为断裂时的负载，l 为支撑跨度，b_{beam} 是样品的宽度，d 为样品弯曲深度。弯曲模量通过在加载变形曲线的初始直线部分作正切计算求得，计算公式如下：

$$E_B = \frac{l^3 m}{4b_{beam}d^3} \qquad (4.7)$$

其中，m 为加载变形曲线上初始直线部分切线的斜率，E_B 为弯曲模量。

124

4.2.4 拉伸强度、弹性与剪切模量及伸长率

拉伸模量、拉伸强度及百分伸长率可按 ASTM D-638 和 D2990-77 试验方法测试[24,25]。采用哑铃型或特定尺寸的样品，根据 ASTM D-638 试验方法确定塑封化合物的拉伸性能。要注意的是使样品的长轴向与两端夹具对准。在任意给定温度下逐渐加载负荷，获得应力-应变数据，典型曲线如图 4.14 所示。

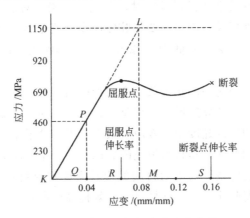

图 4.14 典型的应力-应变加载曲线

拉伸强度的计算是用最大负荷（单位为 N）除以样品的初始最小截面积（单位为 m²）。伸长率的计算是断裂时的延伸长度除以初始的测量长度，用百分率表示。弹性模量通过计算应力-应变曲线初始直线部分的斜率获得。如果材料的泊松比已知或单独通过测量拉伸形变来确定，那么，塑封料的切变模量就可计算，需要特别指出的是塑封器件中遇到的应力实际上是拉伸和剪切应力的综合。

对于那些芯片较大而封装体较小的器件（如存储器、SOP 和超薄封装器件等），估算塑封料的断裂势能非常重要。在没有估算标准方法的情况下，常常采用 ASTM D-256A 和 D-256B 悬臂梁式冲击试验方法测定。在 ASTM D-256A 试验方法中，样品固定作为一个垂直悬臂梁，受到摆锤的单摆冲击，初始接触线与样品夹具和刻痕的中心线保持固定距离，并在刻痕的同一面上。ASTM D-256B 是上述试验的改进，样品作为一个简易水平梁被支撑起来，用摆锤单摆冲击样品，冲击线位于两支撑点的中央，并且正对着刻痕。这种过应力试验适用于环氧塑封化合物在极端的热-应力条件下的断裂势能，而非试验黏弹性区域的特性。但是它们可以用来模拟加工和成型，以及处理由冲击导致的开裂敏感性。

上文提到的 ASTM D-790-71 三点弯曲试验模拟了由热-应力导致失效的封装体的实际应变过程，用于确定弯曲模量，中心刻痕直径为 0.05mm（2mil）的矩形样品上以一定速率加载应变，模拟生产循环，如 20%/min 的液体-液体热冲击，空气中 0.1%/min 的开关操作。应力-应变曲线下的面积与试验温度下的断裂能量成正比。低温数据通常是鉴别塑封料优劣的参数，因为在远离成型温度的低温区封装体

125

经受的应力最大。

由于塑封料的熔融黏度与剪切速率有关，同时，典型的塑封材料将在塑封化合物流动通道的不同位置承受不同的剪切速率，因而对于具体的塑封工具所要求的剪切速率，首先需要在无滑动边界条件下进行计算，通常的剪切速率范围在浇道内为百分之几秒，穿过浇口为千分之几秒，在行腔内为十分之几秒。同时必须考虑与剪切速率相关的模塑料熔融黏度的时间及温度关系。

根据黏度的切变关系选择塑封料时，首先要明确：对引线容易弯曲和/或芯片载体容易偏移的器件以及在固化前要将腔体内完全填充的多型腔模具，低剪切速率和高的型腔温度对应的黏度要低[26]。黏度受温度影响较大的材料不适于设计最优的模具。

塑封料熔融黏度与时间的相关关系有两种截然相反的现象。树脂固化过程中平均分子量会增加，从而使黏度增加，但是，在固化初期成型温度的增加会导致黏度的下降，形成完全相反的黏度变化效应，最终，平均分子量和黏度在凝固时达到最大。特别是远距离的腔体，塑封料填充的后期流动产生的应力会变得非常重要，因此，要求较长流动长度及较长流动时间的模具需要塑封料在150～160℃注塑填充温度下具有较长的凝胶化时间，这样可以有效提高生产效率。

4.2.5　黏附强度

塑封料与芯片、芯片底座和引线框架间较差的黏附性会导致缺陷或失效，比如贴装过程中的"爆米花"效应、分层、封装开裂、芯片断裂、芯片上金属化变形等。因此，对封装进行具体物理和材料设计时，选择的模塑料的黏附性是最重要的判别特性之一。有关集成电路塑封料与封装元件间黏附性的理论与实践已由 Kim和 Nishimura 等[27-29]作了全面论述。塑封化合物的黏附性可以通过调节反应添加剂、聚合物黏性和聚合物反应速率等来达到器件的具体设计要求，这些调节可以使塑封化合物对具体的基板材料的黏性大幅度提高。

测量塑封料黏性的方法包括冲压剪切、硬模剪切、180℃剥落和引线框凸点拉脱试验[28-30]。工业中采用的标准方法是冲压剪切试验[31]，冲压剪切试验示意图如图 4.15 所示[32]。通常，由于硅材料的刚性，塑封料在硅材料上的剪切试验容易发生开裂，因此，硅材料上的开裂塑封料必须检查并剔除后才能对剩余材料进行剪切试验。黏附性的另一种检测方法是硬模剪切试验，剪切应力的作用原理与冲压剪切试验方法类似，图 4.16 是经过修改的硬模剪切试验示意图[28,29]。

另一种常用的黏附性测试方法是引线框凸点拉脱试验，主要测试引线框架凸点相对模塑料的黏附性。图 4.17 是引线框拉脱试验示意图。模塑料与一侧的引线框锥形凸点和另一侧的两个锚型凸点注塑在一起，采用拉伸测试方法进行拉脱，测试其黏附强度。测试中的注塑过程必须要与生产中保持一致，为了最大程度地模拟生产条件，使用特定设计的引线框架来制作黏附性测试样品。

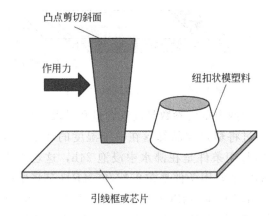

图 4.15　用于黏性测试的纽扣（凸点）剪切试验[28,29,32]

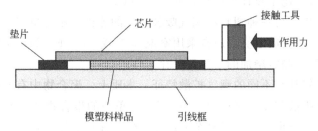

图 4.16　修改后的硬模剪切黏附测试装置示意图[28,29]

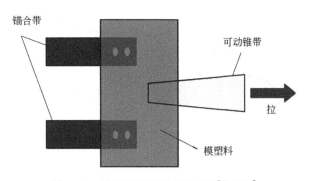

图 4.17　引线框拉脱试验示意图[28,29,33]

　　黏附强度的另一种测试方法是 180℃ 剥落试验[28,29,34]。测试中，将密封材料注塑在另一种材料的平滑表面，将其拉脱所需加载的力如图 4.18 所示，测试中另一种材料可以是引线框材料、芯片材料或者是塑料包覆材料（如聚酰亚胺和硅树脂）。

4.2.6　潮气含量和扩散系数

　　由于潮气对塑封器件可靠性的不利影响（即腐蚀、T_g 下降、膨胀失配），对塑封材料潮气含量和扩散的精确测试对于封装设计和材料选择是必要的。与聚合物材

剥离

模塑料   引线框金属薄片

图 4.18   180℃剥落试验示意图[28,29]

料中的潮气吸收有关的两个重要参数是潮气含量和扩散系数。

潮气含量可以通过将塑封样品暴露在一定湿度的环境内放置特定的时间来测定。潮气含量评估的常用条件是在沸水中浸泡 24h，这也常常被塑封供应商所采用。潮气扩散系数测定的常用条件是在 85℃/85％RH 环境中暴露 1 周 （168h），这主要是依据 IPC/JEDEC 标准 （IPC/JEDEC J-STD-20，IPC 互连电子工业协会和 JEDEC 固态技术协会） 中的潮湿敏感等级 1 确定的。潮气含量是用增加的重量 （湿重减去干重） 比干重计算所得，并乘上 100。

生产商常用的另一种塑封料潮气吸收性能的测试方法是将塑封料浸泡在蒸馏水中[35]，水温保持在恒定值，通常采用室温 23℃或 73.4°F，24h 或质量不再增加后 （饱和潮气含量） 测定增加的质量百分比。

聚合物材料具有不同的潮气扩散特征，本质上，聚合物中有两种主要的潮气扩散类型：菲克扩散和非菲克扩散 （图 4.19）。单一的聚合物体系通常表现为菲克湿度扩散行为，由于聚合物网络复杂的湿热特性，在树脂注塑料中已观察到潮气的非菲克扩散行为[36-40]。

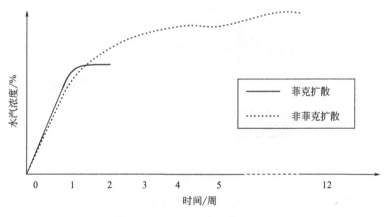

图 4.19   菲克和非菲克潮气扩散

4.2.6.1   菲克扩散

假设有一个由单一聚合物材料制备的薄样品，潮气扩散符合一维菲克扩散定律：

$$\frac{\partial C}{\partial t} = D\frac{\partial^2 C}{\partial x^2} \tag{4.8}$$

其中，C 为时间 t 时的潮气浓度，D 为潮气扩散系数[41]。确定初始和边界条件[40,41]，一维菲克潮气扩散系数由下式计算：

$$\frac{M_t}{M_\infty} = 4\left(\frac{D_t}{\pi l^2}\right)^{1/2} \tag{4.9}$$

式中，M_t 是在时间 t 内进入聚合物薄片的潮气总量，M_∞ 是平衡潮气浓度（在无限长或很长时间后的潮气浓度），l 是薄片样品的厚度，D 是扩散系数，单位为 cm^2/s。M_t 和 M_∞ 可以将样品暴露在湿气中称重获得，D 可以由 M_t 与 $t^{1/2}$ 关系曲线的斜率计算，M_t 的计算公式为：

$$M_t(\%) = \frac{W(t) - W_{dry}}{W_{dry}} \times 100 \tag{4.10}$$

式中，$W(t)$ 是时间 t 时受潮样品的质量，W_{dry} 是干燥样品的质量。

如果样品表现出菲克扩散，但并非薄样品，同时必须考虑其它维度的扩散，这时可能需要采用三维菲克扩散模型。一般的湿度扩散方程本质上由三个基本方程构成：潮气浓度方程、扩散系数方程和溶解度方程。与潮气浓度相关的三维菲克扩散方程可以表示为：

$$\frac{\partial C}{\partial t} = D\left(\frac{\partial^2 C}{\partial x^2} + \frac{\partial^2 C}{\partial y^2} + \frac{\partial^2 C}{\partial z^2}\right) \tag{4.11}$$

其中，C 为局部浓度（g/cm^3），x、y、z 为笛卡儿坐标，D 为扩散系数（cm^2/s），t 为时间[41,42]。

聚合物材料中第二个主要扩散方程包含了温度对潮气扩散系数的影响，表示为

$$D = c_1 \exp\left(-\frac{E_a}{kT}\right) \tag{4.12}$$

式中，c_1 是常数，E_a 为活化能（eV），k 为玻尔兹曼常数（8.617×10^{-5} eV/K），T 为聚合物材料的绝对温度。Kitano 等人的研究结果发现：$c_1 = 0.472$，$E_a = 0.5eV$。

第三个方程与潮气的溶解系数 S 有关，而 S 也受温度的影响：

$$S = c_2 \times 10^{-4} \exp\left(\frac{E_a}{kT}\right) \tag{4.13}$$

其中，c_2 为常数（通常设为 4.96×10^{-4}），E_a 为激活能（通常为 $0.40eV$），T 为绝对温度，S 的单位为 moles/（MPa·cm^3）[43]。

4.2.6.2 非菲克扩散

环氧塑封料表现为非菲克扩散特性，在非菲克扩散过程中（图 4.19 和图 4.20），湿度的最初变化可能与菲克扩散类似（以恒定扩散率快速扩散），最终扩散变慢、扩散速率不再恒定。非菲克扩散中，可能需要很长的时间（甚至几个月）才能达到潮气饱和，在非菲克扩散的某些例子中，可以观察到潮气吸收分为两个阶段，通常称为双阶段吸附。

已有许多研究来解释和模拟聚合物材料中的非菲克扩散特性[39-41,44,45]，有一种理论[40]认为非菲克扩散是由水分子与亲水聚合物链形成氢键导致的，而未成键的自由水分子存在于微小的或大的空洞中，呈现菲克扩散行为。图 4.20 显示了成

129

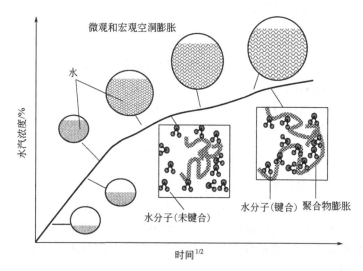

图 4.20　键合与未键合水分子对潮气扩散的影响

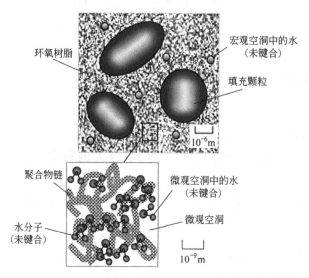

图 4.21　塑封材料中的水以自由分子的形式存在于宏观和
微观空洞中或是与聚合物链键合

键和未成键对潮气扩散的影响。图 4.21 说明了树脂塑封料中的成键和未成键水分子形态。

　　另一个理论[44]指出，密封系统中树脂填充界面的化学吸附是非菲克扩散的主要机理。这基于以下假定：相邻界面的树脂中的潮气由于树脂填充化学吸附导致的二次扩散而耗尽。图 4.22 描述了由于树脂填充化学吸附导致的非菲克扩散。

　　非菲克扩散模型由下述非线性扩散方程表示：

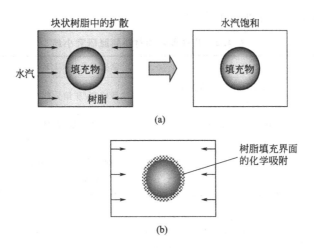

图 4.22　菲克扩散（a）和基于树脂填充界面化
学吸附的非菲克扩散（b）机理[44]

$$\frac{\partial C}{\partial t}=\frac{\partial}{\partial x}\left[D(C)\frac{\partial C}{\partial x}\right] \tag{4.14}$$

其中，D 是由湿度 C 决定的扩散系数[39]，非线性有限元分析（FEA）最优化技术可以用来模拟潮气浓度对非菲克潮气扩散率的影响。相比要求若干个吸附实验的多吸附方法等其它实验技术，FEA 最优化技术的优势在于其只需要在潮气吸附实验的基础上就可以完成，节约了大量时间和成本[39]。

4.2.7　吸湿膨胀系数

潮气扩散进入封装材料可以导致材料的膨胀，通常表示为吸湿膨胀系数（hygroscopic swelling or expansion）。材料的吸湿膨胀特性称为吸湿膨胀系数（CHE）或者湿气膨胀系数，与热膨胀系数类似，CHE 由下式决定：

$$\varepsilon_h=\beta C \tag{4.15}$$

其中，ε_h 为吸湿应变；β 为 CHE，单位是 mm^3/g 或 mm^3/mg；C 是潮气浓度，单位是 g/mm^3 或 mg/mm^3。

吸湿应变和湿度可以通过解吸附过程中同步进行热机械分析和热重分析来测量[40,45,46]。热机械分析用来测量潮湿样品在潮气释放过程中的线性形变（收缩），热重分析用于测量潮气含量的损失。

潮气浓度 C 由潮气含量除以样品总体积来计算，是一个平均浓度的概念，Zhou 等人[47]在计算 CHE 时考虑了潮气浓度的非均匀分布。在解吸附过程中，平均 CHE 和非均匀分布的 CHE 最初是相同的，但是当湿气浓度变得不均匀时，CHE 值出现不同。聚合物材料的膨胀也可以用单位湿气含量（质量分数）的吸湿应变来表征。

测量吸湿膨胀的各种技术方法汇总如表 4.2 所示，膨胀系数随材料的变化而变化，同时随温度的升高而上升[40,45,46]。

表 4.2　几种聚合物材料膨胀研究小结

测试材料	测试技术	膨胀系数或 CHE	参考文献
铜箔上的环氧-玻璃层压板	采用目镜带刻度的显微镜进行弯曲测试	0.31%线性应变/质量分数	Berry et al. 1984 [48]
环氧树脂（TGDDM）	阿基米德方法（排水法）	0.3%～0.6%体积膨胀/体积分数（约 0.1%～0.2%线性膨胀/体积分数）	El'Saad et. al., 1990[49]
聚酰亚胺	采用 Michelson 干涉测量法进行弯曲测试	0.024%平面外最大线性应力/%RH（约 0.6%/潮气浓度） 0.0039%平面内最大线性应力/%RH（约 0.1%/潮气浓度）	Buchhold et. al., 1998[50]
电子封装底部填充料	热机械分析和热重分析	0.17～0.63 线性应变/潮气浓度（mm³/mg）	Wong et. al., 2000 [46]
环氧塑封料	热机械分析	85℃下 0.3～0.6（线性应力/质量分数）	Ardebili et. al., 2003[40]
环氧塑封料	莫尔干涉测量法	85℃下 0.19～0.26（应变/水分质量分数）	Stellrecht et al. 2004 [51]
环氧塑封料	热机械分析和热重分析	110～220℃下 129～168 应变/潮气浓度（mm³/g）	Shirangi et al. 2008[45]

注：CHE 为吸湿膨胀系数；TGDDM 为二氨基二苯甲烷四缩水甘油胺。

可以这样来解释吸湿膨胀机理：当水渗透进入聚合物材料，部分水分子在聚合物链上形成氢键，成键可以导致聚合物链的展开或膨胀，最终整个塑封体膨胀。图 4.23 描述了由于水分子成键导致的聚合物链膨胀。非非克湿气扩散与聚合物中的吸湿膨胀机理有关。当水分子与聚合物链形成氢键，成键水分子和随后的分子上的膨胀变形导致异常的或非非克的扩散行为。

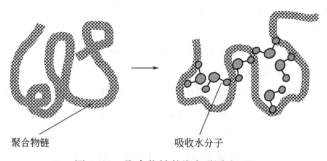

聚合物链　　　　　　　吸收水分子

图 4.23　聚合物链的潮气膨胀机理

电子封装中所关注的封装材料的吸湿膨胀问题主要是，封装材料与其相邻的无渗透性材料之间由于膨胀而不匹配的问题，这些不匹配的材料包括铜引线框架、中间焊盘和硅芯片。吸湿膨胀失配导致的应力对封装可靠性是有害的。研究表明密封材料的吸湿失配应变可以比热失配应变大 3 倍[40,46]。

吸湿应变的测量与计算和热机械应力相似。在热-湿分析的基础上，吸湿应力可以通过商业有限元模拟软件来模拟，潮气浓度和吸湿扩散系数分别替代温度和热扩散系数。封装中的潮气浓度同样可以用商业有限元模拟软件的热-湿气分析来模拟。潮气浓度在材料的两相界面的非连续变化可以用"分压"[42]或"湿度"[52]连续场变量连续场来解决。

4.2.8　气体渗透性

除了潮气外，氢气、氧气、氮气和二氧化碳也能渗透并扩散进入塑封材料。腐蚀性气体对微电子封装可靠性是有害的。测试渗透性的技术分为两大类：称重池和隔离池[53]。例如，潮气渗透可以采用称重池方法测定，此方法中，采用聚合物膜密封盛有加湿溶液或干燥剂的浅器皿，封装材料在干燥剂或潮气容器中保持恒温。潮气的扩散速率通过定时称重获得。

渗透性也可以通过隔离池方法测定。将被测聚合物干燥膜嵌入两个腔体之间，进行完全脱气。然后，一定压力的扩散潮气快速被引入其中一个腔体，并测定渗透通过聚合物膜的潮气数量随时间的变化。试验装置设计成两个腔体间保持恒定的潮气压力。在给定时间内通过单位面积聚合物膜的潮气量随时间的变化曲线称为渗透曲线[54]。ASTM D1434 标准试验[55]给出了基于压力差的气体渗透性的测量方法。

假设厚度为 l 的膜层两侧的气体或潮气压力分别为 p_1、p_2，扩散速率为 F，渗透系数为 P，那么

$$F = \frac{P(p_1 - p_2)}{l} \tag{4.16}$$

单一气体如氢气、氧气、氮气和二氧化碳通过聚合物的扩散呈单一菲克扩散[56]。这些气体的分子尺寸远小于聚合物单体的尺寸。气体分子与单体之间的作用很弱，扩散分子可以在间隙位置跳跃扩散[54]，而不至于出现大的扩散分子与高分子链形成键的复杂情况。

4.2.9　放气

放气是塑封料中捕获气体的缓慢释放，捕获气体来源于封装和组装过程的环境中，吸收的气体通常有氮气、氧气、氩气、二氧化碳、氢气、甲烷、氨气和水蒸气[57]。捕获气体的另一来源是工艺残留和材料成型、封装和组装过程中的化学反应。工艺残留的气体包括异丙醇、丙酮、三氯乙烯和四氢呋喃。

放气作用是一个重要的关注点，尤其是在真空环境中，与空间相关的放气问题在过去就已发现，释放的气体会在光学棱镜和传感器上液化，影响器件的功能。污染性气体也会导致器件的可靠性问题，如腐蚀。美国材料试验学会（ASTM）标准中的测试方法（ASTM E 595-93)[58]规定了聚合物材料放气的测试和计算技术。有两个重要的除气参数：总质量损失（TML）和可凝挥发物（CVCM），第三个可选

参数为水蒸气恢复（WVR）。

图 4.24 所示为放气测试装置[58]的关键部位示意图。测试装置包括两根通过电阻加热的铜棒、样品腔和收集腔。铜棒总长 650mm，截面积 25mm²，收集腔中包含一个保持恒温 25℃的可拆卸镀铬收集盘。

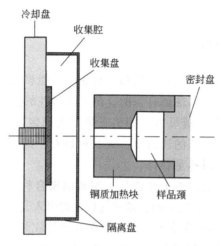

图 4.24　放气测试装置[58]

放气测试之前，样品在 50%RH、23℃条件下预处理 24h 并称重，样品称重时与铝盆一起称，测试前对收集盘也进行称重，然后将塑封材料放在 125℃、<7×10⁻³Pa（5×10⁻⁵Torr）的条件下静置 24h。从样品中释放出的蒸汽进入收集盘，样品和收集盘移出后放入干燥剂，冷却至室温后称重，可以测定 TML 和 CVCM。对于可选的 WVR 的测定是将样品放回 50%RH、23℃条件下静置 24h 后称重。

总质量损失（TML）由下式计算：

$$\%\text{TML} = (L/S_1) \times 100 \tag{4.17}$$

其中，S_1 是样品原有质量，L 是样品损失质量。由于样品是和铝盆（载体）一起称重的，因此原有质量和最终质量都包含了铝盆的质量 B_I，为了计算样品的质量，要把原有质量减去铝盆的质量。可凝挥发物（CVCM）由下式计算：

$$\%\text{CVCM} = (C/S_1) \times 100 \tag{4.18}$$

其中，C 是凝聚物的质量（收集盘的最终质量 C_F 和收集盘的初始质量 C_I 的差）。

第三个可选择放气参数水蒸气恢复（WVR）由下式计算：

$$\%\text{WVR} = (S_F' - S_F)/S_I \times 100 \tag{4.19}$$

其中，S_F' 是样品放回 50%RH、23℃条件下静置 24h 后的质量。

4.3　电学性能

为了获得好的性能，塑封料的电学性能必须得到控制。电学性能包括介电常数和损耗因子（ASTM D150）、体积电阻率[59]以及介电强度[60]。

绝缘常数（也叫相对介电常数）ε由下式给出：

$$\varepsilon = C_{\mathrm{S}}/C_{\mathrm{v}} \tag{4.20}$$

其中，C_{S}为密封材料作为介质的电容容量，C_{v}为真空情况下的电容。对于在电子元器件中起绝缘作用的材料，其介电常数应该较低。

损耗因子是损耗功率与被测样品上加载功率间的比值，同时和损耗角δ和相位角θ有关：

$$D = \tan\delta = \cot\theta = 1/(2\pi f R_{\mathrm{p}} C_{\mathrm{p}}) \tag{4.21}$$

其中，f是频率，R_{p}是等效并联电阻，C_{p}是等效并联电容。

体积电阻率是塑封材料抵抗漏电流的能力，体积电阻率越大，漏电流越低，传导性能越差。ASTM D-257[59]建议采用不同电极系统、通过在特定条件下测量不同样品材料的电阻和一定环境、样品和电极尺寸下测量电压或电流下降来决定体积电阻率。试验试样可以是平板型、带状或管状。图 4.25 所示为平板型样品和电极排布。图中的圆形几何图形尽管用起来较方便，但不是必需的。实际测量点均匀分布在测量电极覆盖的区域。

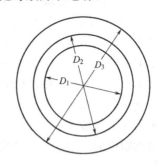

测量电极尺寸、电极间隙宽度和电阻等的仪器必须满足一定的灵敏度和精确度。充电时间通常是 60s，外加电压为（500±5）V。体积电阻率由下式决定：

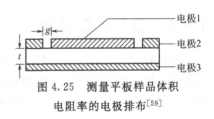

图 4.25　测量平板样品体积
电阻率的电极排布[59]

$$\rho_{\mathrm{v}} = \frac{A_{\mathrm{elec}}}{t} R_{\mathrm{v}} \tag{4.22}$$

其中，A_{elec}为测量电极的有效面积；R_{v}为所测量的体电阻；t为样品平均厚度。

封装材料的介电强度是介电击穿的最大电压值，介电强度越高，绝缘性能越好。ASTM D-149[60]要求施加到测试样品的市电交流电压频率为 60Hz。电压从零或从略低于击穿电压开始升高至试验样品产生绝缘失效为止。绝缘强度表示为单位厚度上的电压。试验电压用简单的测试电极加在样品的两个对应表面。样品可以是模型、浇铸或从平整板材或片材上剪下的。施加电压的方法包括瞬间测试法、步进测试法、慢速升压测试法等。后两种方法通常得到一致的结果。

在干燥环境和室温下的环氧树脂组分有相似的电学特性，但某些材料在潮湿高温环境下存储后性能会退化。

135

4.4 化学性能

封装材料的化学性能包括反应化学元素（或离子）或涉及化学反应（可燃性）的性能，包括离子杂质、离子扩散和易燃性。

4.4.1 离子杂质（污染等级）

塑封料的污染程度最终决定了其制成品在恶劣使用环境下的长期可靠性。SEMI G 29 标准规定了环氧塑封料中的水溶性离子的水平。水提取物先测定电导率，然后用柱色谱法进行定量分析。分别测定可水解卤化物（树脂、阻燃剂以及其它杂质添加物中）对保证塑封电路的长期可靠性至关重要。在长期（48h）、高压、热水（达 100℃）环境下塑封料中提取物及元素分析对这些评定非常必要。最新的塑封料组分中腐蚀性离子的含量已小至 10×10^{-6}。Na、K、Sn、Fe 等其它污染离子通常采用原子吸收光谱和 X 射线荧光技术来分析。对存储器件使用的塑封料，其硅土填充物中的 α 辐射产生杂质的单粒子触发翻转必须降至最小，需要确定铀和钍的含量。

4.4.2 离子扩散系数

塑封料中包含离子污染物，包括来自用于树脂环氧化过程中的环氧氯丙烷中的氯离子、作为阻燃剂添加入树脂的溴离子[61]。氯离子的存在会击穿铝金属化表层的钝化氯化物层，加速腐蚀。当吸收的潮气与离子结合，很可能在器件的金属表层上出现电解腐蚀。然而，塑封电路中的腐蚀速率与塑封中的离子迁移速率有关。

早期研究表明[61]：离子扩散速率随塑封化合物类型、溶液 pH 值和离子浓度而不同。模塑料中离子捕获者的存在可以通过键合阻碍离子的扩散，把离子捕获在密封块体材料中[62]。SEM-EDX 和 TOF-SIMS 分析表明离子扩散主要通过聚合物树脂阵列，与在树脂和填充物界面上的扩散相反。扩散系数的计算值低于潮气扩散或气体扩散的文献报道。实际上，在常规环境下，离子趋向于扩散通过塑封化合物，这意味着离子挂接在塑封料上，在塑封材料中可用非菲克 Ⅱ 型扩散来建模[61]。

4.4.3 易燃性和氧指数

塑封材料和塑封制品必须符合 Underwriters 实验室的阻燃参数（UL 94 V0，UL 94 V1，UL 94 V2），塑封材料的阻燃性测定由 UL 94 立式燃烧或 ASTM D-2863[63]氧指数试验来完成。表 4.3 列出了三种 UL 94 垂直燃烧试验的总结。在 UL 94 试验中，一个事先确定厚度 127mm×12.7mm（5in×1/2in）的固化环氧树脂试验棒多次用气体火焰点燃（图 4.26）。记录下 5 个样品在 10 次点燃过程中每次燃烧时间、总燃烧时间及燃烧程度，作为适合的 UL 参数。

在 ASTM D 2863[63] 氧指数试验中，一根 0.6cm×0.6cm×8cm 环氧塑封材料垂直放置在透明的试验管中，如图 4.27 所示，氧气和氮气混合物通入试验管中，得到环氧塑封料燃烧所需的氧在氧-氮混合气中所占的最小体积比。

表 4.3　UL 垂直燃烧试验总结

UL 94 试验	试验总结
V0	□ 移除试验火焰后,燃烧(发光燃烧)必须在 10s 内停止,辉光燃烧在 30s 内停止 □ 燃烧火焰不允许掉落,否则引燃下部棉花
V1	□ 移除试验火焰后,燃烧(发光燃烧)必须在 30s 内停止,辉光燃烧在 60s 内停止 □ 燃烧火焰不允许掉落,否则引燃下部棉花
V2	□ 移除试验火焰后,燃烧(发光燃烧)必须在 30s 内停止,辉光燃烧在 60s 内停止 □ 燃烧火焰允许掉落

来源：Boedeker Plastics (http：//www.boedeker.com/bpi-ul94.htm)；
Plastics Web (http：//www.ides.com/property_descriptions/UL94.asp) .

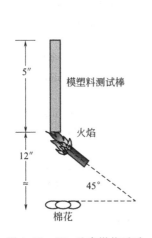

图 4.26　UL 垂直燃烧试验
(http：//www.ides.com/property_descriptions/UL94.asp；
http：//www.ul.com/plastics/flame.html)

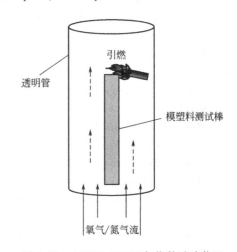

图 4.27　ASTM D2863 氧指数试验装置
（ASTM D-2863；http：//www.ides.com/property_
descriptions/ASTM2863.asp)[63]

4.5　总结

本章主要讨论了封装材料性能的表征技术。封装材料的性能是决定材料是否适合于具体的封装技术、封装设计、制造工艺和电子应用的关键。

封装材料的性能可以分为四类：制造性能、湿-热-机械性能、电学性能和化学

137

性能。制造性能包括螺旋流动长度、凝胶时间、渗透和填充、成型试验的流变性能、聚合速率、热处理时间和温度、热固化及后固化时间和温度。湿-热-机械性能包括热膨胀系数、玻璃化转变温度、热导率、弯曲强度和模量、拉伸强度、弹性和剪切模量、延展性、黏附强度、潮气吸收、扩散系数、潮气膨胀系数、气体渗透性和放气作用。电学性能包括介电常数、损耗因子、体积电阻率和介电强度。最后，化学性能包括离子杂质、离子扩散系数和易燃性。封装材料性能用来评价材料是否符合具体的电子应用和制造工艺的要求。

参 考 文 献

[1] ASTM D-3123, "Standard Test Method for Spiral Flow of Low-Pressure Thermosetting Molding Compounds," American Society for Testing and Materials, 1998.

[2] SEMI G11-88, "Recommended Practice for RAM Follower Gel Time and Spiral Flow of Thermal Setting Molding Compounds," Semiconductor Equipment and Materials International, 1988.

[3] Blyler, L. L., Blair, H. E., Hubbauer, P., Matsuoka, S., Pearson, D. S., Poelzing, G. W., and Progelhof, R. C., "A New Approach to capillary viscometry of Thermoset Transfer Molding Compounds", Polymer Engineering Science, Vol. 26, No. 20, pp. 1399-1404, 1986.

[4] Hale, A., Bair, H. E. and Macosko, C. W., "The Variation of Glass Transition as a Function of the Degree of Cure in an Epoxy-Novolac System", Proceedings of SPE ANTEC, p. 1116, 1987.

[5] Hale, A., Epoxies Uesd in the encapsulation of Intergrated Circuits: Rheology, Glass Transition, and Reactive Processing, Thesis, University of Minnesota, Department of Chemical Engineering, 1998.

[6] Hale, A., Gracia, M., Macosko, C. W., and Manzione, L. T., "Spiral Flow Modeling of a Filled Epoxy-Novolac Molding Compound", Proceedings of SPE ANTEC, pp. 796-799, 1989.

[7] Ellis, B., "The kinetics of cure and network information", Chemistry and Technology of Epoxy Resins, Eliss, B., editor, pp. 72, Blackie Academic & Professional, 1993.

[8] ASTM D696: "Standard test method for coefficient of linear thermal expansion of plastics between -30℃ and 30℃ with a vitreous silica dilatometer", American Society for Testing and Meterials, 2003.

[9] Earnest, C. M., "Assignment of glass transition temperatures using thermo-mechanical analysis", Assignment of the Glass Transition, R. J. Seyler, editor, ATSM, Philadelphia, 1994.

[10] Bair, H. E., "Glass transition measurements by DSC", Assignment of the Glass Transition, R. J. Seyler, editor, ASTM, Philadelphia, 1994.

[11] Rodriguez, E. L., "The Glass transition temperature of glassy polymers using dynamic mechanical analysis", Assignment of the Glass Transition, R. J. Seyler, editor, ASTM, philadelphia, 1994.

[12] Bidstrup, S. A., and Day, D. R., "Assignment of the glass transition temperature using

dielectric analysis: areview", Assignment of the Glass Transition, R. J. Seyler, editor, ASTM, Philadelphia, 1994.

[13] Chew, S. and Lim, E. "Monitoring Glass Transition Of Epoxy Encapsulant. Using Thermal Analysis Techniques," IEEE International Conference on Semiconductor Electronics, pp. 266-271, 1996.

[14] Nielsen, L. E., "Crosslinking-Effect on physical properties of polymers", J. Macromol. Sci. -Revs. Macromol. Chem. , C3 (1), pp. 69, 1969.

[15] Rauhut, H. W. , "No-postcure epoxy package materials and their performance", International Journal of Microcircuits and Electronic Packaging, Vol. 19, No. 3, pp. 330, Third Quarter 1996.

[16] Suzuki T. , Oki Y. , Numajiri M. , Miura T. , Kondo K. , Shiomi Y. , Ito Y. , "Novolac epoxy resins and positron annihilation," Journal of Applied Polymer Science, Vol. 49 No. 11, pp. 1921-1929, 1993.

[17] StuTZ, H. , Illers, K. H. , and Mertes, J. , "A generalized theory for the glass transition temperature of crosslinked and uncrosslinked polymers", J. Polymer Science: Part B, 25, pp. 1949, 1987.

[18] Wunderlich, B. , "The nature of the glass transition and its determination by thermal analysis", Assignment of Glass Transition, R. J. Seyler, editor, ASTM, Philadelphia, 1994.

[19] Flory, P. J. , "Principles of Polymer Chemistry," Cornell University Press: Ithaca, 1953.

[20] McKague Jr. E. Lee, Reynolds Jack D. , Halkias John E. , "Swelling and glass transition relations for epoxy matrix material in humid environments," Journal of Applied Polymer Science, Vol. 22, No. 6, pp. 1643-1654, 1993.

[21] Adamson M. J. , "Thermal expansion and swelling of cured epoxy resin used in graphite/epoxy composite materials," Journal of Materials Science, Vol. 15, pp. 1736-1745, 1980.

[22] Eisele, U. , Chapter 5, Introduction to Polymer Physics, Springer-Verlag, Berlin, 1990.

[23] ASTM C 177, "standard test method for steady-state heat flux measurements and thermal transmission properties using a guarded-hot-plate apparatus," American Society for Testing and materials, 1997.

[24] ASTM D638, "Standard Test Method for Tensile Properties of Plastics," American Society for Testing and materials, 2008.

[25] ASTM D2990, "Standard Test Methods for Tensile, Compressive, and Flexural Creep and Creep Rupture of Plastics," American Society for Testing and materials, 2001.

[26] Nguyen, L. T. , Reactive Flow Simulation in Transfer Molding of IC Packages, Proceedings of the 43rd Electronic Components and Technology Conference, pp. 375-390, 1993.

[27] Nishimura, A. , Kawai, S. , and Murakami, G. , "Effect of leadframe Material on Plastic Encapsulated Integrated Circuit Package Cracking Under Temperature Cycling", IEEE Trans. On Comp. , Hybrids, and Manuf. Tech. , Vol. 12, pp. 639-645, 1989.

[28] Kim, S. , "The Role of Plastic Packae Adhesion in IC Performance" . Proceeding of the 41st Electronic Components and Technology Conf. , pp. 750-758, 1991.

[29] Kim, S. , "the role of plastic package adhension in performance," IEEE Transactions on Components, Hybrids, and Manufacturing Technology, Vol. 14, No. 4, pp. 809-817, December 1991.

[30] Procter, P. , "Mold compound: High performance requirements," Advanced Packageing, 2003.

[31] Schoenberg A. and Klinkerch E. , "New elevated temperature mold compound adhesion test method using a dynamic mechanical analyzer," Thermochimica Acta, Vol. 442, No. 1-2, pp. 81-86, 2006.

[32] Wong, C. K. Y. , Gu, H. , u, B. , and u, B. , and Yuen, M. M. F. , "A New Approach in Measuring Cu-EMC Adhesion Strength by AFM," IEEE Trans. Comp. Pack. Tech. , Vol. 29, No. 3, pp. 543-550, 2006.

[33] Gallo, A. A. , and Abbott, D. C. , "Adhension of green flexible molding compound to pre-plated leadframes," Loctite Technical Paper. 2004

[34] ASTM D3330, "Standard test method for peel adhesion of pressure-sensitive tape," American Society for Testing and materials, 2004.

[35] ASTM D 570, "Standard test method for water absorption of plastics," American Society for Testing and materials, 2005.

[36] Nguyen, L. T. and Kovac, C. A. , Moisture diffusion in Electroinc Packages, IBM Thomas J. Watson Research Center, Yorktown Heights, NY, 1987.

[37] Liutkus, J. , Nguyen L. , and Buchwalter, S. , "Transport properties of epoxy encapsulants," Society of Plastic Engineers (SPE) Annual Technical Conference (ANTEC), PP. 462, 1988.

[38] Nguyen L. , "Moisture diffusion in electronics packages," Society of Plastic Engineers (SPE) Annual Technical Conference (ANTEC), PP. 459-461, 1988.

[39] Wong E. H. , Chan, K. C. , Lim, T. B. , and Lam, T. F. , "Non-fickian moisture properties characterization and diffusion modeling for electronic packages," Proceedings of 49th Electronic Components and Technology Conference, pp. 302-306, 1999.

[40] Ardebili, H. , Wong, E. H. , and Pecht, M. , "Hygroscopic swelling and sorption characteristics of epoxy molding compounds used in electronic packaging", IEEE CPMT, Vol. 26, No. 1, pp. 206-214, March 2003.

[41] Crank, J. , The Mathematics of Difffusion, 2nd edition, Oxford University Press, 1975.

[42] Galloway J. E. , and Miles B. M. , "Moisture Absorption and Desorption Predictions for Plastic Ball Grid Array Packages", IEEE Transactions on Components, Packaing and Manufacturing Technology, Part A, Vol 20, No. 3, pp. 274-279, September 1997.

[43] Kitano, M. , Nishimura, A. ,

[44] Wong, E. H. , Rajoo, R. , "Moisture absorption and diffusion characterisation of packaging materials—advanced treatment," Microelectronics Reliability, Vol. 43, No. 12, pp. 2087-2096, 2003.

[45] Shirangi, H. , Auersperg, J. , Koyuncu, M. , Walter, H. , Muller, W. H. , and Michel, B. , "Characterization of dual-stage moisture diffusion, residual moisture content and hygroscopic swelling of epoxy molding compounds," International Conference on Thermal, Mechanical and multi-Physics Simulation and Experiments in Microelectronics and Micro-Systems, pp. 1-8, April, 2008.

[46] Wong E. H. , Chan, K. C. , Rajoo, R. , Lim, T. B. , "The mechanics and impact of hygroscopic swelling of polymeric materials in electronic packaging", Electronic Compinents and Technology Conference, 2000.

[47] Zhou, J. , Lahoti, S. P. , Sitlani, M. P. , Kallolimath, S. C. , and Putta, R. , "Investigation of nonuniform moisture distribution on determinationof hygroscopic swelling coeffi-

140

cient and finite element modeling for a flip chip package," 6th International Conference on Thermal, Mechanical and multi-Physics Simulation and Experiments in Microelectronics and Micro-Systems, pp. 112-119, April, 2005.

[48] Berry, B. S., and Pritchet, W. C., "Bending cantilever method for the study of moisture swelling in polymers," IBM J. Res. Develop., Vol. 28, No. 6, 1984.

[49] El-Sa'ad, L., Darby, M. I., and Yates, B., "Moisture absorption by epoxy resins: The reverse thermal effect," Journal of Materials Science, Vol. 25 No. 8, pp. 3577-3582, 1990.

[50] Buchhold, R., Nakladal, A., Gerlach, G., Sahre, K., Eichhorn, K. J., Herold, M., and Gauglitz, G., "Influence of moisture-uptake on mechanical properties of polymers used in microelectronics," *Proceedings of Materials Research Society Symposia*, vol. 511, pp. 359-364, 1998.

[51] Stellrecht, E., Han, B., and Pecht, M. G., "Characterization of hygroscopic swelling behavior of mold compounds and plastic packages", *IEEE Transactions on Components and Packaging Technologies*, vol. 27, no. 3, pp. 499-506, 2004.

[52] Wong, E. H., Teo, Y. C., and Lim, T. B., "Moisture diffusion and vapor pressure modeling of IC packaging," *Electronic Components and Technology Conference*, pp. 1372-1378, 1998.

[53] Crank, J. and Park, G. S., "Methods of measurement, Ch. 1, Diffusion in polymers," Crank, J. and Park, G. S., Eds., Academic Press, New York, 1968.

[54] Fujita, H., "Organic vapors above the glass transition temperature", Diffusion in Polymers, Crank, J., and Park G. S., editors, pp. 75-105, Academic Press, London and New York, 1968.

[55] ASTM D1434, "Standard Test Method for Determining Gas Permeability Characteristics of Plastic Film and Sheeting," American Society for Testing and materials, 2003.

[56] Stannett, V., "Simple gases", Diffusion in Polymers, Crank, J., and Park G. S., editors, Academic Press, London and New York, pp. 41-73, 1968.

[57] Schuessler, P. wh., Rossiter, D. J., and Whitesboro, N. Y., "Outgassing Species In Optoelectronic Packages," The International Journal of Microdircuts and Electronic Packaging, Vol. 24, No. 2, pp. 240-245, 2001.

[58] ASTM E595: "Standard test method for total mass loss and collected volatile condensable materials form outgrassing in vacuum environments", American Society for Testing and Meterials, 1993.

[59] ASTM D257: "Standard test methods for DC resistance or conductance of insulating materials", American Society for Testing and Meterials, 1994.

[60] ASTM D 149, "Standard Test Method for Dielectric Breakdown Voltage and Dielectric Strength of Solid Elec- trical Insulating Materials at Commercial Power Frequencies," American Society for Testing and materials, 2004.

[61] Lantz, II, L., and Pecht, M. G., "Ion transportin encapulants used in microcircuit packaging", IEEE CPMT, Vol. 26, No. 1, pp. 199-205, March 2003.

[62] Hillman, C., Castillo, B., Pecht, M., "Diffusion and absorption of corrosive gases in electronic encapsulants," Microelectronics Reliability, Vol. 43, No. 4, pp. 635-643, 2003.

[63] ASTM D2863: "Standard Test Method for Measuring the Minimum Oxygen Concentration to Support Candle-Like Combustion of Plastics (Oxygen Index)", American Society for Testing and Meterials, 2006.

第5章 封装缺陷和失效

封装缺陷是在制造和组装过程中产生的，具有难以预料和随机发生的特征。当一种封装产品不符合产品规范时，称其为有缺陷。灌封微电子封装器件的缺陷可能发生在制造和组装工艺的任何阶段，包括芯片钝化、引线框架制作、芯片粘接、引线键合、灌封和引脚成型。这些缺陷可以通过控制工艺参数、优化封装设计和改进封装材料来减少或消除。在某些情形下，可以筛选出有缺陷的器件。

当机械、热、化学或电气作用导致产品性能不合要求时，如产品的性能参数和特征超出了可接受范围，即认为发生了失效。缺陷的出现会促使和加速封装器件失效机理的出现，从而导致早期的、无法预料的失效。可以采用失效机理模型进行失效预测，也可以通过材料和封装参数优选进行优化设计。此外，还可以采用加速试验来验证和鉴别有早期失效倾向的器件。

本章首先概述了塑封器件中可能存在的缺陷和失效，然后讨论了与塑封料有关的缺陷和失效类型及其影响因素和预测模型。最后，分析了导致失效加速的载荷和应力。第6章和第7章分别讨论了缺陷和失效分析技术以及筛选和加速试验。

5.1 封装缺陷和失效概述

塑料封装的微电子器件或组件容易受各种缺陷和失效影响。本节讨论了这些缺陷和失效类型以及相关的影响因素。

5.1.1 封装缺陷

塑封微电子封装常见缺陷的位置和类型见示意图5.1。表5.1描述了这些缺陷的位置、类型及其潜在来源。

5.1.2 封装失效

封装体中任何发生失效的部位，称之为失效位置；导致失效发生的不同类型的机理，被称为失效机理。在塑封微电子器件中因各种失效机理导致的常见失效位置见图5.2。表5.2列出了典型的失效机理及相应失效位置和失效模式。

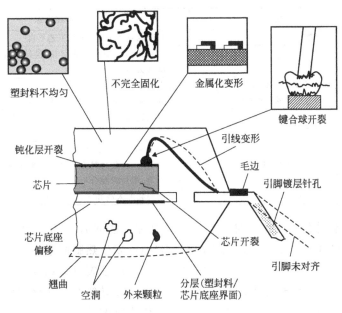

图 5.1 塑封器件的缺陷位置和类型

表 5.1 塑封器件在制造过程中的缺陷及其潜在原因

缺陷位置	缺陷类型	潜在原因
芯片	芯片破裂	非均匀的芯片黏结层;键合装置不良;键合过程中的过应力;切割;晶圆成型时的应力;测试时的过电应力
	芯片腐蚀	钝化层开裂;针孔和分层;储存条件不当;污染
	金属化变形	塑封料在不适当的后固化工艺中产生的残余应力;不适当的芯片尺寸与塑封体厚度比
芯片钝化层	钝化层针孔和空洞	沉积参数;钝化层的黏度-固化特性
	钝化层分层	芯片污染
键合丝	键合丝变形	塑封料的黏性;流动速率;塑封料中空洞和填充物;键合线几何尺寸不良;延时封装曲线
	键合焊盘缩孔	键合装置不良;焊盘金属厚度不足;焊盘金属材料不良
	键合剥离,切变和断裂	引线键合参数不良;污染
引线框架	框架偏移	塑封料的黏度和流动速率;引线框架设计不合理
	引线和框架镀层针孔	淀积参数;污染;毛边;储存
	引线失配	处理或成型不良
	引线框架毛边	刻蚀不良;逆压冲裁
	引线开裂	冲裁参数,金属片缺陷;裁剪方式不当
	焊盘或引脚润湿不良	焊料温度过高;污染;毛边
封装体	封装体共面性差、翘曲或弓曲	芯片偏移、芯片尺寸、芯片黏结空洞或分层;过大的模压应力

缺陷位置	缺陷类型	潜在来源
塑封料	异物	塑封料筛选不充分,成型工艺不良
	灌封胶内部空洞	原料运输过程中残留的空气、模具排气不充分、塑封料黏度或湿气太高
	灌封胶结合不牢和分层	污染或残存的空洞
	塑封层破裂(爆米花)	塑封料内部空洞、严重吸潮、操作程序不当、焊接前烘烤不充分
	固化不完全	后固化过程中加热不充分、两种塑封料配比错误和混合搅拌不充分
	塑封料不均匀	印刷塑封料时由于基板倾斜和刮刀压力变化导致的塑封料厚度不均匀、塑封料流动时由于填充粒子的聚合导致的材料不均匀、灌封时混合不充分
	非正常标记	塑封料黏度太高和非正常固化、表面污染

当施加不同类型的载荷时,各种失效机理可能同时在塑封器件上产生交互作用。例如,热载荷会使封装体结构内相邻材料间发生热膨胀系数失配从而引起机械失效。其它的交互作用包括应力辅助腐蚀、应力腐蚀裂纹、场致金属迁移、钝化层和电介质层裂缝、湿热导致的封装体开裂以及温度导致的加速化学反应。在这种情况下,失效机理的综合影响并不一定就是个体影响的总和。

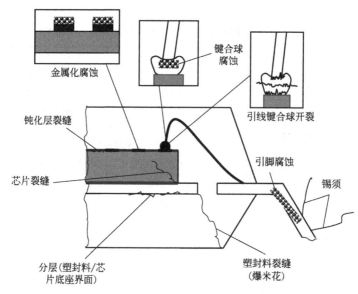

图 5.2 塑封器件中常见的失效位置和失效模式

表 5.2 塑封微电子器件的失效位置、失效模式、失效机理及环境载荷

失效位置	失效模式	失效机理	环境载荷	临界交互作用和备注
加工、切割或处理时引起的芯片边缘、角落或者表面划痕	剥离裂缝,纵向裂缝,水平裂缝,电气开路	裂缝萌生、裂缝扩展	温度梯度和温度变化	塑封料收缩,塑封料的弹性模量,芯片、芯片黏结层和塑封材料间的 CTE 失配

失效位置	失效模式	失效机理	环境载荷	临界交互作用和备注
金属导线、边缘	腐蚀、阻值增加、电气短路或开路、切痕、电参数漂移、金属化偏移、间歇性断开、金属间化合物	电迁移、氧化、电化学反应、相互扩散、塑封料的热失配	电流密度，湿度，偏压	常见钝化层裂缝，金属化时的残余应力
填充粒子尖角引起的钝化层应力集中；芯片钝化层缺陷	晶体管不稳定、金属化层腐蚀、电气开路、参数漂移	过应力、断裂、氧化、电化学反应	周期性的温度、玻璃化转变温度以下的温度、湿度	塑封料收缩、尖角的填充物、芯片、钝化层和塑封料之间的 CTE 失配
芯片黏结空洞、开裂、污染位置	芯片分层、应力从芯片到芯片底座的不均匀传递、电气功能丧失	裂缝萌生和扩展	周期性的温度	芯片黏结层的湿气、芯片黏结层厚度方向的黏度、芯片底座和芯片之间的 CTE 失配
键合线	断裂	轴向疲劳	周期性的温度	填充粒子受压、引线和塑封料之间的 CTE 失配
键合球	电气开路、接触电阻增加、电气参数漂移、键合处剥离、缩孔、间歇性断开	剪切疲劳、轴向过应力、柯肯德尔空洞（Kirkendall voiding）、腐蚀、扩散和相互扩散、键合底部金属化合物、线颈过细	绝对温度、湿度、污染	缺乏扩散阻挡层
自动点焊时产生的根部、底部和颈部跳焊	电气开路、接触电阻增加、电参数漂移、键合处剥离、凹坑、间歇性断开	疲劳、柯肯德尔空洞、腐蚀、扩散和相互扩散	绝对温度、湿度、污染	缺乏扩散阻挡层
键合焊盘	衬底开裂、键合盘剥离、电气功能丧失、电参数漂移、腐蚀	过应力、腐蚀	湿度、偏压	键合盘和衬底之间 CTE 失配、缺少钝化层
芯片和塑封料界面	电气开路	黏结不良或分层	湿度、污染和玻璃化转变温度附近的温度循环	残余应力、界面潮湿层的形成、黏结剂缺失、CTE 失配
钝化层和塑封料界面	金属化层腐蚀电参数偏移	黏结不良或分层	湿度、污染、塑封料玻璃化转变温度附近的温度循环	引线设计、残余应力、黏结剂缺失、塑封料和引脚之间的 CTE 失配、引脚间距
键合线和塑封料界面	芯片底座腐蚀、接触电阻增加、电气开路	黏结不良、剪切疲劳	湿度、污染、塑封料玻璃化转变温度附近的温度循环	塑封料和引线之间的 CTE 失配
塑封料	电气功能丧失、机械完整性损失	热疲劳开裂、降解	塑封料玻璃化转变温度附近的温度循环	芯片底座和塑封料间分层、角半径

续表

失效位置	失效模式	失效机理	环境载荷	临界交互作用和备注
引脚	可焊性下降、电阻增加	反润湿	污染、焊料温度	引脚镀层多孔
镀锡引脚	电气短路	锡须生长、互扩散、应力消除、再结晶、晶粒生长	湿度、腐蚀、施加的外部应力（弯曲、擦伤）	残余应力、CTE失配引起的应力、杂质、晶粒晶向引起锡须生长
芯片和塑封料界面，芯片角落处以及引脚、底座或器件顶部的塑封料开裂	爆米花、电气功能丧失、电气开路	残留湿气汽化、器件底部掺杂、塑封料动态裂缝	残留湿气沸点以上的温度、焊料回流工艺的温度变化速率	塑封料和芯片底座的粘接强度、残留汽化湿气

注：CTE为热膨胀系数。

5.1.3 失效机理分类

失效机理可以根据损伤累积速率来分类[1]，如图5.3所示。这种分类在可靠性分析研究中特别有用，其中失效时间是一个关键参数。

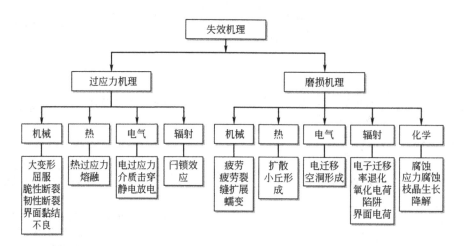

图5.3 失效机理分类[1]

失效机理主要分为两类：过应力和磨损。过应力失效常常是瞬时的、灾难性的。磨损失效是长期的累积损坏，常常首先表现为性能退化，然后才是器件失效。失效机理更进一步的分类是基于引发失效的负载类型：机械的、热的、电气的、辐射的或化学的等。

机械载荷包括物理冲击、振动（例如汽车发动机罩下面的电子装置）、填充颗粒在硅芯片上施加的应力（塑封料在固化时产生的收缩力）和惯性力（如大炮在发射时熔丝受到的力）。结构和材料对这些载荷的响应可能表现为弹性形变、塑性形变、翘曲、脆性或柔性断裂、界面分层、疲劳裂缝产生和扩展、蠕变以及蠕变开裂。

热载荷包括芯片黏结剂固化时的高温、引线键合前的预加热、成型工艺、后固化、邻近元器件的再加工、浸焊、气相焊接和回流焊接。外部热载荷会使材料因热膨胀而发生尺寸变化，也能改变诸如蠕变速率之类的物理属性。热膨胀系数失配常常能引起局部应力，并最终导致封装结构失效。过大的热载荷也可能导致器件内易燃材料的燃烧。

电载荷包括突然的电冲击（例如汽车发动机点火系统启动时）、电压不稳或电流传输时突然的振荡（例如接地不良）而引起的电流波动、静电放电、过电应力（电源电压过高或输入电流过大）。这些外部电载荷可能导致介质击穿、电压表面击穿、电能的热损耗或电迁移。它们也可能增加电解腐蚀、树枝状结晶（枝晶）生长而引起的漏电流、热致退化等。

化学载荷包括化学使用环境导致的腐蚀、氧化和离子表面枝晶生长。由于湿气能通过塑封料渗透，因此在潮湿环境下湿气是影响塑封器件的主要问题。

被塑封料吸收的湿气能将塑封料中的催化剂残留萃取出来，形成副产品，然后进入芯片粘接的金属底座、半导体材料和各种界面，诱发导致器件性能退化的失效机理。例如，组装后残留在器件上的助焊剂会通过塑封料迁移到芯片表面。在高频电路中介质属性的细微变化（如吸潮后的介电常数和耗散因子变化、离子进入、随温度的振动）都显得非常关键。对于部分塑料，击穿电压减小也很关键，尤其是对高电压转换器。

一些环氧聚酰胺和聚氨酯，长期暴露在高温高湿环境下会引起降解，也被称为逆转。由于塑封料的降解可能需要几个月或者几年，因此一般采用加速试验来鉴定塑封料是否易发生该种失效。

5.1.4 影响因素

影响封装缺陷和失效的主要因素有材料成分和属性、封装设计、环境条件和工艺参数。确定影响因素是消除和预防封装缺陷和失效的重要措施之一。影响因素可以通过试验和仿真分析来确定。推荐使用物理模型法和数值参数法，对于更复杂的缺陷和失效机理，常常采用试差法确定关键的影响因素。一般而言，试差法需要较长的试验时间和设备修正，效率低、花费高。

因果图是一种描述影响因素的方法，由于其独特的形状通常被称为鱼骨图（也叫石川图，以发明者的名字命名）。鱼骨图可以说明复杂的原因以及影响因素和封装缺陷及失效之间的关系，也可以区分多种原因并将它们分门别类。在生产应用中，鱼骨图分类法被简称为 6Ms：机器、方法、材料、量度、人力和自然力。其中部分种类可以被合并和修改并用于特定应用。图 5.4 所示为器件分层的鱼骨图[2]，包含了设计、工艺、环境和材料 4 种影响因素。

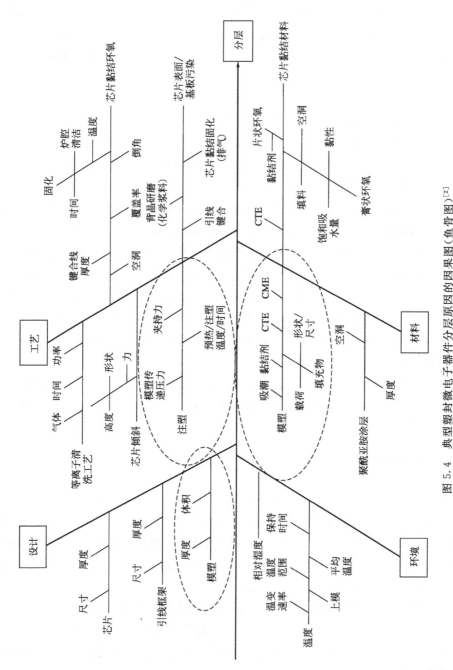

图 5.4 典型塑封微电子器件分层原因的因果图（鱼骨图）[2]

（虚线圈描述了塑封材料因素）

5.2　封装缺陷

封装工艺产生的封装缺陷具有随机特性，会直接影响封装材料的质量。空洞、固化不完全和塑封料不均匀等都属于此类缺陷。此外，封装工艺也能导致塑封器件内非密封单元的缺陷，如引线弯曲、芯片裂缝和毛边。封装界面也易受封装工艺的影响而出现分层和粘接不牢。

5.2.1　引线变形

引线变形通常指塑封料流动过程中引起的引线位移或变形。引线弯曲可以采用引线最大横向位移 x 或最大位移 x 与引线长度 L 的比值 x/L 来表示，如图 5.5 所示[3]。封装器件中引线弯曲可能导致两种类型的失效：在高密度引线组件中，引线弯曲会使它与其它引线形成连接，从而导致电气短路。此外，由于引线弯曲而在极细引线上产生的应力会导致键合点开裂或键合强度下降。

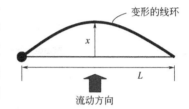

图 5.5　引线弯曲定义

影响引线弯曲的因素包括封装设计、引线布局、引线材料和尺寸、模塑料属性、引线键合工艺和封装工艺。影响引线弯曲的引线参数包括引线直径、引线长度和引线的断裂载荷。Onodera 等人[3]的研究证实在塑封器件中增加引线长度会导致更高的引线弯曲率。在相同的研究中显示，引线长度对引线弯曲的影响大小也与封装方式有关。图 5.6（a）所示为引线直径对引线弯曲的影响情况。Terashima 等人[4]的试验显示引线弯曲率随引线直径的增加而降低。同样，引线弯曲率随引线断裂载荷的增大而降低，见图 5.6（b）。

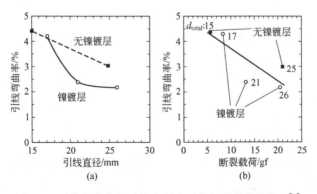

图 5.6　引线弯曲率与引线直径和引线断裂载荷的关系[4]

Wu 等人[5]研究了包括引线方向角、固化时间、成型温度和开口位置在内的参数对引线弯曲的影响。他采用三维模型模拟弯曲的键合引线周围模塑料的流动。该模型是基于 Tay 等人[6]描述的数值模型建立的，同时考虑了树脂瞬态固化时的附加影响。

该研究分析了两种开口位置的影响：左侧中心和左下角。如果开口位于图 5.7 所示的左侧中心，最大的引线弯曲发生在垂直于主流量流动的 90°方向（7♯引线和 20♯引线）。移动开口位置到左下角将改变引线弯曲的形状，以至于下侧和左侧位置的引线弯曲增多（1♯和 20♯），上侧和右侧位置引线弯曲减少（7♯和 13♯）。

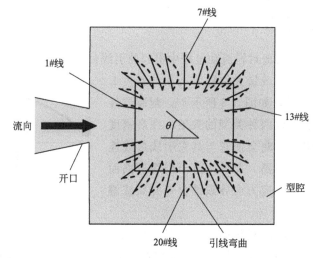

图 5.7 　基于引线方向角的引线弯曲范围[5]

引线密度是导致引线弯曲的另一个重要因素。由于封装体越来越薄、越来越小，引线密度的增加加重了其对引线弯曲的影响。其它参数如模具型腔厚度、引线直径和引线离中心线的位置也会影响引线密度对引线弯曲的影响程度。Pei[7]等人的研究发现，如果模具型腔厚度与引线直径的比率（H/D）较小，引线密度对引线弯曲的影响是不明显的。随着 H/D 比值的增加，引线密度对引线弯曲的影响逐渐变得突出，故应在引线弯曲预测模型中加以考虑。在本研究中采用流体动力学（CFD）软件 FIDAP（封装流体动力学分析）模拟模塑料的流动和引线密度的影响。模型参数包括距离为 H 的两个平行面板之间的流体流动速度、直径为 D 的两根引线之间的间距，及引线相对于中心线 e 的位置，如图 5.8 所示。

采用引线键合互连的三维叠层芯片封装因多层键合引线和更高的引线密度而更易导致引线弯曲[2,8,9]。在芯片叠层封装中上层引线比下层引线具有更高的引线键合高度。由于不同的叠层设计，在芯片叠层封装中引线环状轮廓可能不同。图 5.9 给出了两种不同芯片叠层封装中的不同引线环状轮廓。在同类芯片叠层设计中，芯片具有相同的尺寸，可以使用中间层（垫片）进行叠层。在金字塔芯片叠层设计中，也称为伸缩设计或汉诺塔设计，上层的芯片尺寸逐渐减小。

为了减少塑料封装器件的引线弯曲，需要考虑键合公差和键合线布局。在三维

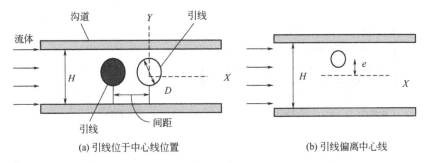

图 5.8　引线密度对引线弯曲影响的模型参数

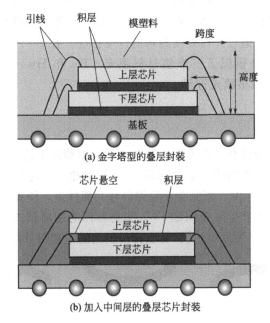

图 5.9　在不同 3D 芯片叠层封装设计中的引线轮廓

芯片叠层封装中，在底层芯片布设较少的引线可以获得更大的键合间隙[9]。过大的成型压力会导致引线弯曲[2]。改进引线环状轮廓设计则可以减少引线弯曲[8]。

5.2.2　底座偏移

底座偏移指的是支撑芯片的载体（芯片底座）出现变形和偏移。上下层模塑腔体内不均匀的塑封料流动会导致底座偏移。因塑封料导致的底座偏移示意图见图 5.10。

影响底座偏移的因素包括塑封料的流动特性、引线框架的组装设计以及塑封料和引线框架的材料属性。薄型小尺寸封装（TSOP）和薄型方形扁平封装（TQFP）等封装器件由于引线框架较薄，容易发生底座偏移和引脚变形[10]。

部分研究机构已开展了底座偏移的研究并建立了预测模型[10-15]。模塑填充采

151

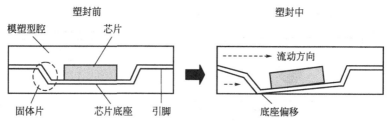

图 5.10 塑封过程中引起的底座偏移[13]

用流体控制方程模拟，该方程由连续性方程、动量方程和能量守恒方程组成。数值仿真采用有限元软件。为了降低仿真的复杂性，在部分模型中，把包括芯片底座和引脚的引线框架当作一个实体。在 Han 和 Wang[11] 等人的研究中，考虑了引线框架的开口，并模拟了通过开口处塑封料的流动情况。在 Su[12] 等人的研究中，使用 FIDAP 3D CFD 软件模拟了三维塑封料填充。Pei 和 Hwang[13] 使用 Modex 3D-RIM 成型软件模拟模塑填充过程。

5.2.3 翘曲

翘曲是指封装器件在平面外的弯曲和变形。因塑封工艺而引起的翘曲会导致如分层和芯片开裂等一系列的可靠性问题[16]。翘曲也会引起制造问题，如在塑封球栅阵列（PBGA）器件中，翘曲会导致焊料球共面性差，使器件在组装到印刷电路板的回流焊接过程中产生贴装问题[17]。塑封器件的翘曲模式包括内凹、外凸及其组合模式，见图 5.11 所示[18,19]。封装背面凹曲的示意图见图 5.12[17,20]。

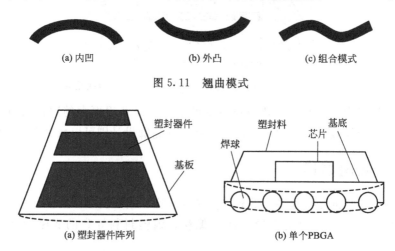

图 5.11 翘曲模式

图 5.12 内凹翘曲模式

一些研究人员研究和模拟了封装工艺引起的翘曲。最初的翘曲模型仅仅将 CTE 失配引起的应力作为唯一的翘曲源。后续研究显示还有其它因素会导致显著的翘曲。Kelly 等人[12] 的研究显示，模塑料的化学收缩在 IC 器件的翘曲中扮演重要角色，尤其是对于芯片上下两侧模塑料厚度不同的封装器件而言，这一点更是特别重要。成型和后成型固化（PMC）过程中冷却收缩的温度曲线见图 5.13 所示[20]。在固化和后固化过程中，塑封料在高固化温度下将发生化学收缩，被称为"热化学收缩"[22,23]。图 5.14 所示为塑封料在固化和冷却阶段的体积收缩。由于玻璃化转变温度（T_g）的增加以及 T_g 附近伴随的热膨胀系数（CTE）影响，当塑封料冷却到室温时，固化过程中发生的化学收缩将减小。

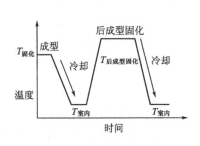

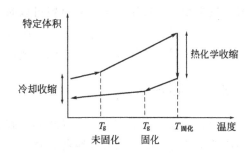

图 5.13　成型和后成型　　　　　　图 5.14　固化和冷却过程中
固化的温度曲线[20]　　　　　　　　塑封料的体积收缩[22]

目前，更多改进的翘曲模型已经出现，它同时考虑了 CTE 失配和固化/压缩收缩的影响[20,22-26]。Chen 等人[25]的研究将翘曲作为压力、体积、温度和固化程度（PVTC）的函数来模拟。这项研究发现，与成型温度和填充压力相比，封装压力和固化时间将显著增加翘曲。

塑封料的成分也会影响翘曲。Okuno[23]的研究显示，采用特殊弹性材料改进的塑封料将具有较小的翘曲，如图 5.15 所示。Yang 等人[20]的研究发现翘曲随着塑封材料中填充料载荷的增加而减小。

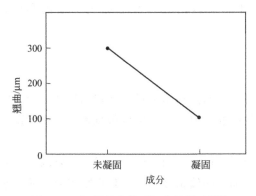

图 5.15　塑封料成分对翘曲的影响[23]

Lin[18]等人在研究中发现，模塑料中的湿气是翘曲的另一个影响因素。包括模式鉴别（内凹、外凸以及组合模式）在内的翘曲测量统计分析显示，将样品置于干净的室温环境下 72h 后，相比没有暴露或较短时间暴露（如 0~24h）在室温环境下的样品，会发生更严重的翘曲，说明湿气对翘曲有不利的影响。

封装几何结构,如芯片厚度、塑封料厚度以及芯片底座下陷,也会影响翘曲。芯片底座下陷是指芯片底座凹陷的量。对于小型封装,下陷的影响比较小。但下陷对大封装器件的影响却非常大。对于大封装器件,$1\mu m$ 的下陷会导致 $1\mu m$ 的翘曲[21]。研究显示,增加芯片厚度可以减小翘曲[23]。

塑封材料和成分、工艺参数、封装结构和封装前所处环境的优选可以将封装翘曲降到最小。由于晶圆级封装是对整个晶圆(相对较薄、较脆)进行封装,故特别容易发生翘曲。选用较柔软的材料可以减小晶圆级封装器件的翘曲[16,23]。

某些情况下,可以通过封装电子组件的背面来进行翘曲补偿。例如,大陶瓷电路板或者多层板的外部连接位于同一侧,对它进行背面封装可以减小翘曲。

5.2.4 芯片破裂

封装工艺中产生的应力会导致芯片破裂。封装工艺通常会加重前道组装工艺中形成的微裂缝。晶圆或芯片减薄、背面研磨和芯片粘接都是可能导致芯片裂缝萌生的组装步骤[27,28]。破裂的、已经机械失效的芯片不一定会导致电气失效。芯片破裂是否会导致器件的瞬间电气失效取决于裂缝的生长路径。即使裂缝在芯片背面萌生,裂缝末端的分岔和生长可能导致横向扩展,甚至扩展到整个芯片,但不影响任何敏感结构。

硅芯片的机械失效通常属于脆性断裂。关于脆性断裂的机理将在 5.3.3 节中进一步讨论。因为硅晶圆比较薄和脆,晶圆级封装更容易发生芯片破裂。因此,必须严格控制转移成型工艺中的夹持压力和成型转换压力等工艺参数,以防止芯片破裂。

3D 芯片叠层封装因叠层式设计而容易出现芯片破裂。在 3D 芯片叠层封装中影响芯片破裂的设计因素包括芯片叠层结构、基板厚度、模塑料体积和模套厚度[2]。

5.2.5 分层

分层或者粘接不牢指的是在塑封料和其相邻材料界面之间的分离。分层可能发生在塑封微电子器件中的任何位置,可以根据图 5.16 所示的界面类型对分层进行分类。

封装工艺导致的不良粘接界面是引起分层的主要因素。界面空洞、封装时的表面污染和固化不完全都会导致粘接不良。其它影响分层的因素包括固化和冷却时的收缩应力以及翘曲[29]。在冷却过程中,塑封料和相邻材料之间的 CTE 不匹配会导致热-机械应力,从而引起分层。

当温差为 ΔT 时,因塑封料的热膨胀系数(α_E)和其相邻材料之间的热膨胀系数(α_A)失配(图 5.17)引起的热应变 ε_{th} 可以用下式表示:

$$\varepsilon_{th} = (\alpha_E - \alpha_A)\Delta T \tag{5.1}$$

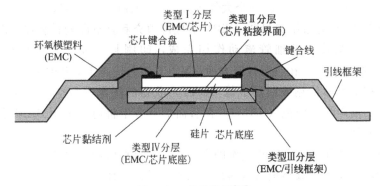

图 5.16 分层类型[12]

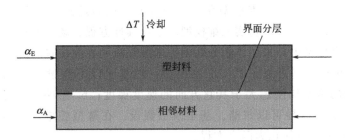

图 5.17 塑封料和相邻材料之间的 CTE 失配应变和应力引起的界面分层

分层可能发生在封装工艺、后封装制造阶段或者器件使用阶段。封装工艺过程中的温度变化是从固化温度到室温。5.3 节将对分层机理展开进一步讨论。

5.2.6 空洞

封装工艺中，气泡嵌入环氧材料中形成了空洞。空洞可以发生在封装工艺中的任意阶段，包括转移成型、填充、灌封和塑封料置于空气环境下的印刷。然而，通过最小化空气量，如排空或者抽真空，可以减少空洞。

图 5.18 （a）所示为印刷封装中出现空洞缺陷的例子。在真空环境下进行印刷封装工艺可以消除空洞。图 5.18 （b）所示为使用真空印刷封装系统（VPES）的无空洞封装。据报道，真空印刷封装系统（VPES）中的真空压力范围大约为 1～

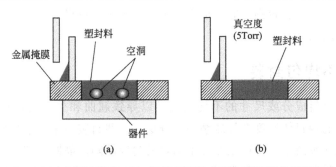

图 5.18 （a）空洞缺陷和（b）使用 VPES 在真空环境下的无空洞封装

155

300Torr（或 0.1~40kPa）。一个大气压大约为 101kPa 或 760Torr。

Kim 等人[30]对系统级封装（SiP）的底部填充和真空印刷封装技术进行了比较研究。底部填充采用毛细管流动作用完成，印刷封装使用真空印刷封装系统（VPES）。结果显示，在空洞控制方面，VPES 工艺优越于 SiP 的毛细管底部填充。可以通过扫描声学传输或断层成像（SAT）获得的图像进行空洞识别，该类型设备被称为扫描声学显微镜（SAM）。在后面的章节中将讨论采用 SAM 进行缺陷和失效分析的技术。

除真空封装外，其它防止空洞的方法有：通过橡胶刮刀材料的优选以增加塑封料的滚动，以及通过减小塑封料的黏度以改善其流动性[16]。

一些研究人员已经对塑封过程中空洞的形成进行了研究[31-33]。Chang[33]等人使用两种模型，即真实三维模型和 Hele-Shaw 近似逼近模型，研究了 TSOP 转移成型封装中空洞的形成。真实三维模型基于连续性方程、动量方程和能量守恒方程建立。在这个模型中，采用体积分数函数来跟踪流动界面位置的运行。

Hele-Shaw 模型近似于真实三维模型，它基于以下假设：a. 对于薄的型腔，在壁厚方向的速度梯度远大于其它方向的速度梯度；b. 忽略壁厚方向的热对流；c. 流动方向的热传导可以忽略。基于以上假设，在薄型腔中，模塑填充的 Hele-Shaw 近似模型可以简化为两个方程。

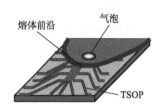

图 5.19　TSOP 成模过程中
的气泡形成[33]

真实三维模型和 Hele-Shaw 模型都可以采用 3D 有限体积法（FVM）进行数值模拟[33]。Hele-Shaw 模型相比真实三维模型，具有占用较小的计算机存储空间（仅约真实三维模型的 1/50）和较少的计算时间（Hele-Shaw 模型仅需 25min 而真实三维模型需要 7h）等优点。

填模仿真结果显示由于底部的熔体前沿与芯片接触，导致流动性受到阻碍[33]。部分熔体前沿向上流动并通过芯片外围的大开口区域填充半模顶部。新形成的熔体前沿和吸附的熔体前沿进入半模顶部区域，从而形成了气泡。图 5.19 所示为通过试验方法观察和数值方法预测得到的前沿熔体和气泡的位置示意图。如果捕获的气泡在塑封料固化前逃逸，则空洞将消失。否则，它将成为一个永久缺陷。可设计气孔逃逸通道以消除塑封过程中的空洞。

5.2.7　不均匀封装

塑封体材料成分或尺寸的不均匀性足以导致翘曲和分层时，将被当作一种缺陷。非均匀的塑封体厚度会导致翘曲和分层。一些封装技术，诸如转移成型、成型压力和灌注封装技术不易产生厚度不均匀的封装缺陷。晶圆级塑封印刷因其工艺特点而特别容易导致不均匀的塑封厚度[16]。为了确保获得均匀的塑封层厚度，应固定晶圆载体使其倾斜度最小以便于刮刀安装。此外，需要进行刮刀位置控制以确保刮刀压力稳定，从而得到均匀的塑封层厚度。

在硬化前，当填充粒子在塑封料中的局部区域聚集并形成不均匀分布时，会导致不同质或不均匀的材料组成。塑封料的不充分混合将会导致封装灌封过程中不同质现象的发生。

5.2.8　毛边

毛边是指在塑封成型工艺中已通过分型线并沉积在器件引脚上的模塑料。夹持压力不足是产生毛边的主要原因。如果引脚上的模料残留未及时清除，将导致组装阶段产生各种问题，例如，在下一个封装阶段中键合或黏附不充分。树脂泄漏是较稀疏的毛边形式。去除毛边以及引脚位置的树脂泄漏（被称为去毛边）的方法已在前述的 3.8.2 节讨论。

5.2.9　外来颗粒

在封装工艺中，封装材料中外来粒子的存在是由于其暴露在污染的环境、设备或者材料中。外来粒子会在封装中扩散并"落户"在封装内的金属部位之上，如 IC 芯片和引线键合点，从而导致腐蚀和其它的后续可靠性问题。

5.2.10　不完全固化

封装材料的特性如玻璃化转变温度受固化程度的影响。因此，为了最大化实现封装材料的特性，必须确保封装材料完全固化。

固化时间不足和固化温度偏低都将导致不完全固化。在很多封装方法中，允许采用后固化方法以确保封装材料完全固化。另外，在两种封装料的灌注中，混合比例的轻微偏离都将导致不完全固化，进一步体现了精确配比的重要性。

5.3　封装失效

在封装组装阶段或者器件使用阶段，都会发生封装失效，当封装微电子器件组装到印制电路板时更容易发生，该阶段器件需要承受高的回流温度，会导致塑封料界面分层或破裂。可能导致分层的外部载荷和应力包括水汽、湿气、温度以及它们的共同作用。塑封料破裂按照失效机理可分为水汽破裂、脆性破裂、韧性破裂和疲劳破裂。

5.3.1　分层

分层是指塑封料在粘接界面处与相邻的材料分离。后塑封分层失效可能发生在组装或器件使用阶段。导致分层的因素很多，包括外部载荷如水汽、湿气和温度。

在组装阶段常发生的一类分层被称为水汽诱导（或蒸汽诱导）分层，其失效机理主要是相对高温下的水汽压力。在塑封器件被组装到印制电路板上时，组装温度迅速上升到模塑料的玻璃化转变温度（约110~200℃）以上，达到220℃或更高，以使焊料熔化。在回流高温下，塑封料与金属界面间存在的水汽蒸发成水蒸气。因模塑料和粘接材料之间的热失配、蒸汽压以及吸湿膨胀引起的应力会导致界面粘接不牢或分层。有时，水汽诱导分层伴随着封装体破裂。

一些研究人员采用试验和理论方法研究了回流焊接工艺中水汽诱导分层的机理。在Pecht和Govind的研究中[34]，测量了塑封器件在干湿环境下和暴露在回流焊接温度下预处理时的实时变形。变形测量显示塑封器件界面的水汽蒸发导致分层和爆米花现象。试验结果还表明，裂缝经过初始稳定和逐渐扩展后将发生突然断裂。Tay和Lin[35]研究了吸湿膨胀对水汽诱导分层的影响，结果发现它对分层机理的影响甚微。

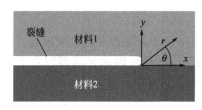

图5.20　导致分层的界面裂缝扩展

一些模型也被用于预测和评估各种载荷、材料和几何因素对水汽诱导分层的影响[36-38]。Tay[37]和Guojun[38]等人建立了模型计算分层过程中的应变能释放率，它是应力强度因子和材料常数的函数。Guojun和Tay[38]建立的水汽诱导分层模型合并了热传递、湿气扩散、溶解性、气相压力以及热和吸湿应变的控制方程。界面裂缝扩展会导致两种材料分离，如图5.20所示，它根据断裂机理方程[39,40]绘制而成。在该项研究中，采用了一种修正的裂缝表面位移外推法评估裂缝末端应力强度因子（SIF）K。

各种载荷对分层的影响可以通过计算应变能释放率（G）来确定。确定总的G的方程见下式：

$$G_{\text{Total}} = \frac{(K_{\text{I},t} + K_{\text{I},h} + K_{\text{I},p})^2 + (K_{\text{II},t} + K_{\text{II},h} + K_{\text{II},p})^2}{\cosh^2(\pi\varepsilon)E^*} \tag{5.2}$$

式中，下标Ⅰ和Ⅱ分别表示断开和滑移的裂缝模式，下标t，h和p分别表示热、吸湿和气相压力因子，材料常数ε和E^*取决于两种材料的剪切模量、弹性模量和泊松比。分别由温度、吸湿膨胀和气相压力引起的应变能释放率——G_t，G_h和G_p可以通过仅包含各自载荷因子的式（5.2）确定。仿真结果显示G_t是G_{total}最主要的组成部分，G_h在焊料回流工艺中可以忽略。对于长度小于0.5mm的裂缝，G_p也是可以忽略的，但是在长度较大的裂缝中它将变成重要的组成部分。

由于电子工业正向绿色和环境友好型材料转变，例如无铅焊料，无铅回流焊接过程中的潜在失效已成为许多研究关注的焦点[38,41-43]。一个共同的关注点是无铅焊料相比传统铅基焊料较高的回流温度。在Guojun和Tay[38]的共同研究中发现，无铅回流焊接时的G_t和G_p值相比共晶锡铅回流焊接的高出很多，这表明无铅焊接将带来更严峻的分层问题。

Lam 等人[36]根据回流焊接工艺中水汽蒸发进入空洞中的蒸汽摩尔数制定了分层的判据，对裂缝面积 N_s 进行了标准化，临界裂缝面积采用 N_c 表示。当 N_s 大于或等于 N_c 时，就表示发生了分层。研究发现温度分布和缺陷尺寸对 N_c 值和分层的爆发具有重大影响。

$$N_s \geqslant N_c \tag{5.3}$$

Li 等人[44]研究发现在气相压力和热应力共同作用下的空洞生长会导致空洞合并和分层。他们采用一个包含单一微空洞的典型材料单元模拟空洞生长，如图5.21 所示。厚壳的外半径和内半径分别为 R_1 和 R_2，其内、外表面分别受到气相压力 p 和热应力 σ^T 的作用。模型径向对称变形的控制方程包括平衡方程、应变能函数、结构方程和边界条件。在不能压缩的超弹性塑封材料中，采用空穴形成理论和不稳定的空洞生长行为描述实际应力和空洞生长的关系，结果显示温度变化对不稳定空洞生长的临界应力具有非常大的影响。

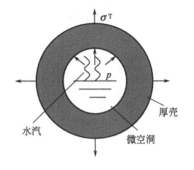

图 5.21　研究空洞形成和
生长的机理模型

其它可能影响塑封料分层的因素包括湿气引起的界面粘接层退化和塑封料的吸湿膨胀。因塑封料和相邻材料间的吸湿膨胀系数（CHE）不匹配引起的应力和应变也会导致分层。吸湿膨胀系数（CHE）也被称为湿气膨胀系数（CME），一些学者[45-48]已经测量了各种塑封材料的 CHE 值。在组装过程中，预先存在的空洞缺陷和表面污染引起的界面粘接不良将进一步加速湿气引起的分层失效发生。

也可以根据粘接层分离和粘接界面变形需要做的功来描述分层机理。导致分层或界面剥离需要做的功包括粘接层分离必须做的功，以及弹性或非弹性变形和裂缝扩展的体相分离需要做的功。总断裂能量 G 可以用式（5.4）表示

$$G = W_a + W_p \tag{5.4}$$

式中，W_a 是粘接层的可逆功，W_p 表示两相变形的不可逆。W_a 采用式（5.5）定义

$$W_a = \gamma_1 + \gamma_2 + \gamma_{12} \tag{5.5}$$

式中，γ_1 和 γ_2 分别表示材料 1 和材料 2内部的分子间吸引力，即表面张力；γ_{12} 表示两者之间的界面张力，如图 5.22 所示。因此，结合点的总粘接强度不仅取决于它的界面属性，还取决于体相的机械属性[49]。

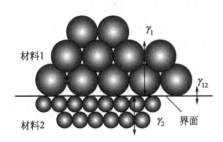

图 5.22　内部分子间吸引力的界面模型

实验上，可以根据两种材料之间的电

子结合能表述界面结合强度的特征，它是这两种材料的独特特性。因此，必须测量出封装应用中普遍使用的材料对之间的界面断裂韧性。

研究发现粘接强度受固化程度的影响[50]。固化不完全、空洞、环氧退化和残余应力等现象都会导致粘接强度下降。残余应力常常因封装材料内随温度变化的弹性模量和热膨胀系数（CTE）不匹配而产生。

在以 42 合金作为引线框架材料的分层过程中，分层起源于芯片粘接层并沿侧面向芯片底座底面扩展 [图 5.23（a）]。在以铜合金作为引线框架材料的分层过程中，分层起源于芯片底座底面和树脂的粘接界面 [图 5.23（b）]，并沿芯片底座侧面向芯片侧面扩展[51]。铜和 42 合金引线框架分层过程的不同可以归因于其粘接强度的差异。铜基引线框架与环氧模塑之间的粘接强度相比 42 合金引线框架要低。

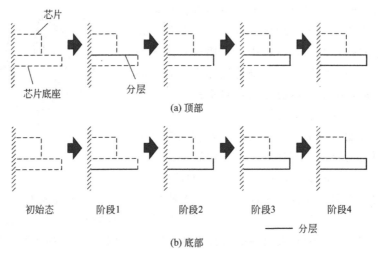

图 5.23　芯片底座的分层演化阶段

湿气扩散到封装界面的失效机理是水汽和湿气引起分层的重要因素。湿气或者通过封装体扩散或者沿着引线框架和模塑料的界面扩散。配有湿气传感器的实验显示，当模塑料和引线框架界面之间具有良好粘接时，湿气主要通过塑封体进入封装内部[52,53]。然而，当这个粘接界面因封装工艺不良（如键合温度引起的氧化、应力释放不充分引起的引线框架翘曲或者过度修剪和形式力[54]）而退化时，在封装轮廓上将形成分层和微裂缝，并且湿气或水汽将易于沿这一路径扩散。

在每个界面，湿气会导致极性环氧黏结剂的水合作用，从而弱化和降低界面的化学键合。不过，不同的模塑料对湿气具有不同的反应。例如，添加了用于降低应力的改进型硅树脂的低应力环氧化合物，相比无硅树脂的模塑料往往更易于受湿气影响。低玻璃化转变温度也会减少对湿气的吸收。人们对封装体吸潮对环氧模塑料和铜引线框架之间粘接强度的影响进行了研究[49]，观察到的一般变化趋势如图 5.24 所示。

在声学显微分析中，可以根据逐渐减弱的信号强度来侦测结合强度的退化。对

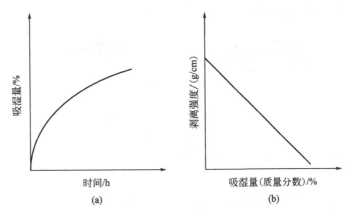

图 5.24　（a）封装体吸潮和（b）其对环氧模塑料和铜引线框架间界面强度的影响[48]

塑封器件的断层声学扫描发现，塑封料吸收的湿气往往趋向于向封装内的各类型界面移动[55]。

表面清洁是实现良好粘接的关键要求。表面氧化常常导致分层的发生，如铜合金引线框架暴露在高温下[49,56]就常导致分层。氮气或合成气体的存在有助于避免氧化，推荐在高温工艺中采用。

低亲和力的表面镀层可以提高界面粘接力，如选择银镀层。一般而言，芯片盘上的银镀层被用于偏压控制和防止引脚氧化。不幸的是，银镀层与模塑料之间结合力差，并且会导致银迁移和电气短路[54,55]。新的引线框架设计采用溅射镀层，以减少贵重金属的使用和易于分层的引线框架的覆盖。

研究显示模塑料中的润滑剂和附着力促进剂会促进分层，因此需精确平衡其使用量[49]。润滑剂可以帮助模塑料与模具型腔分离，但却冒着引起大的界面分层的危险。另一方面，附着力促进剂可以确保模塑料和芯片界面的良好粘接，但却难以从模具型腔内清除。

分层不仅为水汽扩散提供了路径，也是树脂裂缝的源头。分层界面是裂缝萌生的位置，当承受较大外部载荷时，裂缝会通过树脂扩展。Saitoh 和 Toya[51]研究了不同的引线框架材料对导致树脂破裂的分层位置的影响。采用 42 合金作为引线框架材料时，发生在芯片底座底面和树脂之间的分层最容易引起树脂裂缝。其它位置出现的界面分层对树脂裂缝的影响较小。采用铜合金作为引线框架材料时，最容易产生树脂裂缝的分层发生在芯片粘接层[51]。

5.3.2　气相诱导裂缝（爆米花现象）

在塑封器件组装到印制电路板上的过程中，回流焊接温度产生的水汽压力和内部应力会导致封装裂缝（爆米花）的发生。水汽诱导裂缝包括两个主要阶段：水汽诱导分层和裂缝，如图 5.25 所示。前面的章节中已经讨论了回流焊接工艺中的水汽诱导分层机理。当封装体内部水汽通过裂缝逃逸时，会产生爆裂声，和做爆米花时的声音类似，故水汽诱导裂缝又被称为爆米花。

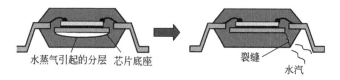

水蒸气引起的分层 芯片底座   裂缝
                                水汽

图5.25 爆米花产生过程：分层和裂缝

许多学者已经研究了塑封器件的爆米花现象[57-63]。Matsushita 电子工业公司[64]建立的爆米花评定标准可以用下式表示：

$$\sigma_P \geqslant \sigma_R \tag{5.6}$$

式中，σ_P 是芯片底座边缘的最大应力，σ_R 是模塑料在回流焊接温度下的弯曲强度。最大应力与水汽压力和封装几何尺寸有关：

$$\sigma_P = \frac{1}{3}cp(\frac{a}{h})^2 \tag{5.7}$$

式中，c 是常数，p 是焊接温度条件下的水汽压力，a 是芯片底座的长度，h 是芯片底座下面的塑封厚度。图5.26所示为 Matsushita[64] 获得的260℃浸焊条件下塑封四边扁平封装器件裂缝与芯片盘尺寸的关系。

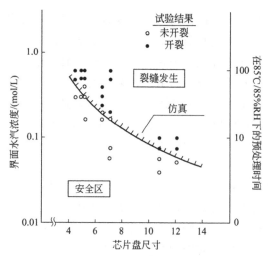

图5.26 260℃浸焊条件下塑封四边扁平封装器件
裂缝与芯片盘尺寸的关系[64]

在爆米花现象中，可以采用断裂机理来确定应力强度因子[60,65]。在裂缝顶端的有效3D应力强度因子（K_{eff}）可以根据下式确定：

$$K_{eff}^{3D} = f\sqrt{(K_I^{2D})^2 + (K_{II}^{2D})^2} \tag{5.8}$$

式中，f 是2D到3D的修正因子，下标 I 和 II 表示破裂模式[60]。当 K_{eff} 超过环氧模塑料的断裂韧度时，就会发生爆米花效应。

裂缝常常从芯片底座向塑封底面扩展（如图5.25），在焊接后的电路板中，外观检查难以发现这些裂缝。有时，取决于封装尺寸，裂缝可能扩展到封装体顶面或者沿引脚面向封装侧面延伸，这种裂缝就容易观察到[66]。QFP 和 TQFP 等大而薄的塑封形式最易产生爆米花现象[67]。此外，爆米花容易发生在芯片底座面积与器件面积之比较大、芯片底座面积与最小塑封料厚度之比较大的器件中[59]。爆米花现象可能会伴随着其它的问题，包括键合球从键合盘上断裂和键合球下面的硅凹坑。导致爆米花（现象）的主要因素有：

- 塑封料、引线框架、芯片和芯片底座的材料特性；
- 引线框架设计；
- 芯片底座面积与环绕芯片底座的最小塑封料厚度之比；
- 塑封料与芯片底座以及引线框架的粘接力；
- 塑封料吸收的湿气；
- 污染物等级；
- 塑封料内的空洞；
- 回流工艺参数[54]。

表面组装过程中减少封装失效的最简单方法是，封装器件被组装到电路板上之前，一直存放于密封的、带有干燥剂的防潮包装中。然而，这种方法增加了元件处理过程中的约束，会降低小规模组装工厂的效率。

组装之前常采用高温烘烤的方法来减少塑封器件内的湿气，消除与湿气相关的裂缝。Lin 等人的研究[68,69]显示，封装内允许的安全湿气含量大约为 1100×10^{-6} 或者 0.11% 的质量分数。在 125℃下烘烤 24h，可以充分去除封装内吸收的湿气。同时，得出残余湿气不超过 0.08% 的质量分数时，制造商和用户可以获得足够的保存期限。然而，研究显示，集成电路封装在湿气质量分数高达 0.3% 时仍未见封装裂缝引起的损坏[70]。因此，基于 0.11%（质量分数）湿气含量限制的干燥袋预防法的有效性与成本效益备受质疑。实际做法是，根据器件在组装线上所处位置的储存寿命（置于包装袋之外）要求将其分成六个等级，在操作过程中进行适当的预防。后续章节将对潮湿等级进行进一步讨论。

模塑料的抗焊接热能力可通过粘接强度、机械强度和湿气吸收率[71]的改进而得到提高。模塑料的玻璃化转变温度可升至接近回流焊接温度。虽然环氧模塑料具有达到这种高玻璃化转变温度的能力，但问题的关键是塑封后保持芯片内较低的应力。一个相反的做法是，保持玻璃化转变温度低于回流焊接温度以消除应变，同时，增加橡胶区模塑料的弹性模量。这种方法保证了材料不会因水汽过多诱发变形而引起封装器件损坏[72]。增加模塑料在玻璃化转变温度以上的强度将可以防止塑封料的撕裂。

其它防止塑封体破裂的方法包括：设计能减小水汽产生的应力的封装形式、使用在焊接温度下具有高弯曲强度的模塑料。除了改善模塑料的特性外，封装内其它材料的优化也有助于提高器件在回流焊接时抗爆米花的能力。Kim 和 Lee[73]进行材料优化的研究发现，室温下具有较高强度的芯片和芯片底座材料可以明显地增强塑封器件的抗爆米花能力。

聚酰亚胺薄膜对芯片盘和模塑料都具有良好的粘接力，可用于减少模塑料与芯片盘分离的发生，及减小焊接热产生的湿气汽化应力[71]。附着力促进剂，如偶联剂，被用于增加塑封料与引线框架和芯片底座的粘接力。特殊的引线框架设计旨在增加引线框架的锯齿（或粗糙度），从而减少或消除塑封料表面（特别是芯片底座区域[74]）的分层。

塑封器件内的裂缝通常起源于引线框架上的应力集中区域（如边缘或毛边），并且在最薄塑封区域内扩展。毛边是引线框架表面在冲压工艺中产生的小尺寸变形。改变冲压方向使毛边位于引线框架顶部，或刻蚀引线框架（模压）都可减少裂缝[71]。

有时候，封装裂缝会沿芯片边缘的芯片粘接空洞位置延伸，因此，无空洞的芯片粘接工艺是至关重要的。这种技术要求在芯片盘长边的中心部位成型，那是最大应力集中点。

Fukuzawa 等人[75]建议在芯片盘下面的塑封料中预留一个通气孔以供汽化的湿气排出。该通气孔必须贯穿塑封料并抵达芯片粘接材料，才能充分发挥其作用。塑封料内部的湿气趋向于向模塑料内最大的空洞扩散。通气孔作为最大的空洞，会促使湿气向封装体外部扩散，这是预防爆米花效应的经济方法。然而，这个方法引发了争议，因为钻一个通气孔会导致一个封装缺陷，并且可能在后期产生不可预料的可靠性问题。

5.3.3 脆性断裂

脆性断裂经常发生在低屈服强度和非弹性材料中，例如硅芯片。因大量脆性硅填充料的影响，脆性断裂也可能发生在塑封材料中。当材料受到过应力作用时，突然的、灾难性的裂缝扩展会起源于如空洞、夹杂物或不连续等微小缺陷。

断裂机理可用于模拟缺陷位置的脆性失效。图 5.27 所示为用于模拟裂缝扩展模式Ⅰ的等效系统。裂缝模式Ⅰ也被称为开口裂缝，它是最常见的由张应力导致的裂缝类型。其它的裂缝模式分别包括平面剪切模式Ⅱ（滑移模式）和非平面剪切模

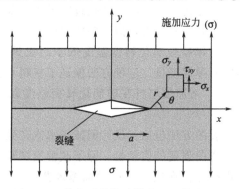

图 5.27　模拟裂缝扩展模式Ⅰ的等效系统

式Ⅲ（撕裂模式）。

裂缝模式Ⅰ[39,40]附近的应力场可以表示为（假设平面应力 $\sigma_z = 0$）：

$$\sigma_x = \frac{K_{\mathrm{I}}}{\sqrt{2\pi r}}\cos\frac{\theta}{2}\left(1-\sin\frac{\theta}{2}\sin\frac{3\theta}{2}\right) \tag{5.9}$$

$$\sigma_y = \frac{K_{\mathrm{I}}}{\sqrt{2\pi r}}\cos\frac{\theta}{2}\left(1+\sin\frac{\theta}{2}\sin\frac{3\theta}{2}\right) \tag{5.10}$$

$$\tau_{xy} = \frac{K_{\mathrm{I}}}{\sqrt{2\pi r}}\sin\frac{\theta}{2}\cos\frac{\theta}{2}\cos\frac{3\theta}{2} \tag{5.11}$$

K_{I} 为应力强度因子，可以用下式表示：

$$K_{\mathrm{I}} = \beta\sigma\sqrt{\pi a} \tag{5.12}$$

式中，β 是应力强度修正因子，它取决于裂缝尺寸和位置等几何因素，σ 是承受的单轴应力，a 表示裂缝的 1/2 长度。

K_{I} 是裂缝尺寸和形状、几何特征以及所承受应力的函数。当 K_{I} 等于或超过临界应力强度因子 K_{IC} 时[40,76]，就会发生裂缝扩展：

$$K_{\mathrm{I}} \geqslant K_{\mathrm{IC}} \tag{5.13}$$

临界应力强度因子 K_{IC}，也被称为材料的断裂韧度，用于表征材料抗断裂能力。工程聚合物和陶瓷的 K_{IC} 一般在 1～5MPa 之间[40]。

Kitano[77]等人开发了一种测量塑封材料脆性断裂时的临界应力强度因子的方法。从塑封器件上切取样品，并施加载荷至其断裂，如图 5.28 和图 5.29 所示。一

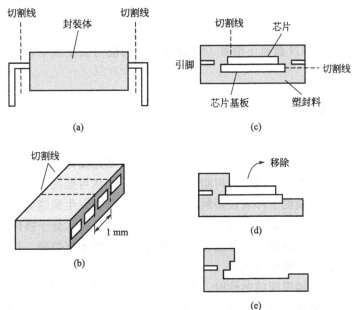

图 5.28　为获得塑封料临界应力强度因子而从塑封器件上切取的样品[77]

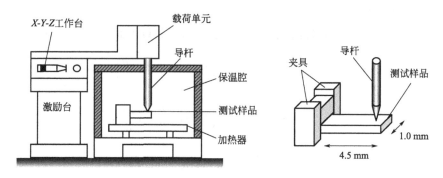

图 5.29　样品加载方法[77]

般而言，裂缝会在与芯片底部和塑封料之间界面成顺时针 135°方向的位置萌生（或者逆时针方向 45°位置），并沿最大剪切应力方向扩展，采用平面应力转换方程可以预测最大剪切应力。

假设幂律应力分布为：

$$\sigma(r) = \frac{K_{\text{stress}}}{r^{\lambda}} \qquad (5.14)$$

式中，$\sigma(r)$ 是从边角处到距离为 r 的位置的圆周应力分量，K_{stress} 为应力强度因子，λ 为指数。通过 $\log\sigma(r)$ 与 $\log r$ 关系图的直线斜率可以确定 λ 的值。关于幂律应力分布的假设可以通过圆周应力分量的应力强度因子图来验证，圆周应力分量是从芯片底部测量的角度的函数。当角度为 135°时，应力强度因子最大。由于裂缝萌生发生在相同的角度，故可以采用缩放技术来确定失效标准或者临界应力强度因子。

$$K_{\text{stress}} = x f_{\text{load}} \qquad (5.15)$$

式中，x 是在 1N 载荷下沿着 135°轴角方向的应力强度因子，f_{load} 是载荷缩放因子。

5.3.4　韧性断裂

塑封材料容易发生脆性和韧性两种断裂模式，主要取决于环境和材料因素，包括温度（低于或高于 T_g）、聚合树脂的黏塑特性和填充载荷。即使在含有脆性硅填料的高加载塑封材料中，因聚合树脂的黏塑特性，仍然可能发生韧性断裂。为了展现局部屈服区域，观测了环氧模塑料的裂缝尖端。是否发生裂缝尖端钝角取决于模塑料的配方（例如，它是否包括有机硅改进剂或能直接进入分子链网络的增韧剂）。模塑料的断裂韧度也取决于配方成分。树脂化学填充技术（类型、尺寸、分布和界面粘接处理）扮演了重要角色[78]。

当已知裂缝尖端周围的塑性时，常常采用 J 积分来测量裂缝的能量释放率。J 积分值，也就是致韧性材料断裂的裂缝驱动力[79,80]，一般通过能量方法来计算。J 积分的线性弹性分量与应力强度因子 K 有关：

$$J = \begin{cases} \dfrac{K^2}{E} & \text{平面应力} \\[3mm] \dfrac{(1-\nu^2)K^2}{E} & \text{平面应变} \end{cases} \tag{5.16}$$

式中，ν 是泊松比。采用纯弯曲平面应变方法可以获得塑料元件的 J 积分[81]。通常，裂缝扩展时间决定了失效时间，因此，初始的、类似裂缝的缺陷对韧性断裂影响并不是很大。

5.3.5　疲劳断裂

塑封料遭受极限强度范围内的周期性应力作用时，会因累积的疲劳破坏而断裂。施加到塑封材料上的湿、热、机械或综合载荷，都会产生循环应力。疲劳失效是一种磨损失效机理，裂缝一般会在间断点或缺陷位置萌生。

疲劳断裂机理包括三个阶段：裂缝萌生（阶段Ⅰ），稳定的裂缝扩展（阶段Ⅱ）和突发的、不确定的、灾难性失效（阶段Ⅲ）。在周期性应力下，阶段Ⅱ的疲劳裂缝扩展是指裂缝长度的稳定增长。Paris 定律[39,40,82]可以描述每个周期的裂缝长度增长率。

$$\frac{\mathrm{d}a}{\mathrm{d}N_f} = C(\Delta K_{\mathrm{I}})^m \tag{5.17}$$

式中，a 是裂缝长度，N_f 为达到失效时的循环次数，ΔK_{I} 是应力强度因子范围，C 和 m 为材料常数。应力强度因子范围可以进一步表示为：

$$\Delta K_{\mathrm{I}} = \beta(\Delta\sigma)\sqrt{\pi a} \tag{5.18}$$

式中，$\Delta\sigma$ 是应力范围，即最大应力和最小应力的差值。

对于塑封料，m 值约为 20[82]，远大于金属材料疲劳裂缝扩展的典型值（一般取值为 2～8），这表明塑封材料裂缝扩展速率更快。疲劳断裂的最后阶段并不真正包含疲劳，当 K_{I} 达到无损材料的临界应力强度因子 $K_{\mathrm{I}C}$ 时，断裂就会突然发生。

发生疲劳断裂时的循环次数可以通过 Paris 积分方程得到：

$$N_f = \frac{1}{C}\int_{a_i}^{a_f} \frac{\mathrm{d}a}{(\Delta K_{\mathrm{I}})^m} \tag{5.19}$$

Nishimura 等人[82]通过 Paris 积分方程预测了塑封器件在热循环条件下的寿命。采用有限元方法计算了应力强度因子随温度的变化，两者的关系用多项式 $f(a)$ 表示。并采用单边切口样品确定了塑封材料的常数 C 和 m 值[82]。初始裂缝长度 a_i 取决于制造缺陷，一般取值较小。如果裂缝很小，则导致失效的总循环数与初始裂缝长度的关系不大。

失效时的循环数也可以采用应力-寿命（S-N）曲线凭经验确定。通过施加材料极限强度以下的周期性应力和测量特定应力范围下达失效时的循环数来构建应力-寿命曲线。幂率函数[83]建立了应力范围与达失效时循环数的关系，可用于确定达失效时的循环数：

$$N_f = b\sigma^c \tag{5.20}$$

基于断裂力学的技术已被用于描述聚合物-金属界面的疲劳裂缝扩展特征。研究发现，在周期性载荷条件下，裂缝生长速率有一个取决于应变能和释放能范围的幂率，并会达到裂缝生长极限，对于单片金属、聚合体和陶瓷材料，该裂缝生长极限类似于疲劳裂缝生长极限应力强度因子范围。

对于呈现线性-弹性行为的粘接点（如远离裂缝尖端的区域），应变能释放率 G 可以通过下式给出：

$$G = \frac{P^2}{2B} \times \frac{\partial C}{\partial a} \tag{5.21}$$

式中，P 为施加的拉伸载荷，B 是粘接材料的宽度，$\partial C / \partial a$ 是与裂缝长度 a 有关的 C 的变化率[84]。

界面疲劳裂缝扩展阻力随表面粗糙度的增加而增加。这要归功于粗糙界面引起疲劳断裂的有效驱动力的减小，可由裂缝-偏差模型说明[85]。

5.4 加速失效的影响因素

环境和材料的载荷和应力，例如湿气、温度和污染，会加速塑封器件的失效。受这些加速因子影响的失效率极大地取决于材料属性、工艺缺陷和封装设计。

塑封工艺在封装失效中起到了关键作用。如湿气扩散系数、饱和湿气含量、离子扩散速率、热膨胀系数和塑封材料的吸湿膨胀系数等特性会极大地影响失效速率。

5.4.1 潮气

潮气能加速塑封微电子器件的分层、裂缝和腐蚀失效。在塑封器件中，潮气是一个重要的失效加速因子。与潮气导致失效加速有关的机理包括粘接面退化、吸湿膨胀应力、水汽压力、离子迁移以及塑封料特性改变等[86-88]。潮气能够改变塑封料的材料特性，如玻璃化转变温度、弹性模量和体积电阻率。

为精确评估暴露在潮气环境下的塑封电子器件的可靠性，必须了解潮气对材料属性的影响和研究潮气引起的失效机理。由于各种塑封料的配方和后续潮气吸附特性方面的差异，对于不同的塑封料，潮气对材料属性的影响是不同的。

目前，已有许多研究仿真模拟了塑封器件的潮气扩散和吸附[38,46,89-96]。对菲克模型和非菲克模型均进行了研究。4.2.6节讨论了塑封料中的潮气扩散特性。

一维菲克模型可用于计算芯片-塑封界面的潮气浓度[90,91]。在忽略塑封料内部的温度梯度，采用模塑料在芯片和塑封体平均温度下的特性进行评估的前提下，可以通过求解一维差分方程（方程4.8）来确定芯片-塑封界面的潮气浓度。

$$C(x,t) = C_0 - \sum_{n=0}^{\infty} \left\{ \frac{4(-1)^n C_0}{\pi(2n+1)} - F_n \right\} \exp\left[-\frac{1}{4l^2}(2n+1)^2 \pi^2 Dt \right] \cos\left[\frac{1}{2l}(2n+1)\pi x \right]$$

(5.22)

式中，F_n 为傅立叶系数，可由下式确定：

$$F_n = \frac{2}{l} \int_0^l C_0(x) \cos\left[\frac{1}{2l}(2n+1)\pi x \right]$$

(5.23)

随时间变化的环境湿度可以通过 $C_0(x)$ 代入方程。图 5.30 所示为塑封器件以小时计算的暴露时间与吸潮和解吸的关系曲线[90]。吸潮饱和程度定义为实际吸收的潮气质量与饱和状态下的潮气质量之比。吸收曲线与 85℃/85％RH 条件下的小时数相对应；解吸曲线与 80℃的相对应。

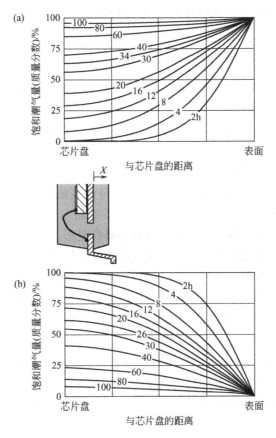

图 5.30 （a）塑封器件在 85℃/85％RH 时的吸潮量
和（b）塑封器件在 80℃时的解吸曲线

潮气浓度的边界和初始条件也必须确定。假设芯片和塑封界面的潮气流量为零：

$$\frac{\partial C(x=0,t)}{\partial x} = 0$$

(5.24)

169

对于暴露在周围环境中的表面，可以根据环境温度 T_a，相对湿度（RH）和塑封材料的饱和吸潮系数来确定其潮气浓度：

$$C(x=h,t)=RHP_{sat}(T_a)S \tag{5.25}$$

式中，$P_{sat}(T_a)$ 为环境温度下的饱和气相压力。初始条件是潮气浓度，它是与芯片-塑封界面的距离的函数：

$$C(x,t=0)=C_0(x) \tag{5.26}$$

Belton[97] 等人认为吸潮膨胀会导致材料微裂缝。由于材料的热塑性，烘烤塑封料去除潮气后，裂缝并不会自动愈合。当塑封材料再度暴露在热、湿条件下，将再次吸附潮气，导致微损伤累积。对吸收和再吸收系数产生相似的影响。

吸潮膨胀是导致塑封器件变形的原因之一。在高填充材料中，潮气可以积聚到微裂缝中（这种情况发生在填充粒子-聚合物界面）或者溶解进聚合物内。采用一级形式，可用式（5.27）所示的附加伸长方程：

$$\frac{\Delta l_e}{l_e}=\frac{1}{3}(1-\upsilon_{filler})\frac{\Delta m}{M_c}\times\frac{\rho_c}{\rho w} \tag{5.27}$$

式中，υ_{filler} 表示填充料的体积，Δm 为吸收的水汽量，M_c 为合成物的质量，ρ_c 和 ρw 分别是合成物和水的密度。

高压蒸煮测试（120℃/100%RH 和 2atm 条件下 100h）会使典型的环氧酚醛合成材料中的潮气浓度达到 0.9%~1%。根据方程（5.27）可知其伸长率在 0.27%~0.33% 之间。直接测量发现环氧酚醛混合材料的伸长率介于 0.22%~0.3% 之间。这意味着塑封合成材料中的大部分潮气被聚合物所吸收。

等温吸附研究发现，0.2%~0.3% 的伸长率相当于温度从 90℃ 增加到 110℃。因此，吸潮和升温的共同作用可能导致封装器件变形。

对塑封集成电路预处理过程中的潮气扩散以及气相回流焊接过程中同时发生的热和潮气扩散进行有限元仿真分析，模拟结果与实验结果吻合良好。如果不考虑潮气预处理的方式（潮气吸收或解吸），同样可得到相同的临界水汽压力，并且在短时间的回流焊接和再凝固过程中，分层界面的水汽不会达到饱和。

考虑封装尺寸和材料的影响，用有限元方法模拟 PBGA 中湿气重量随时间的变化（增加或者减少）。仿真结果与实验结果非常接近。该项研究结论表明，当芯片粘接区域的潮气浓度超过 0.0048g/cm³ 时，就会发生爆米花失效。

对于没有局部源和热沉的潮气扩散过程，在相同区域伴随着热传导的发生，可用下面的方程表示：

$$\frac{\partial}{\partial x_i}D_{ij}\left(\frac{\partial C}{\partial x_j}\right)=\frac{\partial C}{\partial\tau} \tag{5.28}$$

$$\frac{\partial}{\partial x_i}\left(k_{ij}\frac{\partial T}{\partial x_j}\right)=\rho c_p\frac{\partial T}{\partial\tau} \tag{5.29}$$

$$\nabla\bullet k\ \nabla T=\rho c_p\frac{\partial T}{\partial\tau} \tag{5.30}$$

式中，C 为湿气浓度，D 为湿气扩散率，x 为笛卡儿坐标，τ 为时间，T 为温度，k 为热导率，ρ 是密度，c_p 是比热。假设 D 和 k 均为温度的函数[35]。

5.4.2　温度

温度是塑封微电子器件另一个关键的失效加速因子。通常利用与模塑料的玻璃化转变温度（T_g）、各种材料的热膨胀系数（CTE）以及由此引起的热-机械应力相关的温度等级来评估温度对封装失效的影响。

玻璃化转变温度（T_g）是聚合物的弹性模量显著减小时的温度，这样的减小是在小的温度范围内逐步发生的。当聚合物接近玻璃化转变温度时，其弯曲模量降低，热膨胀系数增加，离子/分子活动性增加，粘接强度下降。

温度对封装失效的另一个影响表现在会改变与温度相关的封装材料属性、湿气扩散系数和溶解性等。温度升高还会加速腐蚀和金属间扩散等失效。即使在较低的温度下，传统模塑料中卤素的存在也会加速金属间扩散[57,98,99]。

在前面章节中已经列出了温度对各种材料特性参数的影响的方程。方程（5.1）表示 CTE 失配引起的热应变。方程（4.12）和方程（4.13）分别给出了扩散系数和溶解性这两个与温度相关的特性。采用热传导方程模拟的高温条件下的封装热如方程（5.29）和方程（5.30）所示。

5.4.3　污染物和溶剂性环境

污染物为失效机理的萌生和扩展提供了场所。污染源主要有大气污染物、湿气、助焊剂残留、塑封料中的不洁净离子、热退化产生的腐蚀性元素以及芯片黏结剂中排出的副产物（通常为环氧）。

污染物迁移路径是变化的，取决于集成电路封装组装工艺。芯片粘接固化过程中排出的副产物会直接沉积在芯片表面或引线框架上。利用模塑料进行封装时，聚合物残留（如催化剂残渣或者自由基引发剂）会通过扩散水进入封装体内。同样，引脚上和封装体表面的外部污染物也会随着被吸收的水汽渗透进封装体内部，并不需要固态传输媒介[54]，特别是对于因副产物排放引起的腐蚀。在这种情况下，模塑料在高温条件下释放的废气足以使界面结合强度退化。这些因改性有机硅和树脂混合物分解而产生的废气会咬蚀键合盘上暴露的铝，形成疏松多孔的、对器件性能具有严重损害的金属间化合物。

离子污染存在于腐蚀副产物中。唾液污染导致的腐蚀产物包括铝、钾、氯、钠、钙和微量的镁。锌的存在可能是由于汗液污染，因为锌是许多止汗药的主要成分。然而，现在采用洁净室和严格管理操作，这些污染已不太可能发生。

腐蚀是金属互连元件的化学或电化学退化。塑料封装体一般不会被腐蚀，但是湿气和污染物会在塑封料中扩散并达到金属部位，会引起塑封器件内部金属部分的腐蚀，如芯片金属层、引线框架和键合引线[100,101]。腐蚀是与时间相关的疲劳失效过程，其速率取决于元件材料、电解液的有效性、离子污染物的浓度、金属部件的几何尺寸以及局部电场。常见的腐蚀形式是均匀的化学腐蚀、电偶腐蚀和点状腐蚀[58]。

模塑料中水可萃取的离子含量是变化的。常规模塑料中卤化物（氯化物和溴化物）含量小于 25×10^{-6}，钙含量小于 20×10^{-6}，钾和钠小于 10×10^{-6}，锡含量小于 3×10^{-6}。高的杂质含量在特定环境条件下就足以引起腐蚀。实际上，水萃取物的传导率和水可滤析的离子浓度可作为可靠性的预报器[102]，但是好的芯片钝化层和离子吸收器会弱化这一问题。同样，较低的湿气浓度和离子扩散系数也会延迟腐蚀的发生。

Lantz[103]等人发现氯化物离子通过扩散溶解进模塑料。离子扩散速率比湿气扩散速率低 9 个数量级，由此可知，塑封料可以有效减缓离子进入芯片表面的速率。离子扩散进模塑料如此低速率的重要原因是离子与离子吸收器之间的束缚和塑封材料的官能团。当温度高于玻璃化转变温度时，离子扩散速率会增加。

在清洗工艺中，封装体可能需要暴露在异丙醇、丁酮和氟氯类有机溶剂中。需要明确这些溶剂渗透进塑封材料有多快，它们会对环氧网络产生何种类型的化学或物理损伤，以及它们对塑封器件的性能有怎样的影响。在预防维护和使用条件下，塑封器件暴露在溶剂（喷气式燃气或液压油）中是不可避免的，因此需要收集更多的可靠性现场数据。

5.4.4　残余应力

芯片粘接会产生残余应力。应力水平的大小，主要取决于芯片粘接层（如聚酰亚胺、硅树脂或者硅树脂改性环氧）的特性[104]。新的模塑料既具有较低的热膨胀系数、较低的刚度，又具有较高的玻璃化转变温度。然而，优化应力水平，需要的不仅仅是选择低应力的芯片粘接层和模塑料材料。一个封装构造的最佳配置需要各种参数相互匹配[105]。

由于模塑料的收缩大于其它封装材料，因此模塑成型时产生的应力是相当大的。可以采用应力测试芯片来测定组装应力[53,106]。引线框架冲压工艺产生的残余应力和毛边是应力集中区。残余应力的大小取决于封装设计，包括芯片底座和引线框架。由于预先存在的残余应力和湿气引发的应力的累积效应，封装器件内的残余应力越高，则导致水汽诱发分层或裂缝所需吸收的湿气临界值越低。

5.4.5　自然环境应力

降解的特点是聚合键的断裂，常常是固体聚合物转变成包含单体、二聚体和其它低分子量种类的黏性液体。升高的温度和密闭的环境常常会加速降解。

暴露在户外阳光下看似对器件无害，其实却可能导致逐步降解。阳光中的紫外线和大气臭氧层是降解的强有力催化剂，通过切断环氧树脂的分子链导致降解。

将塑封器件与易诱发降解的环境隔离、采用具有抗降解能力的聚合物都是防止降解的方法。需要在湿热环境下工作的产品要求采用抗降解聚合物。单独从化学结构分类来预测材料行为是不可靠的。另外，由于环氧材料的所有权，模塑料制造商通常不会向集成电路供应商提供模塑料的准确配方[55]。

为了确保聚合物不发生还原，化合材料供应商经常采用不同的化学配比做大量实验，以获得具有优良特性的混合比例。根据 IR 光谱的变化可发现因温度或者温湿度引起的还原。也有一些针对水解还原的经验物理测试，例如 IPC-TM-650 方法2.6.11 被用于阻焊膜测试，但也可用于塑封材料和黏结剂测试。也可以采用邵氏硬度测试。

5.4.6 制造和组装载荷

制造和组装条件都可能导致封装失效，包括高温、低温、温度变化、操作载荷以及因塑封料流动而在键合引线和芯片底座上施加的载荷。进行塑封器件组装时出现的爆米花现象就是一个典型的例子。设计团队必须鉴别出制造和组装应力，并且在适当的指导文件中对其进行说明。一般而言，在湿度、温度、微粒和操作条件均可监测和控制的无尘间进行电子制造、组装和封装。

5.4.7 综合载荷应力条件

在制造、组装或者操作过程中，诸如温度和湿气等失效加速因子常常是同时存在的。综合载荷和应力条件常常会进一步加速失效。这一特点常被应用于以缺陷部件筛选和易失效封装器件鉴别为目的的加速试验设计。

图 5.31 所示为一个双列直插塑封器件（DIP）采用综合载荷应力条件进行加

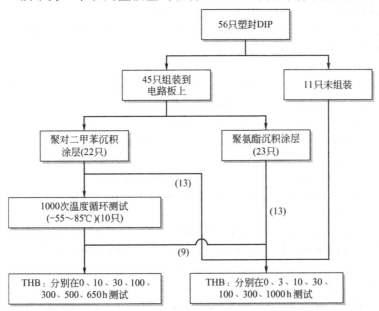

图 5.31 双列直插塑封器件（DIP）的温度循环和温度-湿度-偏压（THB）测试

速试验的例子。对已组装的和未组装的塑封 DIP 器件均进行了试验。温度循环以及温湿度加偏压（THB）试验常常用于在航空环境下使用的塑封 DIP 器件[107]。温度循环范围在 $-55\sim85℃$ 之间，循环次数为 1000 次。THB 测试是在 85℃、85%RH 条件下施加间隙偏压，试验时间为 1000h。根据综合载荷和应力加速测试结果，可以进行塑封微电路的寿命评估。对图 5.31 所示的进行了加速测试的塑封 DIP 寿命进行评估，结果显示其寿命在 20 年以上。更多关于加速测试寿命评估的内容将在第 7 章进行讨论。

5.5 总结

本章主要讨论了封装缺陷和失效，包括引线弯曲、底座偏移、翘曲、空洞、毛边、封装不均匀、外来杂质、分层、爆米花和开裂。随着新的封装设计的出现以及材料、制造和工艺参数的改进，许多塑封微电子缺陷和失效已被消除或显著减少。了解塑封缺陷和失效机理、各自模型、相关影响因素、加速因子以及缺陷和失效的评估方法是确保塑封产品高质量和高可靠性的关键。可以通过各种载荷、材料、设计和工艺因素对主流失效的影响来确定其特定的应用，即为实现预期的成本和性能而给出封装设计。

参 考 文 献

[1] Dasgupta, A. and Pecht, M., "Material Failure Mechanisms and Damage Model", IEEE Transactions on Reliability, Vol. 40, pp. 531-536, 1991.

[2] Song, B., Song, K. H., Azarian, M. H., and Pecht, M. G., "Reliability issues in stacked die BGA packages", submitted.

[3] Onodera, M., Meguro, K., Tanaka, J., Shinma, Y., Taya, K., and Kasai, J., "Low-cost vacuum molding process for BGA using a large area substrate", IEEE Transactions on Advanced Packaging, Volume 30, Issue 4, pp. 674-680, Nov 2007.

[4] Terashima, S., Yamamoto, Y., Uno, T., and Tatsumi, K., "Significant reduction of wire sweep using Ni plating to realize ultra fine pitch wire bonding", 52nd Proceedings of Electronic Components and Technology Conference, pp. 891-896, May 2002.

[5] Wu, J. H., A. A. O. Tay, A. A. O., Yeo, K. S., and Lim, T. 8., "A Three-Dimensional Modeling of Wire Sweep Incorporating Resin Cure", IEEE Transactions on Components, Packaging, and Manufacturing Technology-Part B, Vol. 21, No. 1, pp. 65-72, 1998.

[6] Tay, A. A. o., Yeo, K. S., and wu, J. H., "Numerical simulation of threedimensional wirebond deformation during transfer molding", 45th Proceedings of Electronic Components and Technology Conference, pp. 999-104, 1995.

[7] Pei, C. C., Su, F., Hwang, S. J., Huang, D. Y., and Lee, H. H., "Wire density effect on wire sweep analysis for IC packaging", IEEE 8th International Symposium on Advanced Packaging MateriaIs, 2002.

[8] Brunner, J., Qin, I. W., Chylak, B., "Advanced wire bond looping technology for emerging packages". IEEE International Electronics Manufacturing Technology Symposium, 2004.

[9] Gerber, M., and Dreiza, M., "Stacked-chip-scale-package-design guidelines", EDN, June 8, 2006. http://www/edn. com.

[10] Chen, S., Shen, G. S., Chen, J. Y., Teng, S. Y., Hwang, S. J., Lin, Y., Lee, H. h., and Huang, D. Y., "The development of paddle shift analysis for IC packaging processing", International Symposium on High Density Packaging and Microsystem Integration, June 2007.

[11] Han, S., and Wang K. K., "Flow analysis in a chip cabity during semiconductor encapsulation", Journal of Electronics Packaging, Vol. 122, pp. 160-167, 2000

[12] Su, F., Hwang, S. J., Lee, H. H., and Huang, D. Y., "Prediction of paddle shift via 3-D TSOP modeling", IEEE Transactions on Components and Packaging Technologies Part A, Vol. 23, no. 4, pp. 684-692, 2000.

[13] Pei, C. C., and Hwang, S. J., "Three-dimensional paddle shift modeling for IC packaging", Journal of Electronic Packaging, Vol. L27, pp. 324-334, 2005.

[14] Shen, G. S., Lee, Y. J., Lin, Y. J., Chen, J. Y., and S. J. Hwang, "Structure deformation of leadframe in plastic encapsulation", International Microsystems, Packaging, Assembly and Circuits Technology, IMPACT, pp. 83-87, Oct 2007.

[15] Teng, S. Y., and Hwang, S. J., "Simulations and experiments of threedimensional paddle shift for IC packaging", Microelectronics Engineering, Vol. 85, pp. 115-125, 2008.

[16] Braun, T., Becker, K. F., Koch, M., Bader, V., Oestermann, U., Manessis, D., Aschenbrenner, R., and Reichl, H., "Wafer level encapsulation- a transfer molding approach to system in package generation", Electronics Packaging Technology Conference, pp. 235-244, 2002.

[17] Yang, S. Y.; Jiang, S. C., and Lu, W. S., "Ribbed package geometry for reducing thermal warpage and wire sweep during PBGA encapsulation", IEEE Transactions Components and Packaging Technologies, Volume 23, no. 4, pp. 700-706, Dec 2000.

[18] Lin, T. Y., Njoman, B., Crouthamel, D., Chua, K. H., Teo, S. Y., and Ma, Y. Y., "The impact of moisture in mold compound performs on the warpage of PBGA packages", Microelectronics Reliability, Vol. 44, pp. 603-609, 2004.

[19] Tsai, M. Y., Chen, Y. C., and Lee, S. W., "Comparison between experimental measurement and numerical analysis of warpage in PBGA package and assembly with the consideration of residual strain in the molding compound", International Conference on Electronic Materials and Packaging, Dec 2006.

[20] Yang, D. G., Jansen, K. M. B., Ernst, LJ., Zhang G. Q., Beijer, J. G. J., andJanssen, J. H. J., "Experimental and numerical investigation on warpage of QFN packages induced during the array molding process", 6th International IC conference on Electronic Packaging Technology, pp. 94-98, 2005 .

[21] Kelly, G., Lyden, C., Lawton, W., Barrett, J., Saboui, A., Page, H., and Peters, H. J. B., "Importance of molding compound chemical shrinkage in the stress and warpage analysis of PQFPs", IEEE Transactions on Components, Packaging, and Manufacturing Technology, Part B, Volume 19, no. 2, pp. 296-300, May 1996.

[22] Ernst, L. J. , Jansen, K. M. B. , Saraswat. M. , van't Hof, C. , Zhang, G. Q. , Yang, D. G. , and Bressers, H. J. L. , "Fully cure-dependent modeling and characterization of EMC's with application to package warpage simulation", 7th International Conference on Electronic Packaging Technology, pp. 1-7, Aug 2006.

[23] Okuno, A. , Fujita, N. , and Ishikawa, Y. , "High reliability, high density, low cost packaging systems for matrix systems for matrix BGA and CSP by vacuum printing encapsulation systems (VPES)", IEEE Transactions on Advanced Packaging, Vol. 22, no. 3, pp. 391-397, Aug 1999.

[24] Hong, L. C. and Hwang, S. J. , "Study of warpage due to P-V-T-C relation of EMC in IC packaging," IEEE Transactions on Components and Packaging Technologies, vol. 27, no. 2, pp. 291-295, 2004.

[25] Chen, J. Y. , Teng, S. Y. , Hwang, S. H. , Lee, H. H. , Huang, D. Y. , "Prediction of process induced warpage of electronic package by P-V-T-C equation and Taguchi method", International Conference on Electronic Materials and Packaging, Dec. 2006.

[26] Hwang, S. J. , and Chang, Y. S. , "P-V-T-C equation for epoxy molding compound", IEEE Transaction on Components and Packaging Technologies, Vol. 29, no. 1, pp. 112-117, 2006

[27] Van Kessel, C. G. M. , Gee, S. A. , and Murphy, J. J. , "The Quality of Dieattachment and Its Relationship to Stresses and Vertical Die-Cracking", IEEE Transactions on Components, Hybrids, and Manufacturing Technology CHMT-6, pp. 414-420, 1983.

[28] Van Kessel, C. G. M. , Gee, S. A. , and Dale, J. R. , "Evaluating Fracture in Integrated Circuits With Acoustic Emission", Acoustic Emission Testing, 5, 2nd ed. , ed. G. Harman, American Society for Non-Destructive Testing, Vol. 5, p370-388, 1987.

[29] ASTM F100, "Test method for shrinkage stresses in plastic embedment material using a photoelastic technique for electronic and similar applications," American Society for Testing and Materials, 1991.

[30] Kim, T. H. , Yi, S. , Seo, H. H. , Jung, T. S. , Guo, Y. S. , Doh, J. C. , Okuno, A. , and Lee, S. H. , "New encapsulation process for the SIP (System in Package)", Electronic Components and Technology Conference, pp. 1420-1424, 2007.

[31] Chia, Y. C. , Lim, S. h. , Chian, K. S. , Yi, S. , and Chen, W. T. , "A study of Underfill Dispensing Process", The International Journal of Microcircuits and electronic packaging, Vol. 22, No. 4, pp. 345-352, 1999.

[32] Emerson, J. A. , and Adkins, C. L. J. , "Techniques for determining the flow properties of underfill materials", 49th Proceedings of Electronic Components and Technology Conference, pp. 777-783, 1999.

[33] Chang R. Y. , Yang. W. H. , Hwang, S. J. , and Su, F. , "Three-dimensional molding of molding filling in microelectronics encapsulation process", IEEE Transactions on Components and Packaging Technologies: Part A, Vol. 27, no. 1, pp. 200-209, 2004.

[34] Pecht, M. G. , and Govind, A. , "In-situ measurements of surface mount IC package deformations during reflow soldering", IEEE Transactions on Components, Packaging, and Manufacturing Technology, Part C, Vol. 20, no. 3, pp. 207-212, 1997.

[35] Tay, A. A. O. , and Lin, T. , "Moisture diffusion and heat transfer in plastic IC packages", IEEE Transactions on Components, Packaging, and Manufacturing Technology, Part A,

176

Volume 19, no. 2, pp. 186-193, June 1996.

[36] Lam, D. C. C., Chong, I. T., and Tong, P., "Parametric analysis of steam driven delamination in electronics packages," IEEE Transactions on Electronics Packaging Manufacturing, vol. 23, no. 3, pp. 208-213, 2000.

[37] Tuy, A. A. O, Ma, Y., Nakamura, T., and Ong, S. H., "A numerical and experimental study of delamination of polymer-metal interfaces in plastic packages at solder reflow temperatures", International Society on Thermal Phenomena, pp. 245- 252, 2004.

[38] Goujun, H., and Tay, A. A. O., "On the relative contribution of temperature, moisture and vapor pressure to delamination in a plastic IC package during lead free solder reflow", 55th Proceedings of Electronic Components and Technology Conference, Vol. 1, pp. 172-178, 2005.

[39] Paris, P. C., Gomez, M. P., and Anderson, W. E., "A Rational Analytical Theory of Fatigue", The Trend in Engineering, Vol. 13, p9-14, 1961.

[40] Shigley, J., Mischko, C., and Budynas, R., Mechanical Engineering Design, 7th edition, McGraw-Hill, New York, 2004.

[41] Ganesan, S., Wu, J., Pecht. M., Lee, R., Lo, J., Fu, Y., Li, Y., and Xu, M., "Assessment of long-term reliability in lead-free assemblies," Proceedings of 2005 International Conference on Asian Green Electronics, pp. 140-155, March 2005.

[42] Lin, T. Y., Pecht, M. G., Das, D., and Teo, K. C., "The influence of substrate enhancement on moisture sensitivity level (MSL) performance for green PBGA packages," IEEE Transactions on Components and Packaging Technologies, vol. 29, no. 3, pp. 522-527, 2006.

[43] Fukuda, Y., Pecht, M. G., Fukuda, K., and Fukuda, S., "Lead-free soldering in the Japanese electronics industry," IEEE Transactions on Components and Packing Technologies, vol. 26, no. 3, pp. 616-624, 2003.

[44] Li, Z., Niu, X., and Shu, X., "Unstable void growth in thermohyperelastic plastic IC packaging material due to thermal load and vapor pressure", 8th International Conference on Electronic Packaging Technology, pp. 1-3, Aug 2007.

[45] Wong, E, H., Chan, K. C.; Rajoo, R.; Lim, T. B.; "The mechanics and impact of hygroscopic swelling of polymeric materials in electronic packaging", Proceedings of 50th Electronic Components and Technology Conference, pp. 576-580, May 2000.

[46] Ardebili, H., Wong, E. h., and Pecht, m., "Hygroscopic swelling and sorption characteristics of epoxy molding compounds used in electronic packaging", IEEE Transactions on Components and Packaging Technologies, Volume 26, no. 1, pp. 206-214, March 2003.

[47] Stellrecht, E., Bongtae Han, and Pecht, M. G., "Charactefization of hygroscopic swelling behavior of mold compounds and plastic packages", IEEE Transactions on Components and Packaging Technologies, Volume 27, no. 3, pp. 499-506, Sept 2004.

[48] Zhou, J., Tee, T·Y., Zhang, X., Luan, J., "Characterizatioan and modeling of hygroscopic swelling and its impact on failures of a flip chip package with no-flow underfill", Proceedings of 7th Electronic Packaging Technology Conference, Vol. 2, pp. 561-568, Dec 2005.

[49] Kim, S. S., "The role of plastic package adhesion in integrated circuits performance", Proceeding of the 41st IEEE Electronic Components and Technology Conference, p750-

758, 1991.

[50] Person, R. A., Lloyd, T. B., Azimi, H. R., Hsiung, J. C., Early, M. S., and Brandenburger, P. D., "Adhesion issued in epoxy-based chip attach adhesives," IEEE Transactions on Components, Packaging, and Manufacturing Technology, Part A, vol 20, no. 1. pp. 31-37, 1997.

[51] Saitoh, T. and Toya, M., "Numerical stress analysis of resin cracking in LSI plastic packagesunder temperature cyclic loading. Ⅱ. Using alloy 42 as leadframe material", IEEE Transactions on Components, Packaging, and Manufacturing Technology, Part B: Advanced Packaging, Vol. 20, no. 2, pp. 176-183, May 1997.

[52] Nguyen, L. T., "Moisture Diffusion in Electronics Packages, II: Molded Configurations vs. Face Coatings", 46th SPE ANTEC, p459-461, 1988.

[53] Nguyen, L. T., "Surface Sensors for Moisture and Stress Studies", New Characterization Techniques for Thin Polymer Films, ed. H. M. Tong and L. T. Nguyen, Wiley, New York, 1990.

[54] Nguyen, L. T., "Reliability of Postmolded Integrated Circuits Packages", SPERETEC, p. 182-204, 1991.

[55] Nguyen, L. T., Lo, R. H. Y., and Belani, J. G., "Molding Compound Trends in a Denser Packaging World, I: Technology Evolution" IEEE International Electronic Manufacturing Technology Symposium, 1993.

[56] Yoshioka, O., Okabe, N., Nagayama, S., Yamagishi, R., and Murakami, G., "Improvement of moisture resistance in plastic encapsulated MOS-IC by surface finishing copper leadframe," Proceedings of 39th Electronic Components Conference, pp. 464-471, 1989.

[57] Gallo, A. A., "Effect of mold compound components on moisture-induced degradation of gold-aluminum bonds in epoxy encapsulated devices", Proceeding of the 28th Annual International Reliability Physics Symposium, pp. 244-251, 1990.

[58] Pecht, M. G., Handbook of Electronic Package Design, Dekker, New York, 1991.

[59] Gannamani, R. and Pecht, M., "An Experimental Study of Popcorning in Plastic Encapsulated Microcircuits", IEEE Transactions on Components, Packaging, and Manufacturing Technology-Part, Vol. 19, No. 2, pp. 194-201, 1996.

[60] Kuo, A. Y., Chen, W. T., Nguyen, L. T., Chen, K. L., and Slenski, G., "Popcorning-a fracture mechanics approach" Proceedings of 46th Electronic Components and Technology Conference, pp. 869-874, May 1996.

[61] Lau, J., Chen, R., and Chang, C., "Real-time popcorn analysis of plastic ball grid array packages during solder reflow," Electronics Manufacturing Technology Symposium, pp. 455-463, 1998.

[62] McCluskey, P., Munamarty, R., and Pecht, M., "Popcorning in PBGA packages during IR reflow soldering," Microelectronics International, vol. 14, no. 1, p. 20-23, 1997.

[63] Munamarty, R., McCluskey, P., Pecht, M., and Yip, L., "Popcorning in fully populated and perimeter plastic ball grid array packages," Soldering & Surface Mount Technology, vol. 8, no. 1, pp. 46-50, 1996.

[64] Matsushita Electric Industrial Corporation. Personal communication, 1993.

[65] Lau, J. H., Chang, C., and Lee, S. W. R., "Solder joint crack propagation analysis of wafer-level chip scale package on printed circuit board assemblies," IEEE Transactions on

Components and Packaging Technologies, vol. 24, no. 2, p. 285-292, 2001.

[66] Ito,S. Kitayama, A. , Tabata, H. , and Suzuki, H. , "Development of Epoxy Encapsulates of Surface Mounted Devices", Nitto Technology Reports, p. 78-82, 1987.

[67] Lee,C. , Wong, T. C. , and Pape, H. , "A new leadframe design solution for improved popcorn cracking performance", IEEE Transactions on Components, Packaging, and Manufacturing Technology-Part A, Vol. 21, No. 1, pp. 3-11, 1998.

[68] Lin,R. et al. , "Control of package cracking in plastic surface mount devices during solder reflow process", Proceedings of the 7th Annual Conference of the International Electronics Packaging Society (IEPS), p. 995-1010, 1987.

[69] Lin,R. , Blackshear, E. , and Sevisky, P. , "Moisture induced package cracking in plastic-encapsulated surface mount components during solder reflow process", Proceedings of the 26th Annual International Reliability Physics Symposium, p. 83-89, 1988.

[70] Hickey,D. J. , Project Engineer, Delco Electronics Corporation, Private communication, March 1994.

[71] Omi,S. , Fujita, K. , Tsuda, T. , and Maeda T. , "Causes of Cracks in SMD and Type-Specific Remedies", Electronic Components and Devices Conference, GA , p. 771-776, 1991.

[72] Ito,S. , Nishioka, T. , Oizumi, S. , Ikemura, K. , and Igarashi, K. , "Molding Compounds for Thin Surface Mount Packages and Large Chip Semiconductor Devices", Proceedings of the 39th International Reliability Physics Symposium, p. 190-197, 1991.

[73] Kim,G. W. and Lee, K. Y. , "Applying material optimization to fracture mechanics analysis to improve the reliability of plastic IC package in reflow soldering process", IEEE Transactions on Components and Packaging Technologies, Vol. 29, no. 1, p. 47-53, March 2006.

[74] Nguyenm L. T. and Michael, M. M. , "Effects of Die Pad Anchoring on Package Interfacial Integrity", IEEE Electronic Components and Technology Conference, p. 930-938, 1992.

[75] Fukuzawa,I. , Ishiguro, S. , and Nanbu, S. , "Moisture resistance degradation of plastic LSIs by reflow soldering", Proceedings of the 23rd International Reliability Physics Symposium, pp. 192-197, 1985.

[76] Broek,D. , Elementary Engineering Fracture Mechanics, 4th ed. , Boston: Kluwer Academic, Boston, 1991.

[77] Kitano,M. , Nishimura, A. , and Kawai, S. , "A study of Package Cracking During the Reflow Soldering Process (1st & 2nd Reports, Strength Evaluation of the Plastic by Using Stress Singularity Theory)", Transactions of the Japan Society of Mechanical Engineers, Vol. 57, No. 90, pp. 120-127, 1991.

[78] Yamaguchi,M. Nakamura, Y. , Okubo, M. , and Matsumoto, T. , "Strength and fracture toughness of epoxy resin filled with silica particles", Nitto Technology Reports, pp. 74-81, 1991.

[79] Kumar,V. , German, M. D. , and Shih F. , "An Engineering Approach for Elastic-Plastic Fracture Analysis", Electronic Power Research Institute Report ERPI-NP-1931, 1981.

[80] Kanninen, M. F. and Popelar, C. H. , Advanced Fracture Mechanics, Oxford University Press, New York, 1985.

[81] Shih,C. F. and Needleman, A. , "Fully plastic crack problems, part I: solutions by penalty

179

method", Journal of Applied Mechanics, Vol. 51, p. 48-56, 1984.

[82] Nishimura, A., Tatemichi, A., Miura, H., and Sakamoto, T., "Life Estimation for Integrated Circuits Plastic Packages Under Temperature Cycling Based on Fracture Mechanics", IEEE Transactions on Components Hybrids, and Manufacturing Technology, Vol. 12, No. 4, p. 637- 642, 1987.

[83] Osgood, C. C., Fatigue Design, Pergamom Press, New York, 1982.

[84] Davalos, J. F., Madabhushi-Raman, P., and Qiao, P., "Characterization of mode-I fracture of hybrid material interface bonds by contoured DCB specimens", Engineering Fracture Mechanics, Vol. 58, No. 3, pp. 173-192, 1997.

[85] Lee, H. and Earmme, Y. Y., "A fracture mechanics and analysis of the effects of material properties and geometries of components on various types of package cracks", IEEE Transactions on Components, Packaging and Manufacturing Technology-Part A, Vol. 19, No. 2, 1996.

[86] Ferguson, T. P. AND Qu, J., "Moisture absorption in no-flow underfill materials and its effect on interfacial adhesion to solder mask coated FR4 printed wiring board," International Symposium on Packaging Materials: Processes, Properties and Interfaces, pp. 327-332, 2001.

[87] Ferguson, T. P. and Qu, J., "Elastic modulus variation due to moisture absorption and permanent changes upon redrying in an epoxy based underfill." IEEE Transactions on Components and Packaging Technologies, vol. 29, no. 1, pp. 105-111, March 2006.

[88] Uschitsky, M. and Suhir, E., "Moisture diffusion in epoxy molding compounds filled with particles," J. Electronic Packaging, vol. 123, no. 1, p. 47, March 2001.

[89] Crank, J., The Mathematics of Diffusion, 2th ed., Oxford University Press, New York, 1975.

[90] Kitano, M., Nishimura, A., Kawai, S., and Nishi, . H., "Analysis of packaging during reflow soldering process", Proceedings of the 26th Annual International Reliability Physics Symposium, pp. 90-95, 1988.

[91] Shirley, G. C. and Hong, C. E. C., "Optimal acceleration of cyclic THB tests for plastic-packaged devices", Proceedings of the 29th Annual International Reliability Physics Symposium, p12-21, 1991.

[92] Galloway, J. E. and Miles, B. M., "Moisture Absorption and Desorption Predictions for Plastic Ball Grid Array Packages", IEEE Transactions on Components, Packaging and Manufacturing Technology-Part A, Vol. 20, No. 3, pp. 274-279, 1997.

[93] Wong, E. H., Chan, K. C., Lim, T. B., and Lam, T. F., "Non-Fickian moisture properties characterization and diffusion modeling for electronic packages," Proceedings of 49th Electronic Components and Technology Conference, pp. 302-306, 1999.

[94] Ardebili. H., Hillman, C., Natishan, M. A. E., McCluskey, P., Pecht, M. G., and Peterson, D., "Comparison of the theory of moisture diffusion in plastic encapsulated microelectronics with moisture sensor chip and weight-gain measurements", IEEE Transactions on Components and Packaging Technologies, Volume 25, Issue 1, p. 132-139, March 2002.

[95] Wong, E. H. and Rajoo, R., "Moisture absorption and diffusion characterization of packaging materials-advanced treatment," Microelectronics Reliability, vol. 43, no. 12, pp. 2087-

2096, December 2003.

[96] Shirangi, H. , Auersperg, J. , Koyuncu, M. , Walter, H. , Muller, W. H. , and Michel, B. , "Characterization of dual-stage moisture diffusion, residual moisture content and hygroscopic swelling of epoxy molding compounds," International Conference on Thermal, Mechanical and Multi-physics Simulation and Experiments in Microelectronics and Micro-Systems, pp. 1-8, April 2008.

[97] Belton, D. H. , Sullivcan, E. A. , and Molter, M. J. , "Moisture transport phenomena in epoxies for microelectronic applications", Proceedings of the ACS Symposium, Vol. 407, p286-320, 1989.

[98] Khan, M. M. and Fatemi, H. , "Gold Aluminum Bond Failure Induced by Halogenated Additives in Epoxy Molding Compounds", Proceedings of the International Symposium on Microelectronics (ISHM), p. 420-427, 1986.

[99] Ritz, K. N. , Stacy, W. T. , and Broadbent, E. K. , "The Microstructure of Ball Bond Corrosion Failures", Proceedings of the 25th Annual International Reliability Physics Symposium, p. 28-33, 1987.

[100] Baboian, R. , "Electronics," Corrosion Tests and Standards: Application and Interpretation, Baboian, R. , editor, ASTM Manual Series MNL20, P. 637, 1995.

[101] Iannuzzi, M. , "Bias Humidity Performance and Failure Mechanisms of Non-Hermetic Aluminum Integrated Circuits in an Environment Contaminated with C12", Proceedings of 20th Annual International Reliability Physics Symposium, p. 16-26, 1982.

[102] Nguyen, L. T. , Lo, R. H. Y. , Chen, A. S. , and Belani, J. G. , "Molding compound trends in a denser packaging world: qualification tests and reliability concerns," IEEE Transactions on Reliability, vol. 42, no. 4, p. 518-535, 1993.

[103] Lantz, L. , Pecht, M. G. , and Wood, M. , "The measurement of ion diffusion in epoxy molding compounds secondary ion mass spectroscopy. " IEEE Transactions on Components and Packaging Technologies, 2008.

[104] Nguyen, L. T. , Gee, S. A. , and Bogert, W. F. , "Effects of Configuration on Plastic Packages", Journal Electronic Packaging, Transactions of the ASME, Vol. 113, p. 397-404, 1991.

[105] Chen, A. S. , Nguyen, L. T. , and Gee, S. A. , "Effects of material interactions during thermal shock testing on integrated circuits package reliability", Proceeding of the IEEE Electronic Components and Technology Conference, pp. 693-700, 1993.

[106] Beaty, R. E. , Jaeger, R. C. , Suhling, J. C. , Johnson, R. W. , and Butler, R. D. , "Evaluation of Piezoresistive Coefficient Variation in Silicon Stress Sensors Using a Four-Point Bending Test Fixture", IEEE Transactions on Components, Hybrids, and Manufacturing Technology, Vol. 15, p. 904-914, 1983.

[107] Condra, L. , Private communications. ELDEC Corporation, Lynnwood, WA, 1993.

第6章 微电子器件封装的
缺陷及失效分析技术

　　缺陷和失效分析在高可靠、高质量电子封装的生产中起重要作用。缺陷的鉴别和分析以及后续这类缺陷的减少或消除，都可以使制造工艺得到重大的改进，从而获得更高质量的封装。此外，有关失效模式、失效位置和失效机理的信息也有助于提高封装的可靠性。为了更高的可靠性，在封装设计过程中就需要指出影响失效模式和机理的因素。各种失效分析技术的合理选择和应用，对于获取封装中与缺陷、失效模式和失效机理有关的信息是很重要的。

　　塑料封装的缺陷和失效可能以多种物理形态（例如：大/小、精细/粗糙）表现出来，并且可能出现在封装的任何位置，包括外部封装、内部封装、芯片表面、芯片底面或者界面。为了对电子器件和封装进行有效的失效分析，必须遵守有序的、一步接一步的程序来进行，以确保不会丢失相关的信息。设计、装配和制造等多种技术需要与其相适应的缺陷和失效分析技术。本章介绍了用于密封微电子封装的各种缺陷和失效分析技术的基本信息，并重点介绍了塑封缺陷和失效的相关技术。

6.1　常见的缺陷和失效分析程序

　　塑封微电子封装的失效分析技术大致可以分为两种类型：破坏性的和非破坏性的。非破坏性技术［如目检、扫描声学显微技术（SAM）和 X 射线检测］不会影响器件的各项性能。它们不改变封装上现有的缺陷和失效，也不会引入新的失效。在非破坏性评价（NDE）之前，用电学测量方法来识别失效器件的失效模式。尽管 X 射线检测是非破坏性技术，但是 X 射线有可能使有些器件的电学特性发生退化，因此必须在电学评价之后进行。

　　破坏性技术（如开封）会物理地、永久地改变封装。它们会改变存在的缺陷。例如，开封的粗糙过程就会破坏封装中已存在的缺陷或失效的证据。因此，缺陷和失效分析技术的使用顺序是非常重要的。非破坏性分析必须在破坏性分析之前进行。非破坏性分析技术受一定的分辨率限制，小于或等于 $1\mu m$ 的缺陷用 X 射线显微镜和声学显微镜基本上检测不到，但是用其它技术例如电子扫描显微技术就可以辨认出来，但是这就需要开封。

6.1.1　电学测试

对塑封微电子器件的电学测试通常在 NDE 之前进行，包括测量所有相关的电学参数。这些参数能暴露失效模式（例如灾难性的、功能性的、参数的、程序的、或时序的）并可用来确定失效部位。

电学测试包括探测芯片上、芯片与互连之间、芯片与电路板互连之间的短路、开路、参数漂移、电阻变化或其它不正常的电学行为。电学测试类型包含集成电路功能和参数测试、阻抗、连接性、表面电阻、接触电阻和电容[1]。

6.1.2　非破坏性评价

NDE 的目的是在不破坏封装的前提下，识别并标记像裂缝、空洞、分层、引线变形、翘曲、褪色和软化这样的缺陷。NDE 的第一步是目检。直接用眼睛或者用光学显微镜观察都可以进行目检。

目检之后紧接着是其它非破坏性分析技术，包括 SAM、X 射线显微技术和原子力显微技术（AFM）。利用 SAM 可以在不打开封装的情况下，识别塑封封装中的分层、空洞和芯片倾斜。X 射线显微技术是另外一种特别有用的非破坏性分析技术，可用来识别像引线变形、空洞和芯片底座偏移等缺陷。然而 X 射线照相有可能会改变器件的电学特性，所以只能在电学测试完成之后进行。

牵扯到形变的失效，例如封装翘曲可以用接触[2]或者非接触的方法测量。一种接触式方法的例子就是 AFM。将 AFM 悬臂横跨在封装表面上或者封装在悬臂的下面扫描，并记录悬臂的偏差。利用 AFM 通过描绘样本高度和水平探针尖位置图，就可以建立器件表面的三维拓扑图。

阴影云纹法是一种非接触式的方法，它是基于阴影光栅投射在翘曲的样品表面以及一个真实光栅投射在一个平的参考表面上产生的几何干涉[3-5]。阴影云纹法的改进之处在于它提供了更高的敏感度，并且增大了翘曲测量的动态范围[5]。

封装的另外一种目检方法是染色渗透试验法［MIL-STD-883，方法 1034］。在这个非破坏性的测试方法（避免做封装剖面）中，整个封装会在真空下浸入染色液中，然后再取出来观察微裂痕、空洞和分层。

6.1.3　破坏性评价

破坏性评价是会破坏部分或全部封装的密封微电子封装的缺陷和失效分析方法。它包括塑料密封料的分析测试、开封（塑料去除或者打开封装）、用各种技术对封装内部进行检查以及选择性剥层。

6.1.3.1　密封料的分析测试

塑料密封料的分析测试包括硬度测试和红外（IR）光谱分析，可以揭示塑封料的固化质量。不完全的固化处理会导致封装特性不足，例如低玻璃化转变温度

（T_g）有可能引起密封封装的可靠性问题。

硬度测试可以显示塑封材料的固化质量。硬度计这个术语最早是在 19 世纪 20 年代 A. F. Shore 谈及他的测量器件时用到的，但是现在同时用于硬度测试和仪器的测量两个方面。进行硬度测试时，封装表面被一个压针压住来测量硬度[6]。在硬度测试标准测试方法 ASTM DD2240[6]中，列出了对于各种特定类型的表面（硬的和软的等）推荐用的不同类型压针（例如：A，D，DO，M 等）。低硬度值（软表面）可能表示不正确或者不完全的固化。

在塑封料的红外光谱分析中，取出一小片塑料（约 10～20mg）并用红外光谱照射。将这个塑料样品所产生的光谱和原来已知的好样品的光谱进行对比，所得到的信息就可以反映出塑封料的成分是否被供应商改变以及塑封料有没有固化不足或者过固化的情况。

其它固化评价的方法包括差示扫描量热仪（DSC）扫描和等温 DSC 扫描。从封装中取出一小片塑封料进行 DSC 扫描来测量其固化程度。

6.1.3.2 开封（去除密封料）

大多数塑封器件失效分析技术需要开封来观察并定位塑料封装内部的缺陷。常用的去除塑封料的方法包括化学方法（例如硫酸、硝酸腐蚀法）、热机械法[7]和等离子刻蚀法[8]。去除塑封料的化学试剂或溶剂取决于塑料的种类，如固化的环氧较难去除，需要用强酸，而硅树脂材料可以用氟化物溶剂来去除。表 6.1 为各种开封方法的对比。

表 6.1 各种开封方法对比[7,8,10]

开封方法	优　点	缺　点
化学方法	□ 低成本 □ 高可靠 □ 无水酸与铝金属化的反应慢 □ 金属化不改变 □ 相对较低的温度过程（例如，硝酸刻蚀为 70℃）	□ 芯片表面的污染物可能被去除，不能对表面进行化学分析 □ 如果环氧分解过程中释放的水量较大，则会使铝金属化局部腐蚀 □ 必须对操作者采取化学防护措施
热机械法	□ 可以分析芯片表面 □ 可以对封装上层进行检测，包括钝化层中的潜在缺陷、环氧中的空洞和未固化的环氧	□ 由于引线被破坏而不能进行电测 □ 有可能破坏整个器件 □ 必须将封装置于非常高的温度下（接近 500℃） □ 只适合于金共晶烧结的芯片封装形式，而不适于环氧粘接的芯片
机械法	□ 对模塑料去除较慢，可以对感兴趣的区域进行观察 □ 适合于分析由模塑料中的某种物质导致相邻键合引线短路引起的漏电失效	□ 芯片表面可能会有物理损伤，因此不能对表面进行分析 □ 引线损伤，不能进行电测 □ 过程相对较慢
等离子刻蚀法	□ 高效，即使在酸腐蚀不起作用的情况下 □ 平缓，可用于对酸敏感的材料 □ 安全，没有化学物质 □ 干净	□ 开封时间太长，可达几个小时 □ 有可能产生人为失效，而被误以为是真正的失效模式

　　典型的湿法化学开封方法通常有以下几步：首先在封装的上表面研磨一个凹槽并停止在键合引线上方约 $25\sim75\mu m$ 处。从封装的 X 射线侧视图可以得知引线弯曲的高度。如果是三维叠层芯片封装，由于顶层芯片上方所要去除的高度较小，在开封过程中一定要小心，避免损坏键合引线[9]。

　　然后，将硫酸（H_2SO_4）或者硝酸（HNO_3）滴入塑封料上的凹槽中直到芯片暴露出来；硝酸化学腐蚀的温度范围为 $85\sim140℃$，硫酸化学腐蚀的温度范围为 $140\sim240℃$。腐蚀后清洗器件。如果用硫酸进行化学腐蚀，则要用大量的去离子水、丙酮清洗，最后在氮气或干燥的空气中烘干。如果用硝酸来进行化学腐蚀，则只用丙酮来清洗，然后烘干。稀释的硝酸和铝金属会发生强烈的反应，在晶圆制造中有时被用作金属腐蚀剂，因此在清洗的过程中要避免接触水[7]。

　　在化学刻蚀的过程中，加热会加快环氧分解并加速开封的过程，然而，它也去除芯片表面的污染物，降低后续化学分析的有效性。喷射腐蚀法是另外一种化学开封方法，它利用自动喷射仪将酸喷射到封装的表面直到芯片暴露出来。在喷射腐蚀过程中，封装上通常会放一个橡皮掩膜，只将需腐蚀的地方露出来。这种方法比手动滴酸的方法要更快一些，通常用于大规模的开封（此时，可用于每一个器件的开封时间非常严格）。喷射腐蚀开封法是一个更可控、有效和清洁的过程。

　　利用酸注入技术和氟橡胶垫圈（或模具）的自动开封仪器来进行化学腐蚀开封已经有很多年了。这种设备使得大量的生产商以非常高效和节省成本的方法，在短时间内开封芯片并暴露出框架结构。越来越多的下游生产商和系统集成商采用自动刻蚀设备来减少过量劳动力并获得可重复性的结果。

　　下面提供两种自动化学开封的普遍技术。

　　① 第一种技术是利用标准瓶中新配的酸，在热交换器中升高温度然后去除塑封材料。融掉的封装材料、废酸和残余物统一在标准瓶中收集并处理。优点在于刻蚀结果可重复，且非常干净；缺点是中量运转时耗酸量会稍高一些。

　　② 第二种技术是"持续"地使加热的酸循环通过器件上的凹槽处。优点是中量运转时耗酸量会稍小一些。然而，由于必须满足 40mL 的填充量，因此低量运转时这个就不再是优点了。缺点在于会引入副产物的污染，并且在使用过程中刻蚀速率会越来越低，熟练的操作员也很难控制它。长时间运转需要溶液回填。

　　开封机中多控制器的可编程性使得所用的酸、刻蚀温度、升温时间、刻蚀时间、酸容量和清洗时间都是可调节的。可编程性还可以产生适合于特定器件类型的序列程序，为质量保证测试和失效分析提供所需的精度和再现性。在腐蚀和清洗的循环中保持温度平衡并使用新制的酸，可以使塑料去除绝对可再现，开封出来的芯片无污染，可进行后续的检测和测试。腐蚀和清洗的循环是在惰性气体中完成的，这样可以避免器件被腐蚀，在活性气体尤其是水汽和氧气中就会发生腐蚀。

　　虽然 90％红色发烟硝酸是最常用的腐蚀剂，但有些密封料是不能被硝酸腐蚀的。用于晶体管外形和某些动态随机读取存储器器件的塑料球栅阵列（PBGA）和低应力热密封料就属于这一类。这些材料可用加温至高达 240℃的高浓度发烟硫酸刻蚀。这样的高温对去除几乎所有的密封料都是很有效的，包括环氧和聚氨酯模塑化合物。

双列直插封装（DIP）、塑料有引脚芯片载体（PLCC）、四边扁平封装（QFP）和小外形封装可以在较低温度例如 85℃ 下用发烟硝酸来开封。化学实验室需要装有通风橱和化学保护设施。很多中型到大型的封装仍旧可以用在热器皿上滴酸的方法来开封。

手动方法会使芯片承受多个温度冲击循环，会破坏引线框架的完整性，并损坏焊球。同样的，会使器件在电学上失去功能。图 6.1 和图 6.2 分别显示了开封机和开封后芯片的形貌。

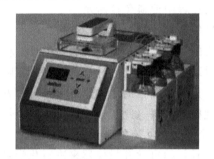

图 6.1　自动开封机（Nisene Technology Group 的 JetEtch 模型 250）
来源于 http：//www. calce. umd. edu/general/Facilities/decap. htm

图 6.2　开封后的芯片形貌

在热机械开封方法中，首先，将管脚弯曲 90°～180° 以使封装的底面能够被打磨，要一直磨到芯片底座和引线框架都露出来。然后，将封装在高温 500℃ 下放置 20～30s。由于产生了热机械应力，芯片就会和环氧模塑料分离，可以取出来进行缺陷和失效分析[7]。因为这个方法不会引入会和芯片表面污染物发生反应的任何化学试剂，因此，它特别适合用于确认金属腐蚀引起的失效。这个方法的主要缺点在于可能损坏键合引线而失去电学连接性。

机械开封方法要对模塑料进行研磨，一直到要检测的特定区域。通常用于分析塑料封装中的漏电失效，例如在 PBGAs 的模塑化合物中某种材料使相邻键合引线短路而产生漏电[10]。在漏电失效分析中，可以通过确定特定信号电阻降低的电学数据来定位失效点。这种方法不需加热和引入化学试剂。然而，对芯片表面和引线造成的物理损伤会妨碍对器件进行深入的表面分析和电学测试。

等离子刻蚀中电子激发的氧低温等离子体（离子气）发射到封装材料上，将材料变为灰烬而去除。这种方法可以同时处理很多个器件，但是要花几个小时并需要操作员的密切关注。等离子刻蚀最适用于不能用酸腐蚀的封装材料，或者作为对酸敏感的芯片表面聚酰亚胺涂层或引线框架材料的最后处理。由于其有选择性、缓和、干净和安全而被认为是很有价值的方法[8]。在常规使用下整个开封时间通常都比较久，因此限制了等离子刻蚀在更重要的失效分析研究中的应用。同时要非常小心，避免引入可能被认为是真正失效模式的人为失效。在等离子刻蚀之前，应用机械法尽可能多地将所要观察区域上方的材料去除。

6.1.3.3　内部检查

开封之后的内部检查可以用很多失效分析技术来进行。根据在封装中失效的可能位置、预期失效点的大小和其它因素来选择这些技术。用于内部检查的失效分析技术包括光学显微技术、电子显微技术、红外显微技术和 X 射线荧光（XRF）光谱技术。

6.1.3.4　选择性剥层

有些缺陷，如过电应力或者绝缘层上的针孔，可能导致电路发生短路。它们可能位于表面下方而不可见。这就需要对半导体器件结构中不同成分的层分别进行去除。有两种常用的剥层方法，湿法刻蚀和干法刻蚀[11]。

氧化层和金属化层通常用湿法化学刻蚀来去除。氮化物钝化层用氟基离子体或氩离子进行刻蚀。

6.1.3.5　失效定位和确定失效机理

有很多种技术可用来进行失效定位。失效分析中最重要的步骤——确定失效原因和失效机理，要全面考虑失效位置、其形态和经历及其封装制造和应用的条件。例如，塑封料上的裂纹可以用非破坏性的目检来确定。进一步的测试（包括 X 射线显微技术和 SAM）可以发现内部的分层和裂纹。确定失效点和失效模式后，就可以通过制造和应用历史以及使用条件来推断其失效机理。在这个例子中，一个可能的失效机理是在制造过程中（例如回流焊工艺）由于高温和水汽的压力而发生爆米花（开裂）。

6.1.3.6　模拟测试

在某些情况下，像大裂纹、空洞或引线键合断开这些失效都是非常明显的。然而其它情况下，直接的失效证据被失效本身或后续的分析手段毁坏了，这时需要模拟测试来再现已观察到的失效。密封微电路可以采用和实际失效逻辑性相关的环境条件或者电学负载手段，施加应力让其失效。可以选择提高温度、温度循环和提高相对湿度等环境条件。

下列是用于塑封微电子器件的缺陷和失效分析技术，将会在下一部分进行讨论：

□ 光学显微技术；

□ 扫描声学显微技术；

□ X 射线显微技术；

□ X 射线荧光光谱显微技术；

□ 电子显微技术；

□ 原子力显微技术；

□ 红外显微技术。

6.2 光学显微技术

光学显微技术（OM）在不同等级封装的失效分析中是一个常用的方法，是最基本的检测技术之一。光学显微镜便宜、方便、并且易于使用。由于大多数半导体样品是不透明的，而所有使用的显微镜都是金相显微镜，因此，需要通过透镜来反射光线。

图 6.3 蔡司光学显微镜

光学显微镜主要包括一个光照系统和一个目镜系统。光照系统决定了物镜放大倍数、数字孔径、分辨率、景深和场曲率。目镜系统包括可选择的放大倍数。图 6.3 所示为一台蔡司光学显微镜。

样品可以用反射光来检查，如果样品由透明材料组成也可以用透射光来检查。光学显微镜技术包括亮场、暗场、相位对比、微分干涉相衬（DIC）、极化光线和其它技术[12]。

与电子显微镜和其它显微镜相比，光学显微镜的工作不需要高真空或者传导性材料。缺点在于其分辨率受到可见光波长的限制。分辨率 d 和波长 λ 有关，关系式为：

$$d = \frac{\lambda}{2A} \tag{6.1}$$

其中，A 为数字孔径。

各种光学显微技术总结如下。

亮场。这个基本的检测技术最适于观察光滑、反射的表面（例如：硅上的氧化层、抛光的金属化表面等）。当想要探测微小的粒子和透明的污染薄膜时，这种技术就不太奏效。同样，微小的形貌改变也不易被探测到（小于 $2.0\mu m$）。图 6.4 所示为一个样品的亮场图。

暗场。这种技术有但是不常用。它通过在物镜的中间部分放置一个暗场圆环来改变亮场照明的路径，挡住亮场的正入射光线。再在物镜中增加一个特殊的 360° 环状镜，让光以一个倾斜的照明模式入射到样品上。暗场可以克服亮场的限制，因此就很容易探测到光滑半导体和金属化区域的微小颗粒、划痕、针孔和其它缺陷。倾斜照明很好地利用了光线能够散射、衍射或折射的特点。图 6.5 显示了一个样品的暗场图。

极化光线。这种技术利用的是某些样品对光线各向异性的特点。根据光照的角度，这些样品会有不同的折射率。利用极化光线技术观察样品时，需要在显微镜中插入两个特殊的滤镜。第一个叫做偏光镜，插入光路中；第二个叫做检偏镜，插入物镜后面的光圈和观测显像管或照相机之间的视觉通路中[13]。低对比度的样品可

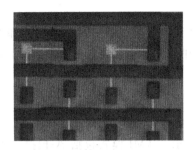

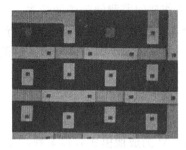

图 6.4　亮场图像　　　　　　　　　　图 6.5　暗场图像

以得到增强效果（例如，检查陶瓷基板上的树枝状银）。也可以更容易地观察到金属区域的晶粒边界和相应的金属间相（例如，键合点下的金/铝间相）。

微分干涉相衬。这个技术可以得到一个具有表面形貌信息的图。在 DIC 光学显微镜中，由光源发出的光线，先通过一个偏光镜，再通过一个特殊的棱镜（"Nomarski-Wollaston 棱镜"），最后通过一个聚光透镜，变为两束相距极小（间隔 $0.2\mu m$）的极化光束进入样品。如果两个相邻点的折射率不同，那么两束折射光就会不同，并在 DIC 图像上显示出不同的亮度，进而感知其高度。

荧光显微技术。这种技术采用带通滤波器（例如 $390\sim489nm$）过滤的高能光源（例如，水银或氙）。近紫外光撞击样品产生活性原子，最终产生一个较长波长（可见光）的光发射。很多有机化合物都有特定的透光度特性。这种技术的主要应用是荧光染色渗透，附着有染料的环氧被加到样品中并固化，之后进行检测。在横截面通过染料示踪就可以得到缺陷路径的准确记录（例如，塑料封装的内部裂纹或者塑料和金属界面的分层）。

6.3　扫描声学显微技术（SAM）

在塑封集成电路或其它封装电子器件中，与装配相关的封装缺陷是可靠性问题的一个主要来源。尽管某些应用有相对迫切的需求，典型的缺陷包括模塑料（MC）和引线框架、芯片或芯片底座之间的界面分层；MC 裂纹，芯片粘接分层，芯片倾斜和 MC 中的空洞。这些缺陷都可以利用 SAM 进行无损探测并观察，SAM 也叫做扫描声学照相法或者声学显微成像技术（AMI）。SAM 技术基于超声波在各种材料中的反射和传输特性而成像。

SAM 可进行大量器件的检测，从而在产品使用前筛选出不合格品或者保证线上模塑工艺的输出质量。SAM 技术可以满足从生产批量筛选到具体的实验室缺陷探测和失效分析的广泛需求。全面定义缺陷并理解失效模式是非常重要的，如果使用得当，SAM 可以提供其它技术不能提供的有价值的信息。另外，因为它是无损的，不会对器件造成破坏。对于可靠性研究，可以在元件的环境应力循环中或者其正常工作期间监测缺陷的增长率。

SAM 主要用两个显微镜来进行：扫描激光声学显微镜（SLAM™）和 C-模式扫描声学显微镜（C-SAM®）。这两者都可用于常规塑封器件的评价，并且已编撰成标准[14,15]。

6.3.1 成像模式

SAM 的成像模式有很多种，如图 6.6 所示。AMI 模式包括 A-扫描、B-扫描、C-模式、体扫描、量化 B-扫描分析模式（Q-BAM™）、3D 飞行时间（TOF）、全透射或 THRU-扫描、多层扫描、表面扫描、芯片叠层封装 3D 成像或 3V™ 以及托盘扫描。

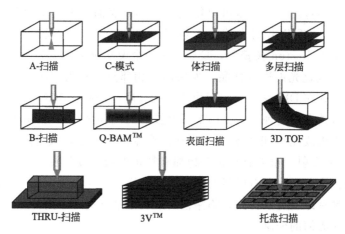

图 6.6　声学成像模式（www. sonoscan. com）
Q-BAM™—量化 B-扫描分析模式；TOF—飞行时间

6.3.2　C-模式扫描声学显微镜（C-SAM）

在定义塑封微电子中缺陷的确切状态时，C-SAM®（Sonoscan 公司的注册商标）非常有用。不像扫描激光声学显微镜（SLAM™）是所有深度同时成像，C-SAM 可以进行深度选择（www. sonoscan. com）。C-SAM® 的基本操作原理如图 6.7 所示[16]。声波透镜组件产生一个聚焦的超声波，其频率为 10～100MHz。从透镜出来的射线角度通常比较小，以使得入射超声不会超过液力耦合器和固态样品之间的折射临界角度。C-SAM® 将一个非常短的声波脉冲引入样品中，在样品表面和内部的某个界面反射形成反射波，声波返回时间是界面到换能器的距离和声波在样品中的速度的函数。图 6.8 所示为示波器显示的 A-扫描波形，显示了反射波等级及其与样品表面的时间-距离关系。电子门会在特定时间内"开启"，采集某一深度界面的反射波而排除其它反射波。用选通的反射波信号亮度来调制一个与换能器位置同步的阴极射线管（CRT）。超声换能器在样品上方机械扫描，在数十秒或更短时间（取决于视场）内产生数据，形成一幅声学图像。

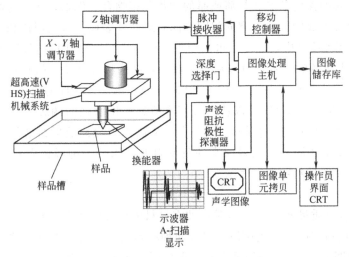

图 6.7　C-模式扫描声学显微镜（C-SAM ®）模式图

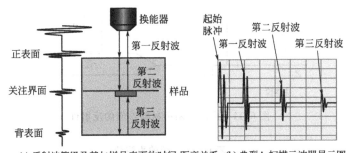

(a) 反射波等级及其与样品表面的时间-距离关系　(b) 典型A-扫描示波器显示图

图 6.8　A-扫描成像

（http://www.sonix.com）

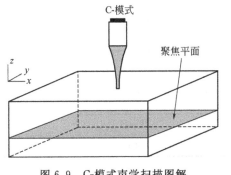

图 6.9　C-模式声学扫描图解

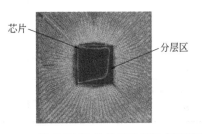

图 6.10　用 C-SAM ® 获得的芯片表面图像

C-SAM ® 可提供多种清晰的成像技术来分析样品，最常用的是 C-模式扫描。在 C-模式中，聚焦的换能器在被关注的平面区域上扫描，透镜聚焦在某个深度，

191

如图 6.9 所示。从那个深度产生的反射波被电学选通并显示，电子门的调整非宽即窄，图像包含的深度信息会与薄或厚的"片"相吻合。例如，在塑封微电路中，窄门仅对芯片表面成像，而较宽的门则可同时对芯片表面、基板周边和引线框架进行成像。在 C-SAM ® 中，电子门可以用来对样品进行非破坏性的显微切片。通过更换 C-SAM ® 设备的配置，可以获得针对特定结构特征和缺陷的其它成像模式，下面会简要描述。图 6.10 所示为用 C-SAM ® 获得的芯片表面的图像。

CRT 上的灰度标尺图可以转换成幅度信息对比增强的伪彩色。图像也可以用反射波极性或相位信息进行颜色编码[17]。从高声阻界面反射回来的正反射波以灰色表示，而从低声阻界面反射回来的负反射波则用另一种颜色表示。声阻 Z 是与声波传播有关的材料特性。表示为

$$Z = \rho v_{sound} \tag{6.2}$$

其中，ρ 是质量密度；v_{sound} 是声波在材料中传播的速度。典型材料中的声波速度见 Selfridge 所述[18]。当声波入射到两种材料的边界时，部分波被反射，部分波被透射，如图 6.11 所示。如果界面存在分层，入射波就会被全反射，通用材料的典型声阻值如表 6.2 所示。

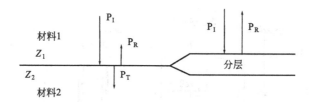

图 6.11　声波在两种材料界面的反射性

表 6.2　典型的声阻值

材料	声阻$(/10^6 \text{rayl})$或$[/10^6 \text{ kg}/(\text{s} \cdot \text{m}^2)]$
空气(真空)	0
水	1.5
塑料	2～3.5
玻璃	15
铝	17
硅	20
铜	42
铝土(取决于多孔性)	21～45
钨	104

Z_1 和 Z_2 的相对大小决定了反射波的正负极性。在 C-SAM ® 操作中，A-扫描模式示波器显示声波脉冲接触到界面时所产生的反射波波形。每一个反射波都有特定的幅度和极性，取决于相应界面的特性。

　　聚焦声波换能器在有限的深度范围内可以获得准确的数据。超出这个范围，由于声波散焦，反射波大小会明显变小。另外，反射波的形状也会扭曲，因为角射线不会在正确的时间内全部返回换能器。因此，极性信息可能无效。

　　样品的声阻极性探测（AIPD）可以对内部界面的特性进行定量的确定。例如，塑料/硅边界（粘接良好）和塑料/空气间隙边界（粘接不良）的反射波幅度是相近的，但两者相位相反。这就使操作者能够确定一种材料边界的另外一边是"更硬"还是"更软"的材料（严格来讲，声阻不用硬或软形容，但这个类比在某些情况下是恰当的）。同时包含幅度和极性信息的标准图像显示技术[17]，在集成电路缺陷探测中有很重要的地位。

　　体扫描是通过将电子门或窗定位到塑封内部的界面处，探测材料的组织结构、非均匀性和空洞。例如，如果将电子门放在集成电路上表面反射波与引线框架反射波之间的位置，就很容易识别出填充材料聚集区和封装料中的空洞。AIPD 需要区分填充料和空洞，因为它们都会产生大幅度的反射波。

　　透射-传输扫描或者 THRU-扫描是通过记录超声波在整个组件中的能量传输来成像的，而不是只记录界面反射。在这种模式下，任何地方的缺陷都会阻碍超声波并导致图像上出现暗色，C-SAM ® 或者 SLAM 都可完成这种模式（见图 6.12）。用 C-SAM ® 透射扫描或者 THRU-扫描™（Sonoscan 公司的商标）模式需要在样品的两侧放置超声波换能器，一个用于产生超声波，另一个用于接收。THRU-扫

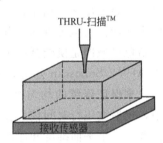

图 6.12　透射-传输扫描图解

描™可以仅用一次扫描来确定样品中是否有缺陷。THRU-扫描™对反射-模式信息的确认也有很大的帮助；特别是，一些高吸收样品能使超声波脉冲形状严重扭曲导致 AIPD 失效。另外，用 THRU-扫描™，分层的存在不会影响反射波极性。

　　SLAM 和 C-SAM ® 之间关于 THRU-扫描的主要区别是成像速度。C-SAM ® 需要几十秒将换能器在所关注的区域上进行机械扫描，而 SLAM 每秒钟产生 30 张图片。因此，SLAM 通常用于高速检查，例如在线筛选应用。

　　在反射模式技术下，声波幅度被记录为相应的灰度标尺。在飞行时间扫描（TOF 扫描）中，反射波的到达时间被转换成一个灰度标尺（见图 6.13）。在这个模式中，反射波的幅度与灰度标尺无关，除非反射波幅度足够大能够被探测到。这类图像非常适合于对裂纹等缺陷或失效特征的深度进行观察。尽管图像看起来和传统的 C-模式图像相似，但是反映的信息却是完全不同的。当进行三维投射时，TOF 图像是内部界面等高线的透视。TOF 扫描对于塑封集成电路的裂纹形貌观察非常有用。根据不同深度等级裂纹的反射波被接收到的时间，形成三维的裂纹形貌，见图 6.14。

　　在传输和 TOF 扫描中，CRT 上每一个像素的平面位置对应样品上的一个平面位置。然而，在 B-扫描模式下，平面 CRT 像素对应样品中某一平面的维度和深度

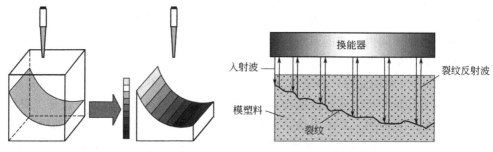

图 6.13 TOF（飞行时间）扫描，反射波的到达时间转换成灰度标尺

图 6.14 用飞行时间（TOF）扫描进行裂纹绘图

位置。B-扫描和医院中使用的医学超声波扫描的技术类似，在传统的 B-扫描中，可以获得与样品表面任一条线相应的垂直剖面的图像，就像样品被锯子锯开。换能器在平面的一个维度上扫描来成像，记录所有深度的反射波，然后在 CRT 的垂直坐标上显示出来。遗憾的是，传统的 B-扫描的反射波不能在所有的深度上聚焦，因为换能器透镜焦点的位置是固定的。图 6.15 显示了一个样品的 B-扫描剖面，其中暗色区域即是换能器所能达到的焦点局限。然而，在量化 B-扫描分析模式（Q-BAM™，Sonoscan 公司的商标）下，换能器同样指向通过样品整个厚度的深度方向，来保证连续的均匀聚焦。Q-BAM™ 剖面如图 6.16 所示。在 Q-BAM™ 图像中，反射波飞行时间信息被转化成计量深度数据，使操作者可以看到沿着它的平面位置，一个平面维度和深度剖面上统一的显示图。

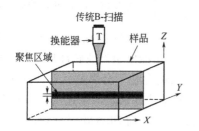

图 6.15 一个典型样品的 B-扫描剖面，暗色形状表示换能器的聚焦区域，那里的超声波信息是最准确的

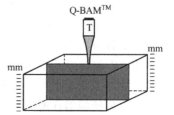

图 6.16 在整个深度范围内用准确的深度信息来分析的量化 B-扫描分析

6.3.3 扫描激光声学显微镜（SLAM™）

扫描激光声学显微技术（SLAM™）也是 Sonoscan 公司的一个标志，是一种频率范围在 10～500MHz 之间的透射传输技术[16]（www.sonoscan.com）。由于聚合物会吸收超声波，因此，封装集成电路的检测不需要使用最高的声波频率。用 SLAM™，在样品的一侧引入平面连续的超声波，并穿透样品到达另一侧。超声波的形状会因为在样品中的微分衰减而产生变化，并被扫描激光束探测到。由于

高频超声波在真空或空气中是不传播的，所以，以空气隙为特征的缺陷阻碍了其所在区域中超声波的传输，并在超声图像中显示为暗色。SLAM™真实的实时成像能力（典型的，30 张图/s）使其在生产线和大批量筛选中成为一项有用的技术。

SLAM™的基本操作原理如图 6.17 所示。超声波照射要检测的样品区域，超声波通过样品后，在塑料外壳滑动镜面上产生一个镜面微扰。聚焦激光束对塑料块的表面扫描并读出超声波的等级。SLAM™对整个样品的厚度同时成像，作为激光扫描的副产品，SLAM™还可以产生光学图像。SLAM™可在很多不同的模式下产生图像和信息，最常用的"阴影图"模式对整个样品厚度范围内的结构成像，这就使其具有同时观察样品内部任何地方缺陷的显著优点，就像 X 射线照相技术一样。当需要在某个特定平面聚焦时，可以对 SLAM™数据进行全息改造[16]。在另外一个模式（"干涉图"模式）下，CRT 声波图像显示上会出现"条纹"，这和超声波在样品中的衍射及速度变化有关。图 6.18 显示了条纹的例子，图 6.18（a）所示的失真条纹图样表示材料是多孔材料，声波发生了强烈的散射。致密的材料通常产生一个较为清晰的条纹图样，如图 6.18（b）所示，只有轻微的散射[19]。

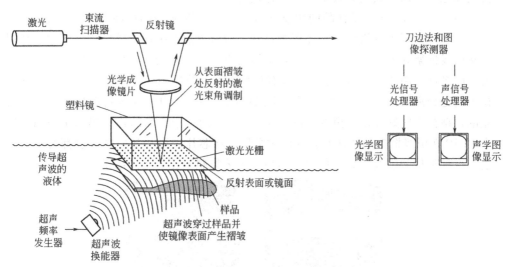

图 6.17　扫描激光声学显微镜（SLAM™）框图

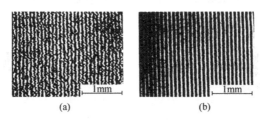

图 6.18　（a）多孔材料和（b）致密材料产生的
声学条纹（© 1991 IEEE)[19]

除了声波图像能力,样品表面的直接激光-扫描照度还可以产生光学图像。光学图像为操作者提供样品标志信息、人工产物、位置的参考。加上一个辅助透镜,SLAM™光学模式就可以当作高分辨率的光学扫描激光显微镜来使用。

就 SLAM™而言,图像的亮度对应于声波的传输等级。通过移动样品并用校准的衰减器复原图像的亮度等级,就可以得到准确的关于材料组成的插入损耗信息。衰减和速度数据可以反映有关弹性模量、空洞数量、填充聚合物和环氧处理程度的信息。由于空洞是超声波散射体,因此材料的衰减系数能反映塑封料中空洞的分布。

6.3.4 案例研究

举一些案例来说明 AMI 在塑封微电子中的应用。

6.3.4.1 40 脚 PDIP 分层的 C-模式成像

40 脚 PDIP 器件的 C-模式反射图像在其上表面生成,换能器在芯片表面聚焦。然后翻转样品,换能器在芯片基板聚焦(遗憾的是,这篇文章不能再现标准的 C-模式颜色,所以用其它方式来表示图像信息)。

图 6.19(a)显示了样品的幅度图像,所有反射波的幅度在 CRT 上用亮度等级来表示,而不考虑极性。在此图中显示了所有聚焦水平面上的结构。图中芯片周围和引线框架处不正常的亮度改变,应该是由分层引起的。使用 AIPD 可以区分反射波的极性。图 6.19(b)给出了仅有负反射波的分层图像。图中白色的部分均与模塑料是分离的。图 6.19(c)是一个黑白统一图,用电子代码将粘接完好显示为亮的,粘接不完好显示为黑的。图 6.19(d)是同一个样品的背面黑白统一图。这个 PDIP 在引线框架的两面都存在严重分层,在芯片表面和基板区域也都有小的分层。这种类型的引线框架分层通常是模塑工艺控制不良导致的结果[20]。

 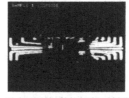

(a) 样品的幅度图像,显示了所有反射波的幅度(全白) (b) 仅包含负(粘接不良)反射波(白色)的分层图像

(c) 黑白统一显示,粘接不良是黑色的 (d) 同一样品背面的黑白统一图

图 6.19 40 脚 PDIP 分层的 C-模式成像

6.3.4.2　利用 THRU-扫描™成像技术进行快速缺陷筛选

为了准确判定塑封集成电路中是否有装配缺陷，对每一个器件通常采用三种或更多种的反射-模式或 C-模式扫描。典型的系列扫描包括如下。

□ 从集成电路的正面到芯片表面聚焦；如果引线框架也在聚焦范围内，则这个扫描包括所有正面分层、空洞和裂纹。

□ 从正面观察 IC，然后在芯片的背面重新聚焦（如果可能的话）来寻找芯片粘接分层和空洞。

□ 翻转器件并从背面聚焦到芯片底座和引线框架来寻找其它的异常；由于这个过程非常耗时，可改用 SLAM 或者 C-SAM ® 的透射-传输模式来筛选每一个元器件。

在这个案例中，一次扫描就暴露了全部封装的缺陷。虽然它不确定缺陷的深度，但是在平面维度内它是足够精确的。

图 6.20（a）是一个 72 脚 QFP 器件的透射-传输扫描图像，显示了一大块声波不传导（黑色）中心区域。这个案例是由爆米花裂纹引起的，并由材料层之间的孔隙导致了声波无法穿透。同一器件的反射幅度图像如图 6.20（b）所示。尽管在这里没有显示极性信息，但是可以看到模塑料和芯片表面是分层的。将器件翻转并从背面扫描，图 6.20（c）显示了底座的整个表面也分层了。另外，芯片底座延伸到封装表面的裂纹导致芯片底座周围出现了一个黑色环形区域。裂纹界面的反射波比聚焦区域的反射波出现得更早，所以引线框架的图像在这个环形区域内被屏蔽掉。

 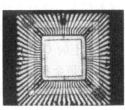 

(a) 72 脚 QFP 器件的透射-传输扫描，显示了一大块声波不传导区域　　(b) 器件的反射幅度图像　　(c) 底座的整个表面分层

图 6.20　72 脚 QFP 透射扫描图像及反射扫描图像

图 6.21（a）是另外一个在芯片/基板区域存在问题的 QFP 器件的透射-传输扫描图像。仔细观察图像，在引线框架区域已经"饱和"或者过曝光来显示中心部位的信息，也就是说黑色的分层区域局限在芯片本身。这表明问题可能与模塑料和芯片之间粘接力差或者芯片粘接分层有关。为了进一步确定问题，对样品进行正面和背面的 C-模式反射扫描；幅度图像如图 6.21（b）和图 6.21（c）所示。因为 AIPD 不显示负信号（分层），所以模塑料粘接是良好的。因此，这是芯片本身的粘接问题，且这个界面是 IC 中唯一一个可以阻挡超声波的界面。

除了芯片粘接问题，在这三张图像中有很多小的黑点，它们对应着模塑料中的空洞。在模塑工艺过程中，如果封装压力值调整不合适就会在模塑料中留下空

  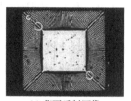

(a) QFP 封装器件的透射扫描，在芯片 / 基板区域存在问题　　(b) 正面反射图像　　(c) 背面反射图像

图 6.21　QFP 透射扫描图像及反射扫描图像

洞[20]。当空洞位于硅芯片或者键合引线的上面或边缘时就会威胁到可靠性。因为空洞分布广泛且芯片粘接不良，图 6.18 中所示器件的可靠性较差，比如其热传导性不良。

图 6.17 和图 6.18 的一系列图片显示了如何利用 THRU-扫描™ 来探测缺陷的存在，并确定它们的空间范围。反射-模式用来对缺陷类型和位置做进一步的补充分析。THRU-扫描™ 可以用于指导区分好样品和坏样品，并提供缺陷横向维度的图像。

6.3.4.3　用 Q-BAM™ 和 TOF 成像来进行塑封器件非破坏剖面分析

剖面分析技术通常包括开封（破坏性过程）和暴露封装内部，来进行缺陷和失效分析。声学成像可以提供非破坏性的塑封剖面分析。C-模式声学图像不适于剖面分析，这是因为它们通常是由样品内部水平平面组成，位于某一给定的深度。要获得更完整的深度信息，可在不同的深度下进行系统的平面系列扫描，或者沿着平面的另一个维度的任何位置进行 B-扫描（一个水平平面的维度和深度）。

图 6.22 （a）显示了一个美元便士的 Q-BAM™ 图像，穿过硬币成像并聚焦到背面。当然，其剖面是声波成像而不是金相形貌，属于非破坏性分析。CRT 屏幕的上半部分是硬币的 C-模式扫描，屏幕的下半部分是横穿硬币直径所在平面的一个维度和深度扫描。C-模式图像的底线也刚好落在 A-BAM™ 图像上；这给分析者提供交叉的参考信息。硬币的底界面尺度有些变化，这是因为表面有压花的图案及表面平整性有一些形变。因此，可利用 Q-BAM™ 探索成分的深度，并参考其上下表面而准确地定位。图 6.22 （b）所示为一个 68-引脚 PLCC 在芯片区域黑点处的横截面图。Q-BAM™ 显示在芯片表面上方 0.6mm 处的模塑料中有一个空洞，它距离芯片较远可以认为是安全的。值得注意的是，Q-BAM™ 显示出内部结构之间的高度差异。在 Q-BAM™ 图像的两边，都有一个通过反射波到达时间和传播距离来校准的标尺，由材料中声波的速度来确定。图 6.22 （c）给出另外一个器件的 Q-BAM™ 图像，该器件在芯片的基板边缘产生了爆米花裂纹，并延伸到封装表面。裂纹与表面在左侧相交，而不是在右侧。图 6.22 （d）所示为基板发生大幅位移。这一般是由模注塑步骤之后封装压力升高过快引起的；引线框架的顶部和底部封装速率的差异导致了该异常情况（也会导致引线弯曲问题）。在这幅图中，可以看到芯片在引线框架的上面，引线的微弱轮廓从芯片表面延伸到引线框架指条上。

(a) 一个美元便士贯穿硬币并聚焦在后表面的 Q-BAM™ 图像

(b) 一个 68- 引脚 PLCC 在芯片区域中一黑点处的横截面图

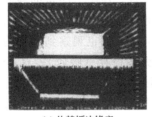

(c) 从基板边缘产生爆米花裂纹的芯片

(d) 基板大幅位移

图 6.22　不同样品 Q-BAM™ 图像

图 6.23 给出了另外一个集成电路爆米花裂纹的飞行时间（TOF）图像。这个例子中，通过记录反射波到达的时间来成像。然而，数据是等角投影的，目的是形成一幅真实的封装内部三维裂纹轮廓图。和 Q-BAM™ 图结合，就可以得到塑料封装异常的定性和定量结果。

6.3.4.4　用托盘-扫描图像进行生产率筛选

该法可以扩大视场对整盘的器件进行扫描，并提高在线筛选效率。更大的视场需要更多的扫描时间（用 C-SAM），但是避免了装载和卸载单独元件的过程。

图 6.24 显示视场中同时有 32 个存储芯片。这是反射 C-模式图像，采用统一的黑白显示，黑色表示分层。由于器件之间有微小的高度差异，需要用到反射波跟踪技术，称为正界面反射波（FIE）跟踪。在这种方法中，仪器会探测每一个元器件上表面的高度并在扫描的过程中适当的调节数字门。如果没有这个功能，有些反

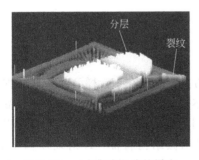

图 6.23　一个集成电路的爆米花裂纹飞行时间（TOF）图像

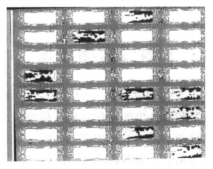

图 6.24　32 个存储芯片的托盘-扫描图

199

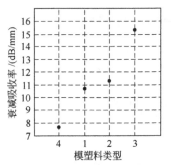

(a) 基本组成相同，微粒尺寸和添加物不同的模塑料衰减吸收率测量

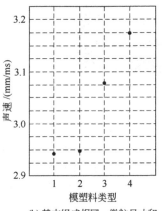

(b) 基本组成相同，微粒尺寸和添加物不同的模塑料声速测量

图 6.25　模塑料衰减吸收率和声速测量

□ 底座分层
□ 封装裂纹
□ Q-BAM™声波剖面
□ 3D TOF 裂纹绘图（针对三维空洞和裂纹轮廓）

射波会由于到达时间不同而被错过。FIE 跟踪对弧形轮廓或倾斜样品的跟踪也是有效的。

6.3.4.5　模塑料特性表征

一般从化学的角度对模塑料的特性进行表征，物理特性则通常指密度、模数/硬度、热扩散和吸湿性。SAM 对于定量测量其固化程度、均匀性、多孔性和填充物的整体分布提供了可能性。声学上测量的参数是声波速度和衰减系数，例如多孔性会使声波的吸收大幅增加。同时人们也观察到柔韧的模材料比硬的材料有更多损耗（吸收）。这就是为什么需要用低声波频率来检查包含大芯片的器件，这种器件有更大的机械和热应力。典型的模塑料信息如图 6.25 所示。

评价检验列表：
□ 模塑料空洞含量
□ 体扫描上表面
　　○ 体扫描底面
　　○ 基板位移
□ 芯片倾斜
□ 芯片表面分层
□ 芯片粘接分层
□ 引线框架分层

6.4　X 射线显微技术

用 X 射线显微镜（XM）进行失效分析的主要优点在于，样品对基本 X 射线的微分吸收所产生的图像对比度提供了样品的本征信息。吸收的程度取决于样品内的原子种类和原子数，因此，不仅可以显示不同的微结构特征的存在，而且可以获得其成分信息。很多种 X 射线显微镜都可以显示微结构特征：X 射线接触显微镜、投影显微镜、反射显微镜和衍射显微镜。用 X 射线显微镜分析合成物将会在后面讨论。

　　X 射线显微镜的另外一个优点是 X 射线对于比较厚的样品具有相对深的穿透性，不用开封就可以对电子封装和元件的内部进行检测。X 射线显微技术（也叫做显微射线照相术）是一种非破坏性技术，类似于 SAM，不需要打开封装。

　　还有一个优点就是，封装和元件可以在自然的状态下进行检查，既不需要涂覆传导性物质也不需要高真空，而传统的电子显微镜需要这些。也不像 SAM 那样需要用到水或者油之类的媒介。然而，X 射线辐射可能会改变微电子封装的电学特性，因此测试封装的电学特性时不能使用。

　　X 射线图像是通过整个样品厚度形成的投影衬度，因此分析多层重叠样品时就会产生困难。X 射线的波长短，用它得到的最终分辨率比用光得到的要好，但比用电子得到的分辨率差。在应用 X 射线显微射线照相术时，难点是找到一个方法使 X 射线聚焦（换言之，电子可以用磁场或聚光透镜来聚焦）。X 射线不带电荷，所以不论是磁场还是聚光透镜都不能影响它。它的最终分辨率通常在 $1\mu m$ 左右，最佳状态可以达到 10nm。使用 X 射线显微 镜时一定要注意辐射防护。

6.4.1　X 射线的产生和吸收

　　X 射线通常在 X 射线管中产生。穿透样品的 X 射线会被暴露的胶片（传统的）或者电耦合器件探测器探测到。图 6.26 显示了 X 射线管的剖面示意图[12]。在传统的 X 射线机器上，在高压电位下，电子通过加热的钨丝来产生，并加速、聚焦到阳极——一个金属靶（例如铜）上。当加速的初级电子与靶金属的原子碰撞时会减速，碰撞释放的能量就会产生 X 射线。小于 1% 的初级电子能量真正转化成 X 射线，其余的电子以热的形式通过水冷系统释放出去。

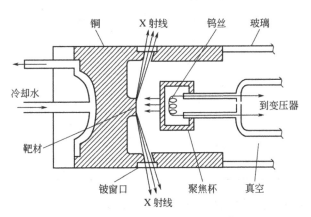

图 6.26　X 射线管的剖面图[12]

　　产生的 X 射线朝各个方向发射，并且会通过窗口逃离 X 射线管，如图 6.26 所示。X 射线管通常抽真空到气压低至 10^{-4} Torr（1Torr＝1mmHg），以减少电子和空气分子的碰撞。通常用永久性密封的管来避免使用抽真空系统。X 射线管发射的 X 射线的数量可通过加热钨丝改变电流来控制，而 X 射线的波长由加速电压的大小决定。根据它们波长的特征可以分为两种类型的 X 射线光谱，连续光谱和特征光谱。

初级电子的能量表示为 $E=eV$，其中 e 是电子所带的电荷，V 是加速电压。如果电子只通过一次撞击就完全停止，产生的 X 射线量子的能量表示为 $E=Kv_{quan}$，其中 K 是普朗克常数，v_{quan} 是量子速度。因为 $v=v_{light}/\lambda$，其中 v_{light} 是光速，λ 是 X 射线的波长，$\lambda=kc/qV$。将这些常数值代入，$\lambda=1240/V$，λ 的单位是 nm，V 的单位是 V（伏特）。

通常仅有一小部分初级电子在一次碰撞后就完全停止。大多数电子是通过反复与其它原子进行碰撞来减速的。通过这些碰撞产生的 X 射线具有较低的能量，因此有较长的波长。因此，连续光谱具有宽范围的波长。光谱的最小波长由初级电子的加速电压来决定。

特征光谱的确定是完全不同的。它由靶材料决定。当靶材料原子的内层电子被初级电子撞击出来时，原子变得不稳定。相同原子中的另外一个电子就会发生跃迁填补空位，损伤能量 ΔE，并且产生一个波长为 $\lambda=kv_{light}/\Delta E$ 的 X 射线量子。因为 ΔE 是原子的能量变化值，因此产生的波长就是这个原子种类的特征。对一个特定的种类，同时存在多种特征波长，这由电子在不同的原子层间跃迁释放的 ΔE 来决定。一种原子的特征 K 线谱，是由上层电子层传输到 K 层而产生的。通常包含有特定波长的 $K_{\alpha1}$、$K_{\alpha2}$、K_β 辐射线，表 6.3 列出了由一些特定的靶材料发射的波长。

表 6.3　靶材料发射的特征 X 射线波长

成分	$K_{\alpha2}$/nm	$K_{\alpha1}$/nm	K_β/nm
Cr	0.229315	0.228962	0.208480
Fe	0.193991	0.193597	0.175653
Co	0.179278	0.178892	0.162075
Ni	0.166169	0.165784	0.150010
Cu	0.154433	0.154051	0.139217
Mo	0.071354	0.070926	0.063225
Ag	0.056378	0.055936	0.049701
W	0.021381	0.020899	0.018436

当 X 射线束流通过特定材料时，由于材料会吸收一部分 X 射线，其强度会减弱。线性吸收系数由材料的原子数和 X 射线的波长决定。图 6.27 显示了多种材料在连续区域内的线性吸收率与 X 射线波长的关系[21]。假设一个 3.0 nm 波长的 X 射线，μ 值是变化的，金约 $25\mu m^{-1}$，聚酰亚胺约 $2.5\mu m^{-1}$，水约 $0.15\mu m^{-1}$。换言之，一个给定的衰减，是由一个厚度为 $0.04\mu m$ 的金、$0.4\mu m$ 的聚酰亚胺，或者 $7\mu m$ 的水产生的。聚酰亚胺和金的吸收率之间有一个数量级的差距，这个区别使

电子封装的成像有很好的对比度。这些数据同时也提供了 X 射线能够穿透的不同材料之间的厚度比率。

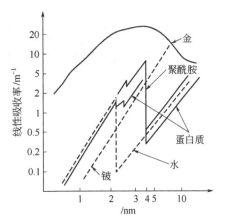

图 6.27　多种材料在连续区域内的线性吸收率与 X 射线波长的关系[21]

6.4.2　X 射线接触显微镜

接触显微镜在电子封装的制造和研究领域都有广泛的应用。在接触显微镜中，将样品与一个 X 射线接收器（类似于胶片暗盒或者胶片包）接触，并距离 X 射线源有一定的距离（见图 6.28）。X 射线穿过样品在接收器上形成一个有效单位放大的图像，将最终的胶片放在光学显微镜下检查，可以看到样品的整个内部结构，随后可以将选择的区域光学放大。

要正确操作一个 X 射线接触显微镜，要考虑以下参数和方面：

□ X 射线高电压设置和电流设置

□ 样品的材料和厚度

□ 样品的位置

□ 曝光时间

初级 X 射线的强度是设置的高电压值和电流值的函数。穿透样品的 X 射线强度取决于初级 X 射线的强度、样品吸收系数以及样品的材料和厚度。而胶片上显示的放射照相图的亮度和对比度由穿透的 X 射线强度、曝光时间和胶片的感光度决定。要获得一个好的 X 射线放射照相图，其最佳参数选择通常是基于实际经验的。除了参数选择，样品周边和/或者胶片下面的引线屏蔽也有助于增加图像的对比度。根据阿贝衍射理论，随着样品和胶片距离的增加，图像中的几何模糊会更严重，为了获得高分辨率并使几何模糊最小化，必须将胶片放置得与样品越近越好。另外，X 光图像的分辨率还取决于随后对胶片图像进行观察所使用的光学显微镜的分辨率。

6.4.3　X 射线投影显微镜

与 X 射线接触显微镜不同，X 射线投影显微镜提供的是一个初级放大。这个显微镜的基本原理如图 6.29 所示。电子束通过一组磁透镜后聚焦到目标材料的一个小点上，样品放置在距离目标材料 1mm 以内的位置，这样 X 射线仅轰击样品的一小部分区域。胶片上产生的图像的放大倍数等于靶材-样品距离与样品-胶片距离之和除以靶材-样品距离。由于靶材-样品距离相对于样品-胶片距离非常小，所以 X 射线图像的放大倍数就等效为样品-胶片距离与靶材-样品距离之比。

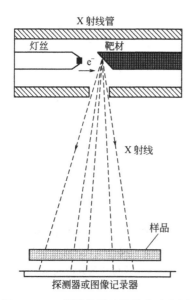
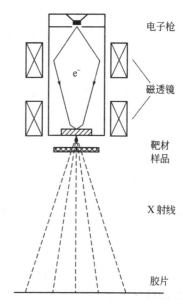

图 6.28　X 射线接触显微镜的示意图　　　图 6.29　X 射线投影显微镜的原理图

和 X 射线接触显微镜得到的图像一样，初级 X 射线图像随后也是在光学显微镜的高放大倍数下观察。由于初级图像已经有一定的放大倍数，这种技术的分辨率限制就由 X 射线显微镜和光学显微镜共同决定。利用 X 光投影技术，可以达到 $0.1\sim1\mu m$ 的分辨率，初级放大倍数可达 1000 倍。

X 射线投影显微镜和接触显微镜获得图像对比度的方法一样。两者的技术应用和操作也类似。除了更高的放大倍数外，投影显微镜也提供了更深的视场，使得在高放大倍数下可以得到成对的立体图像。然而，X 射线投影显微镜比接触显微镜更复杂并且更贵。

6.4.4　高分辨率扫描 X 射线衍射显微镜

近期 X 射线显微镜的发展促进了高分辨率扫描 X 射线衍射显微镜 （HR-SX-DM） 的发明。当样品被聚焦光束扫描过时，该设备可以记录详细的衍射模式。传统的 X 射线（或电子）扫描显微镜只能测量总传输密度。HR-SXDM 结合了 X 射线的高穿透力和衍射成像的高空间分辨率。从 HR-SXDM 得到的数以万计的衍射图像经过特殊的运算处理后，就形成了一个超高分辨率的 X 射线显微图像[22,23]。

HR-SXDM 的一个重要优势是提供深度分析的新可能性。传统的扫描电子显微镜通常提供样品表面的高分辨图像，并且样品必须放置在真空中。超高分辨 X 射线显微镜 （SR-XM） 就不需要如此。用 SR-XM，失效分析者可以不破坏封装，而深入观察半导体和塑封器件内部。因此，HR-SXDM 技术是一种用于描述塑封内部纳米缺陷的极强大的非破坏性分析技术，对于纳米级特征的先进半导体器件和塑封封装特别有用。

6.4.5　案例分析：塑封器件封装

在这个案例中使用的是型号为 MICRO RT Model B-510 的 X 射线接触显微镜。塑料封装被放置在一个可以朝三个方向移动的操纵台上，在样品室内调节样品的位置，通过 TV 成像系统监控样品调节。X 射线感光胶片插在封装和操纵台之间。

需要调节样品位置、适当选择 X 射线管电压和电流值以及胶片类型和曝光时间才能得到一个好的放射照相图。检查较厚的样品要用到高电压，有时还要用高电流。如果胶片对 X 射线更敏感，那么通常会选用低电压。通常选用的胶片有：干板 X 射线照相（Xeroradiography）、Kodak X-omat TL 和偏振类型 52、53、55。最佳曝光时间是由材料对 X 射线的吸收、样品厚度、X 射线管电压和电流、样品位置和芯片类型来决定的。在 MICRO RT 放射照相系统（Model B-510）的操作手册中可以找到较好的曝光指导。

图 6.30 显示了 18 脚 DIP 塑封器件的顶视和侧视图。该封装经历了 100 次 25℃到 200℃的热循环。目的是研究其在热循环测试后封装的内部结构。两个样品被放置在操纵台上，一只平放、另一只侧放。X 射线管电压设为 70kV、电流设为 0.4mA，用偏振类型 55 的胶片 2min 来捕捉 X 射线照片。为使几何模糊最小化，将胶片与样品放置得尽可能近以允许样品在胶片上一对一放大。然后用光学显微镜来放大胶片上捕捉的底片图像。

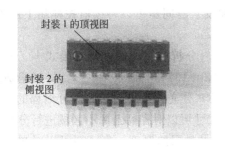

图 6.30　18 脚塑料封装的顶视和侧视图

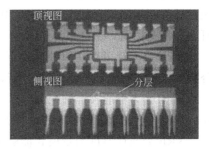

图 6.31　X 射线顶视图给出了 18 脚塑料封装的内部结构，侧视图给出了塑料/芯片分层

图 6.31 给出了图 6.30 中所示封装的放大 X 射线图像。实际上，这个放射图像是样品的投影。有时候会很难对图像进行辨别，尤其是在封装内有很多元件重叠在一起的时候。尽管图 6.31 中的顶视图（上面的图）清晰地显示了引线，中间区域是模塑料（MC）、芯片、芯片-粘接基板、模塑料的投影，如图 6.32（a）所示，却很难看到任何两个组成部分之间的界面。图 6.31 的侧视图（下面的图）显示了塑料/芯片界面，在模塑料与芯片之间的深色窄条表示塑料/芯片之间界面分层。

图 6.31 中的侧视图显示的基板/塑料界面不是很清晰，是因为界面处的图像与引线框架处的图像重叠在一起。将封装旋转 90°，在没有引线框架的一侧观察，可

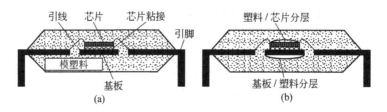

图 6.32　塑料封装中（a）没有分层与（b）塑料/芯片和基板/塑料分层

看到芯片基板/塑料界面分层，就像图 6.32（b）中所示。塑料/芯片和基板/塑料的界面分层都可以通过扫描声学显微镜来进行证实。

6.5　X 射线荧光光谱显微技术

XRF 光谱显微技术是一种快速、准确和非破坏性技术，用于确定和探测材料组成。它可以用于固体、液体和粉末状的样品，且很少或不需要进行样品制备。使用能量散射光谱系统时，样品也不需要放在真空腔体内。XRF 分光计类型包括从轻型手提式器件到桌面高的机械。

可移动的 X-Y 台子和变化的 Z 轴源使得样品尺寸有很大的灵活性：从单个的表贴器件到手提式轻便电子器件。摄像机和发射器同步可以持续监控样品上的点，可在分析前确定一个区域。

XRF 分光计可以在两种模式下工作：材料分析模式和厚度测量模式[1]。材料分析模式能进行宽范围的材料分析，从铝（$Z=13$）到铀（$Z=92$）。材料组成从 0.1% 到 100% 都能被准确探测到。典型的 XRF 分光计系统包括四个可编程的瞄准仪、机动化控制器。用 XRF 的 $100\mu m$ 瞄准尺寸可以对样品上的小区域进行分析。

XRF 分光计厚度测量模式能够测量已知材料层的厚度。每一层可以是单元素的也可以是合金的。XRF 分光计的穿透深度是根据所使用的材料而变化的，但能超过 $50\mu m$。

6.6　电子显微技术

第一台电子显微镜大约是在 20 世纪 30 年代制造的。其基本的思想是对以下原理的理解，模仿透镜对可见光的聚焦作用来利用磁场对电子束进行聚焦。现今已经有几百种电子显微镜的模型，包括很多不同基本思想的改变。与光学显微镜、扫描声学显微镜和 X 射线显微镜比较，电子显微镜有更强大的分辨能力，特定类型的电子显微镜甚至可以达到原子级的分辨率。另外一个特点是，电子显微镜不仅限于显示微结构的信息，也可以获得电子衍射图谱来提供结晶信息。直接的化学分析能提供样品的组成信息。

6.6.1　电子-样品相互作用

电子显微技术的发展伴随着多种电子-样品相互作用的微分析技术的发展。传统的技术包括扫描电子显微技术（SEM）、透射电子显微技术（TEM）、扫描透射电子显微技术（STEM）和与其它分析技术例如 X 射线和声学图像相结合的电子显微技术。当电子显微镜在工作时，通过高压产生电子，其中部分电子束（称为入射电子束）被用于瞄准样品。如图 6.33 所示，入射电子束以很多种方式和样品发生相互作用。

如果样品足够薄，则一部分入射电子会穿过样品。穿过的电子有不发生散射的（沿着入射电子束的方向穿透样品）和发生散射的（与入射电子束的方向成一定的角度）。因为这些散射和非散射的电子是从样品中穿过的，因此它们带有样品的微结构信息，透射电子显微镜用全面的探测系统收集这些电子，并将微结构图像投影到荧光屏上。TEM 图像就是样品微结构的投影。

当入射电子束打向样品时，一部分电子会从样品的上表面发生背散射。当入射的高能电子与样品作用时，样品中的部分电子也会受激并从上表面发射出去，它们叫做二次电子。背散射电子和二次电子携带的是样品表面的形态

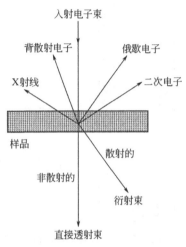

图 6.33　高能电子与样品相互作用产生的信号

信息。安装在扫描电子显微镜里面的背散射电子探头和二次电子探头将收集这些电子，并将信号传输到同步扫描的 CRT 上。从二次电子分析中得到的 SEM 图像呈现的是精确的、三维的形貌图，提供的是样品表面的形态信息。从背散射电子分析中得到的图像则用来分析样品的化学成分和结晶结构。STEM 可以被理解为 SEM 与 TEM 的结合。

除了 TEM 和 SEM 图像的探头，电子显微镜中也可以安装其它信号探测系统。当电子逃离原子之后，另一个更高能量的电子可能落到空位上，并释放能量。有时候，释放的能量导致二次电子发射，也叫俄歇电子。从样品中激发出来的 X 射线和俄歇电子携带的信息是原子的电子轨道能级，可以收集它们来明显地鉴别其化学组分。X 射线能量分析可以用波长色散（WDX）或者能量色散（EDX）来完成，后者更常用到。通常情况下，用 EDX 探测原子数大于 $Z=10$（氖）的元素，但实际上该技术能向下扩展到硼（$Z=5$）。

俄歇电子被俄歇电子分光镜（AES）收集，它的能量是由其母原子的能级决定的，且带有该原子的特性。因为俄歇电子的能量典型值在 0～2000eV 范围内，所以它们在能量耗尽之前在固体中穿过的距离被限制在 1～2nm 范围内，这个特性使 AES 技术具有高表面敏感度。

6.6.2　扫描电子显微技术（SEM）

现代分析用的扫描电子显微镜包含电子光学系统、全面信号探测设备和高真空环境。图 6.34 所示是扫描电子显微镜的结构图。

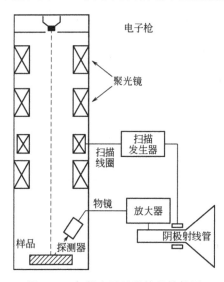

图 6.34　扫描电子显微镜的结构图

电子光学系统包括电子枪、聚光镜、扫描线圈和物镜。电子源通常为尖头的钨或者六溴化镧灯丝，用以发射电子束。灯丝保持在高电位，电子束就会被加速通过一个阳极接地小孔，穿过聚光镜系统并聚焦在样品上。加速电压决定了电子的波长 λ。例如对于 10kV 的加速电压，电子波长是 10^{-2}nm 量级的。如果电子显微镜的成像系统可以做得和光学显微镜一样有效，那么理论上其分辨率极限和波长是同量级的。遗憾的是，聚光镜与磁场共同使用来聚焦产生的偏差非常大，以至于实际的分辨率极限是 10^0nm 量级的。通常，扫描电子显微镜的加速电压在 5～30kV 范围内，在一些特殊情况下会用 1～5kV。分辨率还受样品导电性的限制，高导电性的样品可以获得较高的分辨率。

扫描电子显微镜成像通常用两个探测系统：二次电子探头和背散射电子探头。如果用较低的能量（<50eV），由高能电子束和表层相互作用而产生的二次电子在逃离表面之前可以在固体中穿过几个纳米。所以，在超过几个纳米的地方产生的二次电子就不能从样品中逃出。这个特性使二次电子图像具有高的分辨率。但是，由于在样品表面附近（只有几个纳米厚）相互作用范围小，以及产生的信号相对较弱，所以二次电子图像的对比度较低。背散射电子的传输距离（能量>50eV）可达 10～100μm，取决于样品的材料。由于样品内有大量的相互作用，所以能产生较强的信号。背散射图像与二次电子图像相比较有更清晰的对比度，但分辨率较低。

对于传统的 SEM 和 TEM 而言，高真空系统是非常重要的。必须有足够的真空等级来避免电子和空气原子相碰撞而改变电子的路径。另外，碰撞反应残留的物质淀积在样品、物镜光圈和其它显微镜元件上，会产生污染，使微结构的观察变模糊,并且改变设备的成像特性。在传统的电子显微镜中,柱体压力在 10^{-6} Torr 量级,电子枪压力可达 10^{-9} Torr (1 Torr＝1mmHg) 量级。通常用三级的真空系统来创造高真空条件:一个机械泵 (10^{-3} Torr)、一个扩散泵 (10^{-6} Torr) 和一个离子泵 (10^{-9} Torr)。

操作变量的选择和调节对于得到高质量的 SEM 图像是非常重要的。在 SEM 操作中,主要的变量有加速电压、束电流、最终光圈尺寸。如前文所述,高加速电压对 SEM 的分辨率是很关键的。然而,相互作用的影响和样品荷电效应也都必须考虑。高的电压通常用于得到背散射图像,低的电压通常用于得到二次散射图像。当施加高电压时,导电性不良的样品荷电会更严重。束电流通常通过选择电子束的束斑大小来调节,强信号需要大的电子束,但会降低分辨率。光圈尺寸也会影响分辨率。小光圈提供很好的分辨率,通常用于高放大倍数的图像;大光圈要允许大电子束流通过,适用于 X 射线光谱。光圈尺寸也会影响景深,如果到了低放大倍数的极限,就需要采用大光圈。

对于传统的 SEM 分析,样品表面必须覆盖一层薄的导电层来避免荷电。涂覆层的材料和技术有很多种,最常用的材料是碳、金、金-钯、铂金和铝。

SEM 技术作为一种强有力的工具在半导体器件和封装检查领域得到了广泛应用。小的缺陷,例如半导体上的针眼和小丘、静电放电导致的空洞、过电应力导致的短路、钝化层气泡线裂缝、金属化电迁移导致开路、树枝状生长和键合失效都可以很容易地被检测到。SEM 也可以用作电学测试设备。当器件施加偏压后,SEM 图像的对比度就会随着偏置电压的幅度而增强,这个技术叫做电压衬度像。器件的负偏压区域会变亮,正偏压区域会变暗。可以通过比较偏置区域的对比度来探测失效点位置。

6.6.3　环境扫描电子显微技术 (ESEM)

ESEM 是一种特殊类型的 SEM,在控制的环境条件下工作,样品表面不需要导电层。ESEM 样品室的压力为 1～20Torr,或者根据不同的模型从 1Torr 到 50Torr 进行调节,仅比大气压低 1～2 个数量级。相比之下,传统 SEM 样品室的压力为 10^{-5} Torr 或更低,比大气压低 6 到 7 个数量级。这样的压力条件使研究者能检查无准备的、无涂覆层的样品,其表面没有荷电和高真空损伤,即能够在样品的自然状态下进行检查。ESEM 中的环境气体可以从水蒸气、空气、氮气、氩气、氧气等中进行选择。用 ESEM 可以展示润湿、烘干、吸收、融化、腐蚀和结晶的动态特性。

ESEM 可以在一定的电压下工作而不产生荷电,因为二次电子探测器是基于气体电离的原理进行设计的,如图 6.35 所示。当入射电子从电子枪系统发射出来时,样品表面的二次电子在适度的电场偏置作用下朝着探测器加速,电子和空气分子的碰撞会产生更多的自由电子,因此能提供更多的信号。气体中产生的正离子有效

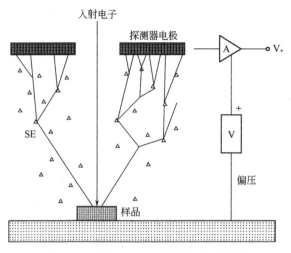

图 6.35　环境扫描电子探测器的结构图

地中和样品上过量的电子电荷。合适的工作压力控制样品表面的荷电。压力源可以是水蒸气、空气、氩气、氮气或其它气体，这取决于环境的需求。4 段真空等级（电子枪室、光学柱体、探测器室和样品室）通过电脑控制真空系统维持在 $10^{-7} \sim 10^{1}$ Torr。

除了传统 SEM 的参数设置，样品室压力是 ESEM 的一个重要参数。调节样品室压力有助于提供更强的信号，并且得到对比度更清晰的 ESEM 图像，因为调节压力控制了样品和二次电子探测器之间的气体分子数目。样品室里的环境相对湿度也可以通过调节样品室压力来改变。在室温附近，相对湿度可以在 20％～90％之间变化。然而，这过程并不容易。因为要得到好的图像，其它参数也要进行恰当的调节，如电子束大小、电压、图像对比度和亮度。

样品室对真空级别的要求低，使得样品室中有较大的工作空间。温度台、机械测试系统（张力、压力、四点弯曲或者切力模式下）、微控制器/微注射器系统都可以安装在样品室内以进行各种动态检测，如电子封装中不同失效机理的模拟。ESEM 的另一个优点是工作在可控的环境条件下，功能像普通的 SEM 一样，但不需要牺牲分辨率。

6.6.4　透射电子显微技术（TEM）

TEM 由全面的电子光学系统、电子发射和投影系统、高真空环境组成。图 6.36 所示为透射电子显微镜的结构图。电子光学系统包括电子枪、聚光镜、物镜和投影镜系统。高真空对于连续成像和避免污染来说仍旧是一个关键条件。与 SEM 相比，电子枪上会施加更高的电压，这样入射电子会携带足够的能量穿透样品。TEM 的极限电压通常在 100kV 到 1000kV 之间，取决于对特定 TEM 分辨能力的需求。极限电压越高，TEM 分辨力越高，且可处理更厚的样品。超高极限电压的 TEM 的极限分辨率可以达到亚埃级（$1\text{Å}=10^{-10}\,\text{m}$）。

用 TEM 进行电子材料和封装的失效分析时，可使用不同的工作模式。亮场和暗场模式用于得到不同衍射对比度的图像；而高分辨率模式可用于得到相位对比图像，这种模式对于半导体/氧化层/金属化中的界面失效模式的失效分析尤其有用。下面将讨论这三种模式。

亮场模式 如前所述，通过样品传输的电子分为非散射电子和散射电子。前者和入射电子束传输方向平行，叫做直射电子束；后者相对入射电子束的方向是分散的。如果电子散射没有能量损失，就叫做衍射电子束。衍射电子与直射电子束之间的角度，根据布拉格规律来确定，为 2θ。当然，对于任何晶体状的样品，有很多这样的衍射电子束。通常所有的衍射电子束都会在物镜光圈停止，并只有直射电子束对亮场图像做贡献，如图 6.37（a）所示，亮场成像模式在 TEM 操作中是最常用的。

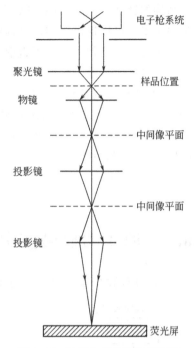

图 6.36 透射电子显微镜结构图

暗场模式 作为亮场成像的替代方式，直射电子束被阻挡，而由一束衍射电子束来成像。暗场图像如图 6.37（b）所示。可以通过移动物镜光圈的位置来得到暗场成像，如图所示，由于电子射线是偏离轴线的，因此会使分辨率更差。作为备选方案，电子枪是倾斜的，以使入射电子束以一定的角度撞击样品。由于现在是用衍射电子来成像，其对比度和亮场成像所看到的相反。暗场技术在缺陷或微粒成像时特别有效，因为对图像有贡献的电子只在缺陷或微粒处发生衍射。

高分辨率模式 暗场和亮场对比统称为衍射对比。尽管衍射对比可以反映很多

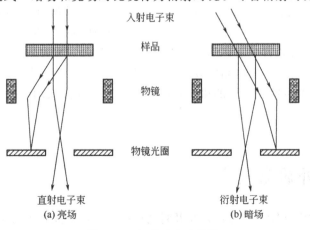

图 6.37 衍射对比示意图

211

微结构的特征，但却不能反映周期性的晶体结构本身。一种能够反映此对比的高分辨率技术，可以提供周期性晶体结构的信息。从直射电子束和衍射电子束之间的相位差异可以得到相差。除了直射电子束，通过打开物镜光圈使更多的衍射电子束通过，就可以画出原子位面。

TEM 样品制备是一个破坏性的和耗时的过程。芯片被微划分成 0.5mm 厚和 3mm 直径的圆片。然后将圆片抛光到几个微米厚。用离子刻蚀技术将圆片的中心研磨到 10nm 或更小的厚度。最后一步和传统 SEM 样品制备一样，也需要涂覆导电层。在 TEM 中也要用到辅助控温台和应变台。在塑封器件的失效分析中，SEM 比 TEM 更常用。

6.7 原子力显微技术

根据应用的不同，原子力显微技术（AFM）可以以不同模式工作。AFM 成像模式可以分为两种类型：静态（接触）[24] 和动态（非接触）。原子力显微镜的示意图见图 6.38。来自激光源的光线被悬臂反射，由光电二极管探测并通过电子装置进行处理。因此，从悬臂在样品表面的位置就可以获得其形貌信息。

为了防止 AFM 悬臂针尖和样品表面发生碰撞并产生损坏，扫描过程中，针尖和样品之间的距离通过反馈方法来保持[25]。因此，AFM 中针尖和样品之间的力保持恒定，以防止损坏样品。

传统上 AFM 中的样品会放置在压电管上，使样品可以在 Z 轴上移动而维持恒定力，并在 X 和 Y 方向上移动来扫描样品[26]。另外一种方法是，三个压电晶体组成"三脚架"，每一个压电晶体分别在 X、Y 和 Z 方向上扫描。用三脚架可以免去用压电管扫描时可能观察到的扭曲效应。从 X 和 Y 的函数获得区域的图像，也就是样品的形貌。

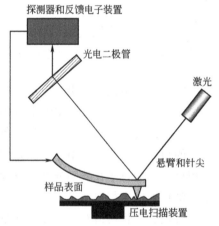

图 6.38 原子力显微镜示意图

6.8 红外显微技术

红外显微镜（IRM）通常是在开封之后应用。红外光很容易穿过硅（如果不是重掺杂），并在相反的表面（例如，铝）反射回来。因为半导体的体材料是硅，所以可通过器件的背面对其内部和顶表面的异常处（例如裂开的地方）和特征处（例如金属线）成像。这个显微镜也是发射分布成像器，可以对激光二极管发射出来的红外线进行探测。这对于确定激光二极管的失效机理是非常重要的信息。

在热发射探测和分析中，采用波长为约 $10\mu m$ 的红外辐射。利用扫描红外显微镜显示器件表面的温度分度，灰度标尺对温度进行区分并准确地找出热点。测量精度取决于放大倍数、平均温度和热辐射系数。因为硅对波长为 $0.8\mu m$ 到 $1.3\mu m$ 的红外波是透明的，所以由特殊红外传输光学系统、红外探测头和监测器组成的显微镜，可以很容易地探测芯片表面下的失效模式，如金键合球和铝金属化焊盘间界面的失效、铝金属化表面下的腐蚀、硅沉淀物和静电放电引起的损伤。红外显微技术可以用于硅芯片的光学检测、金铝键合质量、金属导体腐蚀、芯片裂纹的检测，以及发光二极管和半导体激光器的近场红外成像。尽管红外显微技术对于塑封元件的失效分析非常有用，但

图 6.39　扫描红外显微镜

受分辨率限制，它在亚微米结构的失效分析中不能令人感到满意。另外，很多封装材料是红外线不能穿透的，所以传输红外技术仅限于小部分材料，例如硅和砷化镓。图 6.39 所示为扫描红外显微镜。

6.9　失效分析技术的选择

针对特殊封装，失效分析者必须决定选用哪种缺陷和失效分析技术来探测缺陷和失效模式。错误地使用失效分析技术会影响分析并可能导致错误的分析结论。失效分析的顺序必须是先进行 NDE，再进行破坏性技术。另外，对所分析封装的状态和失效分析设备性能的双重考虑，在很大程度上会影响失效分析技术的选择。与封装或者元器件条件及构成相关的重要因素包括：

□ 历史（工艺、应用、环境）；

□ 材料；

□ 结构尺寸；

□ 几何结构；

□ 可能的失效模式；

□ 可能的失效位置。

与分析工具性能相关的因素包括：

□ 分辨率；

□ 穿透率；

□ 方法（破坏性的或非破坏性的）；

□ 样品准备要求；

□ 成本；

□ 时间。

要分析一个失效的封装，首先要考虑其工艺和应用的历史。这有助于选择合适的失效分析技术并且快速定位失效。电偏置、温度、相对湿度、振动条件、辐射等都是需考虑的会影响封装的环境历史条件。如果不能获得这些信息，那么经验就非常重要了。了解封装的组成材料也是很重要的，例如：金属材料可能会产生电迁移导致失效；聚合物材料可能导致与水汽吸收相关的失效；多材料的封装可能出现热膨胀系数失配导致的界面失效。

对封装中元件尺寸的考虑有助于选择合适的失效分析工具。例如，塑封表面的污染失效用传统的光学显微镜很容易就能确定，而如果是亚微米栅长的场效应晶体管的栅表面有污染，则要用高分辨率的分析工具来检测，像扫描电子显微镜。对封装几何结构、可能的失效模式、可能失效位置的考虑，对于决定是否需要开封、是否可用非破坏性分析技术等问题也是至关重要的。

回顾封装的状态可以使失效分析者明白特定失效封装对相关失效分析的需求，以及选择满足需求的、合适的失效分析技术。

每一种技术都有其分辨率和穿透率限制。图6.40所示为各种失效分析技术的横向分辨率与穿透深度的整体比较。X射线显微镜有最好的穿透深度，然后是扫描声学显微镜，$1\mu m$的横向分辨率是它们的极限。在这些技术中，只有电子显微镜（TEM，SEM，HE ESEM）能够越过这个极限，透射电子显微镜有最好的分辨率。半导体衬底上的氧化层厚度通常小于$1\mu m$（几个到几百纳米），所以用这些技术能较好地探测到氧化层失效。

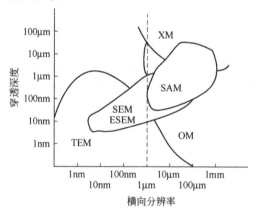

图6.40 各种失效分析技术的横向分辨率
相对于穿透深度的对比示意图

ESEM—环境SEM；OM—光学显微技术；SAM—扫描声学显微技术；
SEM—扫描电子显微技术；TEM—透射电子显微技术；XM—X射线显微技术

样品制备和破坏性需求也是要考虑的。除了环境扫描电子显微镜，电子显微镜的使用通常都需要破坏性的样品制备，例如，剖面、剥层、永久性的涂覆层和开封。透射电子显微镜需要对样品制作剖面，而传统的扫描电子显微镜至少需要涂覆导电层。微电子封装中的一些失效模式，例如微裂纹、界面分层、键合断开等都有可能是在样品准备过程中引入的，并误导分析者。

幸运的是，大量的非破坏性分析技术例如扫描声学显微技术和 X 射线显微技术，能用于探测内部失效模式。然而这些技术不能提供高分辨率的图像。需要在分辨率和非破坏性方法之间达到一个折中。在前面的失效分析技术中，很明显，环境扫描电子显微镜和原子力显微镜有较高的分辨率，并且不用剥层或者永久性涂覆，但是它们只能探测样品表面暴露的失效，而不能对未开封的塑料封装的内部失效进行成像。最有效的缺陷和失效分析方法是，首先用非破坏性方法来探测其内部失效，然后通过做剖面或开封并应用高分辨率的分析工具来证实该缺陷。

通常，用到高分辨率技术的失效分析其成本更高，并且如果需要制备样品会需要更长时间。透射电子显微镜（0.2nm 分辨率）通常比光学显微镜（1μm 分辨率）的费用高 30 到 40 倍。然而也有例外，特别是新开发的失效分析技术。已经商品化的原子力显微镜在分辨率上可以和扫描电子显微镜（2～5nm）相比较，并且只花费后者的 20%。成本也取决于其它的因素。扫描声学显微镜也有类似的结果，如果用低频率的换能器则费用更低，其分辨率可以和光学显微镜相比较。

表 6.4 中列出了与封装相关的缺陷和失效分析技术。外部的封装失效模式不需开封就可进行检查。内部失效模式通常需要开封来进行失效检查，除非是使用非破坏性技术像扫描声学显微镜或者 X 射线显微镜。大多数情况下，分析某种特定的失效模式要用到表 6.4 中所列的一种以上的技术。当必须考虑分辨率或者失效位置时，这些技术提供了备选方案。例如，对于检测界面分层，扫描声学显微镜是合适的选择，因为它具有非破坏性的穿透能力。然而，SAM 的分辨率不够高而检测不到器件内部亚微米级的分层，例如超大规模集成电路（VLSI）和巨大规模集成电路（ULSI）器件。在这种情况下可以用 ESEM，但可能需要制作样品的剖面，需格外小心。为了确定一种特定的缺陷或失效模式，通常要用到 2 种或更多的分析技术。

表 6.4　封装缺陷/失效以及相应的失效分析技术

缺陷或失效	失效分析技术
引线变形	XM,OM
底座偏移	XM,OM
密封料空洞或外来颗粒	SAM,SEM,ESEM
密封料裂纹	OM,ESEM,SEM,EDX,SLAM
密封料/芯片分层	SAM,IRM,ESEM,SEM,OM,SLAM

注：EDX 为 X 射线能谱分析技术；ESEM 为环境扫描电子显微技术；IRM 为红外显微技术；OM 为光学显微技术；SAM 为扫描声学显微技术；SEM 为扫描电子显微技术；SLAM 为扫描激光声学显微技术；XM 为 X 射线显微技术。

6.10　总结

　　缺陷和失效分析技术在生产高质量和高可靠的封装微电子器件中起着重要的作用。最有效的失效分析顺序是先非破坏性分析后破坏性分析。非破坏性方法包括光学显微技术、X 射线显微技术、扫描声学显微技术和原子力显微技术。在 NDE 之前，进行全面的电学测试来揭示失效模式和可能失效点。

　　破坏性评价方法包括对密封料的分析测试、开封、内部评价、选择性剥层、失效模拟和最终检测。在开封和剖面后的内部评价可能会用到电子显微技术、光学显微技术、红外显微技术和 XRF 荧光光谱技术。

　　高分辨率电子显微技术的使用随着 VLSI 和 ULSI 的蓬勃发展而增多。传统的 SEM 和 TEM 需要高真空条件和样品涂覆层准备。环境扫描电子显微技术可以在控制的环境条件下观察微观形态，而不用涂覆导电层，它已经发展成为一个对微电子封装的微结构特性描绘非常有用的技术。ESEM 的这个优点在检测有介电材料的器件时特别便利，例如聚合物或者陶瓷。作用在不同封装等级上的静态和循环环境效应都能够用 ESEM 进行动态研究。

参 考 文 献

［1］　Center for Advnced Life Cycle Engineering（CALCE），"Failure analysis"，http：//www. calce. umd. edu/general/Facilities/decap. htm，August 2008.

［2］　Yang，D. G.，Jansen，K. M. B.，Ernst，L. J.，Zhang，G. Q.，Beijer，J. G. J.，and Janssen，J. H. J.，"Experimental and numeracal investigation on warpage of QFN packages induced during the array molding process，" IEEE 6th International Conference on Electronic Packaging Technology，2005.

［3］　Lin，T. Y.，Njoman，B.，Crouthamel，D.，Chua，K. H.，Teo，S. Y.，and Ma，Y. Y.，"The impact of moisture in mold compound preforms on the warpage of PBGA package，" Microelectronics Reliability，vol. 44，pp. 603-609，2004.

［4］　Beijer，J. G. J.，Janssen，J. H. J.，Bressers，H. J. L.，van Driel，W. D.，Jansen，K. M. B.，Yang，D. G.，and Zhang，G. Q.，"Warpage minimization of the HVQFN map mould"，6th *Conference on Thermal*，*Mechanical and Multiphysics Simulation and Experiments in Micro-Electronics and Micro- Systems*，2005.

［5］　Han，B. and Han，C.，"Shadow Moire using non-zero Talbot distance，" US Patent 7，230，722，2007.

［6］　ASTM D2240，"Standard test method for rubber property-durometer hardness，" American Standard and Testing Methods.

［7］　Byrne，W. J.，"Three Decapsulation Methods for Epoxy Novalac Type Packages"，*IEEE* 18*th Annual Proceedings of the Reliability Physics Symposium*，1980，107-109.

[8] Pfarr, M. and Hart, A., "The Use of Plasma Chemistry in Failure Analysis". *IEEE* 18th *Annual Proceedings of the Reliability Physics Syposium*, pp. 110-114, 1980.

[9] Song, B, "Reliability evaluation of stacked die BGA assemblies under mechanical bending loads," Masters Thesis, University of Maryland at College Park, 2006.

[10] Campos, D. M., Bailon, M. F., Camat, R. J., Gozun, R. M., Manay, R. L., and Somera, F. R., "Breakthroughs in the analysis of leakage failures in PBGA packages", 13th International Symposium on the Physical and Failure Analysis of Integrated Circuits, pp. 244-247, July 2006.

[11] Richards, B. P. and Footner, P. K., "Failure Analysis in Semiconductor Devices: Rationale, Methodology and Practice", *Microelectronics Journal* 15, pp. 5-25, 1984.

[12] Southworth, H. N., *Introduction to Modern Microscopy*, Wykeham, London, 1975.

[13] Olympus Microscopy Resource Center, http: //www. olympusmicro. com/primer/techniques/ polarized/ polarizedintro. html, 2008.

[14] Semmens, J. E. and Kessler, L. W., "Nondestructive Evaluation of Thermally Shocked Plastic Integrated Circuit Packages Using Acoustic Microscopy", *Proceedings of th zinternational Symposium on Testing and Failure Analysis*, ASM International, pp. 211-215, 1988.

[15] ANSI/IPC-SM-786, "Recommended procedures for the handling of moisture sensitive plastic integrated circuits packages," Institute for Interconnecting and Packaging Electronic Circuits (IPC), December 1990.

[16] Kessler, L. W., "Acoustic Microscopy", *Metals Handbook*, *Ninth Edition*, *Nondestructive Evaluation and Quality Control*, ASM International, Materials Park, OH., pp. 465-482, 1989.

[17] Cichanski, F. J., "Method and System for Dual Phase Scanning Acoustic Microscopy", U. S. Patent 4, 866, 986, September 1989.

[18] Selfridge, A. R., "Approximate Material Properties in Isotropic Materials" *IEEE Transactions on Sonics and Ultrasonics SU*-32, No. 3, pp. 380-394, May 1985.

[19] Oishi, M., "Nondestructive evaluation of materials with the scanning laser acoustic microscope," IEEE Electrical Insulation Magazine, vol. 7, no. 3, pp. 25-30, 1991.

[20] Manzione, L. T., *Plastic Packaging of Microelectronic Devices*, Van Nostrand Reinhold, New York, pp. 273-279, 1990.

[21] Niemann, B., Schmahl, G., and Rudolph, D., "X-ray Microscopy: Recent Developments and Practical Applications", *Proceedings SPIE*368, pp. 2-8, 1982.

[22] Pfeiffer, F., "Super-resolution X-ray microscopy," Nanotechnology Today, August 17, 2008 (http: //nanotechnologytoday. blogspot. com/2008/08/super-resolution-x-ray-microscopy. html).

[23] Thibault, P., Dierolf, M., Menzel, A., Bunk, O., David, C., and Pfeiffer, F., "High-resolution scanning x-ray diffraction microscopy," Science, vol. 321, no. 5887, pp. 379-382, July 2008.

[24] Zhong Q., Inniss, D., Kjoller, K., and Elings, V. B. "Fractured polymer/silicalfiber

217

suiface studied by tapping mode atomic force microscopy" *Suiface Science Letters*, Vol. 290, pp. 688-692, 1993.

[25] Martin, Y. , Williams, C. C. , and Wickramasinghe, H. K. , "Atomic Force Microscope: Force Mapping and Profiling on a Sub 100Å scale", *Journal of Applied Physics* 61, pp. 4723-4729, 1987.

[26] Binnig, G. , Quate, C. F. , and Gerber, C. , "Atomic force microscope," Physical Review Letters, 56, p. 930, 1986.

第7章 鉴定和质量保证

电子封装必须符合其预期应用下规定的质量和可靠性要求。质量是某一产品与其相关规范、指南和工艺标准的符合程度。电子封装必须表现出在规定容差范围内的相关特征和特性。可靠性定义为产品在规定的时间、规定的寿命周期应用条件下，完成其功能、且在规定的性能限值之内而没有失效的能力。用简单的术语说，可靠性就是生存的概率，或不失效的概率。

为评价质量和可靠性，电子封装必须经历一个"鉴定"过程。鉴定是一个证明电子封装能满足或超过规定的质量和可靠性要求的过程。它包括其功能和性能的验证、在系统应用中的确认（如果适用）、可加工性和可靠性的验证[1,2]。它旨在评价电子封装在规定时间内、规定操作和环境条件下的性能。

鉴定过程包括虚拟鉴定、产品鉴定和量产鉴定。虚拟鉴定是用于证明电子封装的设计符合可靠性要求。产品鉴定是用于评价电子封装的原型。量产鉴定发生在产品的大量生产阶段，以检验其质量和功能。有缺陷的封装（表现出质量不一致性的特征）可通过一系列质量保证试验或筛选试验来识别和剔除。失效物理（PoF）促使了鉴定过程中对电子封装中失效机理的理解，使其更有效率。

本章首先介绍了鉴定和可靠性评估的简要历程，然后给出了电子封装的鉴定流程，讨论了在不同阶段的鉴定流程包括虚拟鉴定、产品鉴定、量产鉴定（如质量保证试验或筛选）。并深入讨论了质量保证流程，包括筛选试验类型、筛选应力和时间、工艺过程筛选以及减少和排除筛选。

7.1 鉴定和可靠性评估的简要历程

鉴定和可靠性评估可追溯到 20 世纪 40 年代的二战时期，由 Wernher von Braun 博士领导的团队开发了针对 V-1 导弹的第一个可靠性模型[3-5]。尽管早在此之前工程师们已经努力追求可靠或没有失效的产品。例如，1860 年 A. Wohler 获得了疲劳失效曲线"S-N 曲线"，揭示了机械部件施加的应力与失效循环次数之间的关系。利用 S-N 曲线，可设计出在一定使用应力下不会失效的产品。

对于电子产品的第一次可靠性评估发生于 1950 年，当时组建了一个电子设备可靠性咨询小组，接着美国国防部于 1952 年组建了电子设备可靠性咨询小组（A-GREE）。1956 年，由罗姆空军发展中心（RADC）资助，McGraw-Hill 出版社出版了第一本可靠性手册《地面电子设备的可靠性要素》。

1956 年 11 月,美国无线电集团（RCA）发行了名为《电子设备的可靠性应力分析》的出版物。该书提出了元器件失效率的计算模型,并首次引入了激活能和给出了 Arrhenius 关系。其它可靠性出版物随之很快发行,包括 1959 年的《RADC可靠性手册》、1960 年的《可靠性应用与分析指导》、1962 年的《失效率》以及1965 年的美国军用手册《MIL-HDBK-217》[6]。

MIL-HDBK-217 由美国海军发布,它仅提供了对所有单片电路的 0.4×10^{-6}的单点失效率。1973 年,基于波音飞机公司的前期工作,RCA 开发了一种新的可靠性预计模型。该模型由两部分组成:与稳态温度相关的失效率和机械失效率。器件特征仅考虑两种复杂度因子,并假设器件工作寿命失效分布服从指数分布。该模型由美国空军发布在 MIL-HDBK-217B 上,在已发布的其它版本上如 C、D、E、F版对最初的可靠性模型进行了修改。

可靠性模型及其预测从其初期以来已经历很长一段历程。采用单值失效率的早期集成电路可靠性模型不够准确,它没考虑应力、材料和结构的影响。所收集的失效数据,由于受各种因素如设备故障、维修错误、不适当的报告、混合工作环境条件共同影响而使失效率表现为常数[7]。此外,早期生产的电子元器件也受其固有的高失效率影响[8]。由于早期和耗损期失效的多模分布导致在工作寿命中出现近似恒定的失效率。

电子元器件的失效率曲线一般由三类失效组成:早期失效、随机失效和耗损失效。早期失效主要由于电子产品制造和组装过程中的缺陷或瑕疵造成。曲线的第二部分具有恒定的随机失效率,是在产品的正常寿命中由于未知或随机的原因导致的失效。第三部分失效率是由于耗损失效造成的,它随时间的延长增加。这三类失效的早期的失效率曲线被称为"浴盆曲线",如图 7.1 所示,在这种情况下,早期失效率随时间增加而不断减少。

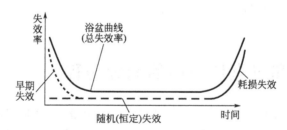

图 7.1　由早期失效、随机失效和耗损失效组成的浴盆曲线

一些研究表明,对于许多电子产品的失效来说,用浴盆曲线来描述并不准确[7-10]。在元器件工作寿命的早期阶段,早期失效率可由多种失效率分布组成,如图 7.2 所示。这种失效称为"过山车曲线",其失效率曲线类似于图 7.2,每种早期失效率分布随时间增加,而整体上的早期失效率可能仍在减少。

随着失效分析技术的发展,电子产品的根本原因分析和物理模型的建立,可靠性评价已从纯粹基于外场数据失效率评估演变到考虑了封装特性和负载应力的基于

失效物理的预计模型。失效物理的概念由
Pecht 等人于 20 世纪 90 年代率先提出，它
为当代电子学术界提供了处理电子产品可靠
性问题的一种方法，其关键就是对决定电子
产品退化的潜在机理的根本理解。然后，对
各种失效机理赋予恒定比率或最大限制，以
获得电子产品的预期寿命[11-18]。

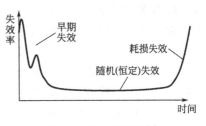

图 7.2　过山车曲线[7]

　　失效物理方法涉及对导致产品退化和最
终失效的物理过程（或机理）的认识和理解。它是一种基于失效机理进行设计和开
发可靠产品以预防失效的方法[2]。失效物理方法可用于可靠性工程应用，包括可
靠性设计、可靠性预计、试验规划以及诊断。在产品的设计或试验中，失效物理要
求充分了解产品及其在预期寿命周期内的应力剖面，以识别潜在失效部位和失效
机理。

　　失效机理是产生退化并可能导致产品失效的物理（如化学、机械、热动力学）
过程。特定的失效机理是否发生并导致失效，取决于环境（如温度、湿度、污染
物、辐射）和工作应力条件（如电压、电流、产生的温度）。除了应力条件，失效
机理还与产品结构和材料有关。基于失效物理模型的电子产品寿命预计可采用适当
设计的、考虑各种应力激励的专门设计的加速试验方法来验证。

　　失效机理的确认是系统可靠性评估和鉴定试验设计的基础，已经被 EIA/JE-
DEC、SEMATECH，半导体制造公司协会如 Intel、IBM、AMD、Infineon、Phil-
ips、TI 所接受。Intel 公司的产品鉴定方法[19]包含如下行为：

　　① 基于目标市场划分（如桌面电脑、服务器、笔记本）来定义环境载荷、寿
命和制造使用条件；

　　② 明确相关可靠性中的可能应力；

　　③ 为建模和试验（如单独试验、在板试验）估算应力水平；

　　④ 定义必要的加速试验条件以识别失效机理；

　　⑤ 遵从失效物理原理，确定试验的最终应力条件。

　　国际电子电气工程师协会（IEEE）1413 标准给出了电子系统（产品）或设备
的可靠性预计流程框架。符合 IEEE 1413 标准的可靠性预计报告必须包括开展可
靠性预计的原因，采用可靠性预计结果的目的，不同采用可靠性预计结果的警告，
以及在何处采取必要的预防措施。

　　传统上，多数情况下电子产品或电子设备的设计、开发、试验和鉴定受规范、
标准、手册、规程和指南的约束[21]。尤其是军用电子产品，它要求与严格的军用
规范或规格一致。这些规范的目的就是缩小与设计、产品、可靠性等相关的不确
定性、可变性。然而，随时间推移它已变得更加繁琐而不是带来便利。

　　随着技术的快速进步，在执行和更新手册和规范中已遇到许多重要的问题，导
致大量的例外情况、推诿扯皮、文档堆积、人手增加，以及只被少数内行的承包商

所理解的规章泥潭。随着微电路工业的快速增长和电子元器件使用的增加，商用电子工业在 20 世纪 60 年代开始从军事工业中分离。商用设备制造商意识到每个供应商都有不同的设计和工艺，它需要裁剪的工艺控制而并不是单一的通用方法。

可靠性预计方法包括基于外场数据、试验数据、应力和损伤模型、各种手册的比较，见表 7.1 所示。这方面的比较来自 IEEE 可靠性预计标准 1413[20]，它明确了一个可信的可靠性预计需要的关键因素。所列的手册来自于公司或机构，包括美国可靠性分析中心、贝尔通信（现在的 Telecordia）、汽车工程师协会（SAE）和军方。

鉴定必须包括适当的可靠性预计方法，以识别失效模式、失效机理、产品特征、寿命周期环境应力。鉴定过程与产品的失效率特征相关，包括早期失效、随机失效和耗损失效。早期失效可通过制造工艺改进、统计控制及必要的筛选等质量保证方法减少和排除。耗损失效可在设计和产品鉴定中预计和加固设计。先进的可靠性模型和预计方法将带来更全面和更有效的鉴定过程。

表 7.1　各种可靠性预计方法的比较

已包含或已明确	外场数据	试验数据	应力和损伤模型	手册方法				
				MIL-HDBK-217	RAC PRISM	SAE HDBK	Telecordia SR 332	CNET HDBK
方法来源	有	有	有	无	有	无	无	无
假设	有	有	有	无	有	有	有	无
不确定性来源	能	能	能	无	无	无	无	无
结果限制	有	有	有	有	有	有	有	有
失效模式	能	能	能	无	无	无	无	无
失效机理	能	能	能	无	无	无	无	无
置信水平	有	有	有	无	无	无	无	无
寿命周期环境条件	能①	能②	有③	无④	无④	无④	无④	无④
材料、形状、结构	能	能	能	无	无	无	无	无
部件质量	能	能	能	无	有	无	有	有
可靠性数据或经验	有	有	有	无	有	无	有	无

① 如果外场数据是在相同或相似的环境下收集，可计入全寿命周期条件。
② 可考虑用于评估产品可靠性的试验设计。
③ 作为失效机理物理模型的输入。
④ 没有考虑到环境的不同方面。
注：CNET 为法国国家电信研究中心；RAC 为可靠性分析中心；SAE 为汽车工程师协会。

7.2　鉴定流程概述

鉴定过程由三个阶段组成：虚拟鉴定、产品鉴定、量产鉴定，见图 7.3。虚拟鉴定，也称"设计鉴定"，是不做任何物理测试，对产品的功能和可靠性能力进行评估。虚拟鉴定采用基于失效物理的计算机辅助建模和仿真方法，因此，它也可称为基于失效物理的方法[22]。

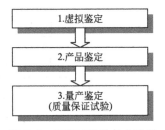

图 7.3 鉴定过程的各个阶段

产品鉴定是对产品原型开展基于物理的试验评价。产品鉴定试验通常在加速应力条件（因此称为"加速试验"）下开展，以验证产品是否满足或超过其预期的质量和可靠性要求。试验条件和加速试验类型可用摸底试验来确定，以明确产品能承受的应力极限。

在虚拟鉴定和产品鉴定之后，电子封装投入量产。在制造过程或之后，对产品进行检查和试验以评估其质量，筛选出有缺陷的元件。这是整个鉴定过程的第三阶段，通常称为质量保证试验或筛选。

虚拟鉴定和产品鉴定已在产品设计和开发占有很大一部分，见图 7.4。在这流程中的各交叉点，可赋予其成熟度等级以显示进度和为下一阶段准备就绪。设计和产品鉴定过程可能包含反馈和重复，如图 7.5 所示。如果在虚拟鉴定过程中发现产品设计不符合要求，则需要在进入下一阶段前改进，然后重新进行虚拟鉴定。同样，当设计已经通过虚拟鉴定，但不满足产品鉴定阶段的鉴定要求，也有必要反馈信息和进行改进。这时，虚拟鉴定过程，尤其是基于失效物理的模型可能会需要进行修改和重新评估。设计完成后，产品进入大量生产，面临工艺过程或之后的质量

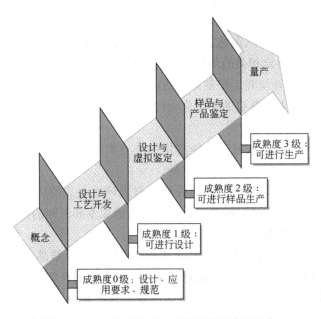

图 7.4 产品开发流程中虚拟鉴定和产品鉴定

（飞思卡尔半导体公司，http：//freescale.

com/files/abstract/misc/CPA ＿ QA ＿ HANDBOOK. pdf)

223

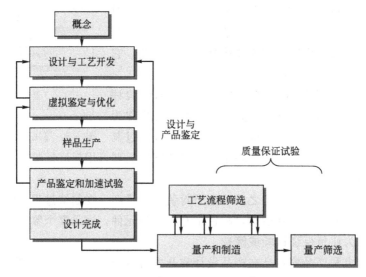

图 7.5　产品设计和制造工艺过程（包含反馈过程）
中鉴定和质量保证试验

保证试验。

鉴定过程应做到：

① 根据正常设计目标和应用要求来确定特定鉴定过程的目标。例如，要求电子部件的失效数 500 只内不得超过 4 只，即等效于 0.8％的失效或 99.2％的可靠度。

② 明确相关过程中（制造、系统组装、运输、储存和使用）的潜在失效模式和失效机理，以及确定相关的加速模型和加速因子。

③ 确定产品在环境和工作条件下的耐受应力极限。环境应力包括温度、湿度、污染物、热机械应力。典型的工作应力包括与时间和空间相关的静电放电、电流和电压。

④ 根据已明确的失效机理选择鉴定的应力类型和应力水平，应考虑加速因子和耐受应力极限来选择适当的应力水平。

⑤ 开展鉴定试验和收集必要的失效数据来评估产品的质量和可靠性。试验样本量的选择应达到鉴定的目标要求，但也应考虑成本和时间的权衡。制定合适的失效判据，以便通过参数监测发现失效。

⑥ 解释试验数据以评价产品的质量和可靠性。评价结果可以用来修正失效物理预计模型，应反馈试验结果和结论以便设计和工艺的持续改进。

鉴定试验的目的是：a. 评价产品的质量，判断其是否符合设计要求；b. 获得器件及其结构完整性的信息；c. 估计其预期工作寿命和可靠性；d. 评价材料、工艺和设计的效能。鉴定试验评估器件的预期寿命和设计完整性。大多数试验并不是正常应用条件下开展，而是在加速应力水平进行以加速器件相关部位的潜在失效机理。

　　成功的微电子封装抽样鉴定，并不能保证相同制造商根据相同规格要求生产的封装都会满足鉴定要求。鉴定应由制造商开展，尽管用户也会对特殊的应用开展鉴定试验。所有可能来源的数据应用于鉴定，这些来源包括材料、元器件供应商试验数据、相似项目的鉴定数据以及材料、元件和组件的加速试验数据。

7.3 虚拟鉴定

　　虚拟鉴定是整个鉴定过程中的第一阶段，它是应用基于失效物理的可靠性评估确定被试验产品是否能经受住其预期的寿命周期。在其材料、结构、工作特性的预期寿命周期剖面，虚拟鉴定（也称模拟辅助的可靠性评估）用于评估部件或系统是否满足其可靠性目标。这种方法包括应用模拟软件来建立物理硬件模型，确定系统满足预期寿命目标的概率[23-25]。

　　虚拟鉴定可应用于设计阶段，因此，可靠性评估过程移入到设计阶段[26,27]。它允许设计团队在设计、技术和功能定义、供应商选择的初始阶段考虑鉴定。这种方法利用了计算机辅助工程软件的优势，通过采用关键失效机理及其相关的失效模型进行设计失效敏感性分析，从而对元器件和系统进行鉴定。可靠性评估工具可在寿命周期剖面环境条件下、利用已有效验证的失效物理模型数据来评估其可靠性设计。它计算引发失效机理的失效时间（TTF），通过计算失效时间与典型制造容差、缺陷的关系来评价不同制造工艺对可靠性的影响。虚拟鉴定有利于选择具有成本效益的试验参数来验证可靠性评估、设计，以及帮助利用其可靠性信息来选择元器件。由于虚拟鉴定过程不涉及制造原型和物理试验，它相比于产品鉴定更具有经济性和时效性[28]。

　　虚拟鉴定的流程图见图 7.6。其输入包括了寿命周期剖面和产品特征。寿命周期剖面可进一步分类为环境和工作应力。这些输入被送到失效物理模型和模拟软件进行应力分析、可靠性评估、应力敏感性分析。基于最主要的失效机理、应力界限条件、筛选和加速试验条件，虚拟鉴定输出预计失效时间。

　　除了失效时间预计和可靠性评估外，虚拟鉴定结合其它先进优化方法，可用于优化设计准则包括成本、电学性能、热管理、物理特性和可靠性。此外，失效时间预计和可靠性评估中应用的失效机理模型必须进行验证。如果虚拟鉴定中的数据或模型不准确或不可靠，那么任何基于这些数据或模型的鉴定结果都是不可相信的。

7.3.1 寿命周期载荷

　　良好设计的电子封装必须能经受储存、处理、运输和工作中施加的载荷。此

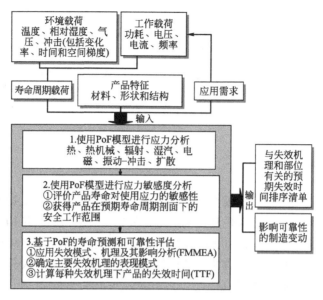

图 7.6　虚拟鉴定的流程图

外，产品的部件装配也必须经受住随后的制造和组装载荷。因此，鉴定过程必须模拟封装在其寿命周期内受到的全部载荷，即"寿命周期载荷"。

寿命周期载荷可分为工作载荷和环境载荷。工作载荷包括功耗、电压、电流、频率等，环境载荷是电子封装在制造、储存、运输、处理和工作中遇到的各种应力。工作载荷也包括平均温度、温度极限、典型温度循环限值和次数[29]、湿度、振动、机械冲击、辐射、污染和腐蚀环境。这些载荷水平随着净值、变化率而变化，暴露时间是产品应力强度的重要决定性因素。

虚拟鉴定中的环境条件是电子封装经历的以及测量（或预测）到的封装周围环境条件。无论对温湿度控制与否，系统级的条件可能与封装外部条件的影响有关，也可能无关。

环境载荷范围包括从受控、相对良好到极限和严酷。例如，电话交换机就处于受控环境，其箱内电子器件的温度相对恒定、湿度也维持在理想水平。相反地，放在车内的便携式电脑中的微电子器件在夏季就处于高的热载荷条件下，安装在导弹系统中的电子器件在发射过程中会经受严酷的温度、湿度以及由于烟火造成的强振动和机械冲击。

在环境不受控的应用条件下，温度、湿度、振动、玷污和辐照的载荷剖面与时间有关，并常常可根据以往经验加以预测。表 7.2 给出了在某些典型环境下系统中装载的器件工作过程中所经受的主要应力。气象数据可从美国军用手册 MIL-HDBK-310 和 IPC-SM-785[30]中查到。汽车环境条件可参考 J1211 "电子设备设计的推荐环境操作"和 JASO D001 "汽车电子设备环境试验的一般规则"，SAE 的推荐操作 J1879 "汽车用集成电路鉴定和产品接收的总规范"提供了更详细的集成电路鉴定试验信息。

　　制造过程中引入的载荷条件必须在产品设计和鉴定时加以考虑。例如在设计和鉴定中需要考虑的包括静电放电、焊接温度、焊接时的温度变化率、暴露在焊接热中的时间、焊接时采用的助焊剂、清洗剂和溶液、清洗过程中的机械搅动、焊接后的液体冷却和最终成型操作。通常修复条件如修复相邻元件，或器件引入的在热风中暴露，清洗剂和溶剂，也很重要，并要对器件可靠性进行明确的试验。储存条件对塑封存储器尤其重要，可能会影响到器件内储存单元的状态。

　　由于产品可能会经历各种载荷，因此有必要确认关键载荷。一些载荷会在激发和加速产品失效中起重要作用，而另一些载荷可以被忽略。例如，对于地面电子设备辐射影响可以忽略，因为其辐射水平太低而不会影响产品的功能或导致任何损伤。对于不同的产品在不同的条件下，相同的载荷可能会被认为有不同的危险性。例如，手机跌落到硬地板上产生的机械冲击对于手机内的电子部件可能很危险，但对于不含电子部件的产品则不会带来影响。载荷能否被忽略，取决于在分析步骤中是否明确了其关键失效机理。

表 7.2　关键应用中的寿命周期载荷

应用类型	使用环境							生产过程条件/℃	储存条件/℃
	T_{min}/℃	T_{max}/℃	ΔT[①]/℃	t_D[②]/h	循环次数/年	湿度	振动		
消费类产品	0	60	35	13	365	低	低	25～215	−40～85
电脑	15	60	20	2	1460	高	低	25～260	−40～85
电信设备	−40	85	35	12	365	高	中	25～260	−40～85
商用飞机	−55	95	20	2	3000	高	高	25～260	−55～125
汽车（引擎罩）	−55	125	100	1	300～2200	高	高	25～215	−55～125
导弹	−65	125	100	1	1	低	烟雾、冲击、噪声	25～260	−60～70

　　① 周期温度摆幅不是所经历的最高温度和最低温度之间的差值，它远远小于由于季节和地域差异性导致的温度极值之差。

　　② t_D 是温度循环的持续时间。

7.3.2　产品特征

　　产品设计的特征量如封装尺寸、材料、类型、结构应纳入虚拟鉴定过程中。由于内部或外部载荷及其损伤累积过程，产品所用材料可能会影响产品内潜在失效部位的应力。为了确定材料对应力损伤和影响的程度，材料的物理特性也要作为基于失效机理的失效模型的输入量。例如，焊接失效可能是由于温度反复变化引发疲劳失效机理而导致的应力增加所致。这种情况下，需要明确在周期应力状态下材料的热膨胀系数（CTE）。在另一种情况下，应力释放机理使连接元件的接触力减小，也会发生失效。这时，则需要连接元件的弹性模量、载荷单元及其结构等条件，以确定接触力度及其退化。

产品通常不是由单一工艺就能生产出来的，而是需要后续的一系列不同工艺最终完成产品的生产。这些制造工艺步骤施加应力到材料上，或导致最终产品上存有残余应力，这些制造工艺甚至会改变材料的特性。基于失效物理的评估中，必须反映出其材料在产品制造工艺完成后的最终特性、最终值及其容差。一般电子封装材料的特性可在参考资料[31,32]中找到。

这一阶段没有样品原型，必须考虑产品制造质量控制和容差以保证精确性。值得注意的是，不同器件制造商的质量控制过程和容差差别会很大，因此，他们特定的设计、生产、试验和测试程序都必须经过评估和验证。例如，从文献中可以简单地获取一些材料的特性来进行虚拟鉴定分析，但可能导致不精确的结果。对于初步分析计算，这是可以接受的。但如果考虑到不同材料工艺的特性范围，就可以得到更精确的虚拟鉴定结果。

7.3.3　应用要求

环境载荷定义为产品工作时所必须经历的条件，应用要求定义为在该条件下在其使用寿命期间产品的预期表现。应用要求是基于消费者的需要和供应商的能力。这些要求可能涉及器件的功能、物理性能、可测试性、可维修性和安全特征。

应用要求直接影响到工作载荷和产品特征。应用要求通常表现为标称和参数的容限范围如电学输出、机械强度、耐腐蚀、外观、湿气保护和占空比等。通常多种要求同时存在，并可能会产生竞争（例如：许多产品希望功能强大而又轻巧，或同时具有热传导性和电阻特性）。

为了确定合理的鉴定试验，所有的要求都必须被供应商和用户所接受。这通常较为困难，如果不清楚所有的要求，就需要给出合理的假设。有时，用户的要求不明确，或他们又不愿意让步给出一些假设。在这种情况下，制造商唯一可做的就是给出最适当的假设并通知用户，简单地忽视掉可能的要求是不可行的。

7.3.4　利用 PoF 方法进行可靠性预计

PoF 方法和模型是虚拟鉴定流程中重要的一部分。因为在虚拟鉴定过程中没有进行物理试验，所以模型的准确性、完整性和基于 PoF 机制的仿真工具非常关键。

基于 PoF 的失效时间（TTF）和可靠性预计和评估工具也应具有满足不同需求的能力，它应能预测在较宽范围环境条件下的产品可靠性，应能预测基于主要失效产品的 TTF，应该考虑不同加工工艺对可靠性的影响。软件工具是虚拟鉴定过程的基础。

在 PoF 方法中，产品环境条件必须作为输入的一系列应力条件，如热、热机械、湿机械、冲击和振动。利用应力分析结果结合所选择的产品设计特征的应力响应，来确定相关失效部位的失效模式和机理。要预测可靠性，必须确定在预期使用条件下相关失效部位的 TTF。

基于失效机理和 TTF 预计的数字和/或分析模型将被用于 PoF 可靠性预测，这些模型被称为失效模型或 PoF 模型。PoF 模型提供了不同的应力时间关系，它描述了失效机理[2]。通常，这些失效模型的输入应包括产品的几何尺寸和材料信息、应力信息。应力信息要包括应力值水平以及时间和频次。利用失效机理进行的 TTF 预测通常代表达到指定失效百分数的时间，与模型的发展及其验证密切相关。

因为所有的模型输入都已知或即将知道与它们相关的不确定因素水平，在这些不确定因素的影响下的仿真结果会形成一系列可能的 TTF 和统计分布，这些分布代表与时间有关的失效概率。利用这些分布参数，置信区间可能与估计的 TTF 以及其它可靠性参数联系起来。经过计算后，主要失效机理和失效部位导致的最低 TTF 被用来预测器件的使用寿命。这些信息可以用来确定器件是否能在它的预期应用中生存。

在 PoF 方法中，基于模型的 PoF 被用来描述失效机理[33]。在 PoF 模型中，考虑了应力和各种应力参数以及它们与材料、几何尺寸和产品寿命的关系。每种潜在失效机理都通过一种或多种模型表现出来。对于电子产品，有许多 PoF 模型描述在各种应力条件下如印刷电路板（PCB）、互连和金属层等元器件或部件的退化行为，包括温度循环、振动、湿气和腐蚀等应力。模型应该提供可重复的结果并造成退化和失效的变量和其相互影响敏感性，能预测产品在整个运行环境条件下的行为。这种模型允许采用加速试验的方法，并能使加速试验结果转换到应用条件下的结果。

可从文献中查到许多 PoF 模型，如基于应变范围的焊点疲劳模型[34]，它描述了温度循环引入的焊点互连疲劳特性；Black 模型和它的衍生模型[35]，它描述了半导体器件金属层的电迁移；Fowler-Nordheim 模型[36]，它描述了栅氧化层器件由于沟道效应而发生的与时间有关的介质击穿；Pecht 和 Rudra 模型[37]描述了 PCB 中导电阳极丝的形成。应用到电子产品中的模型可在文献[29,38,39]中找到。如果没有适合的模型或发现已有的模型不能适用于特定的失效点和载荷，那就要研究和发展新模型。通过试验建立新的模型，以确定影响失效的设计和环境条件因素，以及与失效时间相关的数学关系式。随着新材料和新技术的引入，会出现新的失效机理或已知失效机理的进一步演变。因而，对新材料和新技术引入的失效的研究对于研究产品的期望寿命是非常关键的。

失效物理方法可在整个产品研发周期内应用，以评估应力极限和建立过程控制，持续改进器件的可靠性。采用失效物理方法，制造商可提供给用户更高置信度的可靠性保证。用户也能更好地评估和最小化其风险。这是很重要的，因为产品在市场中的失效会破坏用户对制造商的信心，用户获得不满意的产品也会损害自己的利益，影响潜在的其它消费者。

7.3.5　失效模式、机理及其影响分析（FMMEA）

FMMEA 可用于确定和评价受到寿命周期载荷（作用）的产品的主要失效机理和模式。FMMEA 基于更传统的 FMEA（失效模式和影响分析）[40]，但增加了更多的失效机理。FMMEA 方法的流程图如图 7.7。FMMEA 的输入为寿命周期应力剖面和产品特征[41]。

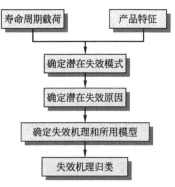

图 7.7　失效模式、机理及其影响
分析（FMMEA）流程图

FMMEA 过程从定义分析的系统开始。一个系统由子系统或层组成，它们集成到一起以完成特定的目标。系统可分成各种子系统或层，它会持续分到可能的最低层，即一个器件或单元。

失效模式是可观察到的失效所产生的效应。对于给定的单元，列出可能的失效模式。例如，焊点的潜在失效模式可能是开路或者电阻间歇性改变，这可能影响到焊点作为电互连的功能。在可能发生的潜在失效信息不能获得的情况下，可利用数值应力分析、加速失效试验、过去的经验和工程师的判断来鉴别。一种潜在失效模式可能是更高一级的子系统、系统的失效原因，也可能是更低一级器件失效的结果。

FMMEA 要求要深刻理解产品要求和其物理特征（在产品过程中的变化）的关系，材料与载荷（在应用条件下的应力）的相互影响，以及它们对产品失效敏感性的影响。FMMEA 把寿命周期环境、运行条件、目标应用周期与对激发应力和潜在失效机理的认识结合来。产品的潜在失效机理由已知失效机理、功能部位、产品的材料，以及产品中出现的预期应力而确定。

FMMEA 优先考虑失效机理，根据它们的发生频度和严重程度来为确定主要工作应力、环境和运行参数提供指导，这些都必须在设计中予以考虑或控制。寿命周期剖面用于评价失效的易发生性。如果某种环境和运行条件不存在，或其应力低于机理触发条件，这种失效机理被排除，被分配较低的发生频度。产品的质量水平也会影响失效机理的可能发生频度。具有低空洞的玻璃纤维和在纤维束和环氧树脂之间具有高粘接强度的 PCB，它的传导性细丝形成失效的发生频度要比具有高空洞的玻璃纤维和低键合强度的 PCB 低。

严重度等级可从与机理相关的失效模式和部位分析得到，而不是从机理本身。相同的失效机理可能导致某个部位的电参数细小变化，而在另一个部位导致系统关机。对于后一种情况，严重程度更高。

结合关键失效机理的发生频度和严重程度，高优先级的失效机理可定义为关键机理。在 FMMEA 结果中，每种关键失效机理有一个或多个相关部位、模式和原因。FMMEA 过程是虚拟鉴定或设计鉴定中的一部分，它能根据具体材料、结构和工艺改进提供设计反馈，以满足或超过可靠性和功能要求。

7.4 产品鉴定

完成虚拟鉴定，产品原型制造和产品鉴定流程就开始了。在产品鉴定过程中，物理试验包括强度极限、高加速寿命试验（HALT）和加速试验，被用于原型制造以验证其是否满足功能和可靠性要求。产品的鉴定流程见图 7.8。如果在设计和制造过程之初就考虑了虚拟鉴定，其流程不会改变，产品鉴定过程实质上就从强度极限或 HALT 试验开始。相反地，任何产品特征的改变超出了设计和制造容限范围，那么就需要重新虚拟鉴定，或产品鉴定过程需要包括产品特征的重新定义和重复 FMMEA 过程。

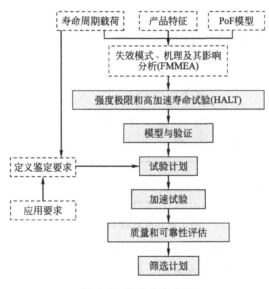

图 7.8 产品鉴定流程

PoF—失效物理

7.4.1 强度极限和高加速寿命试验（HALT）

HALT 是在产品鉴定阶段中开展的首个物理试验。HALT 术语最先由 Gregg K. Hobbs 于 1988 年参考加速试验提出[42]，它带来了设计的健壮性和改进。用于设计改进的 HALT 流程见图 7.9[42]。

在产品鉴定过程中，HALT 可用来确定工作极限和破坏极限以及之间的差额，称为"强度极限"，见图 7.10。极限说明由制造商提供以限制消费者的使用条件。

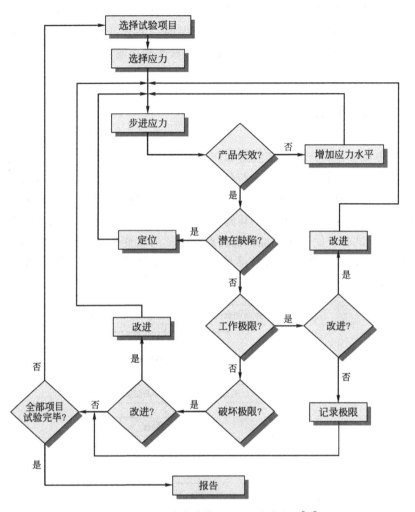

图 7.9　用于设计改进的 HALT 试验流程[42]

设计极限是产品设计幸存的应力条件。当达到了产品没有功能、产生了不可恢复失效的加速应力条件，就达到了产品的工作极限。当产品在某种应力值下发生永久性和灾难性的失效时，把它定义为破坏极限。当产品在某种应力下发生功能失效，那么就应该在较低的应力下评估试验以确定它是否达到其工作极限或已经永久失效。通常，希望工作和破坏极限之间有较大的裕度，实际使用应力和产品说明书极限之间有较大的裕度，以确保较高的固有可靠性。

　　只有对足够数量的样品进行试验来获得完整的分布特征，才能准确地得到平均强度极限和裕度。图 7.11 显示了工作和破坏极限的概率分布。从 HALT 中得到的强度极限可能用来确定加速试验和筛选条件。破坏极限被用在产品级鉴定过程中，确定高加速应力筛选（HASS）的基础条件。如果产品在超出它的工作极限或筛选设备极限时还能较好地生存，则中止寻找其破坏极限。

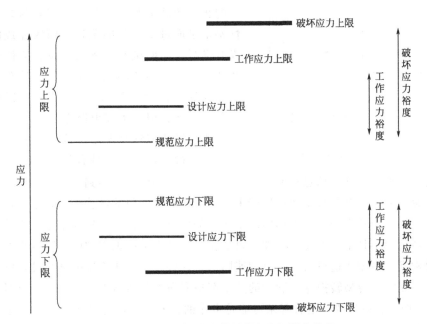

图 7.10 从 HALT 试验获得的强度极限和裕度

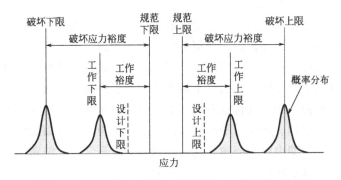

图 7.11 从分布中获得的工作下限、上限和破坏极限

7.4.2 鉴定要求

鉴定要求是产品的可靠性和质量要求与其应用要求相一致[2]。首先必须定义鉴定的目的和内容，主要基于消费者规定的应用要求，包括使用性能、应用条件和时间（使用条件剖面）、工艺条件、抗随机外部应力的能力、预期的可靠性统计特征如可接受的早期失效。鉴定要求也必须根据产品的寿命周期载荷剖面来定义。这种载荷包括产品及其寿命周期中的所有经历，包括加工、组装、储存、运输和工作。

鉴定主要分为四个等级：相似性、比较性、目标鉴定和加速试验/寿命预计（见图 7.12）。相似性鉴定是产品鉴定的最低等级，它是利用以前在较高等级已鉴

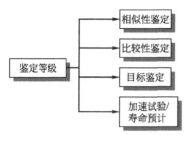

图 7.12　鉴定等级

定的相似产品来鉴定产品、工艺和封装。相似性鉴定是通过工程师的逻辑判断来完成的，并没有进行实际的试验。例如，如果某种封装芯片通过了一系列的环境试验，那么具有不同芯片设计的相似封装类型也会通过相同的试验。因此，不同类型的集成电路芯片在相同的封装中可能通过相似性来鉴定。这种类型的鉴定要求的资源最少，但是它具有忽略了潜在关键信息的高风险，而这些信息只能在较高等级的鉴定和试验中得到。

鉴定的第二个等级是通过比较来完成的。进行专门的试验来比较结果，但是没有必要在一个特定的时间周期内满足所有的可靠性目标。比较性鉴定试验通常关注的是特性而不是量值变化。例如，封装相关的鉴定可能采用"标准"试验方法，但与通常准寿命相比这里可能没有加速因子。这些并不意味着这种试验没有价值；然而，毕竟它不容易转换令人满意的关于期望寿命的具体结果。例如，一个器件经过100个循环没有失效，这看起来可能是可靠的；然而，没有具体的加速因子，就不能确定具体的中位寿命。在比较试验中，品质特性如热性能将会被测量，它与产品的某方面可靠性直接相关。

第三级鉴定是目标鉴定，它主要是满足寿命和可靠性具体目标的认定。如寿命试验，它验证可靠性保证指标或期望工作寿命是否满足可靠性目标要求。这种等级的鉴定与先前较低层次的比较性鉴定不同，因为其试验结果直接与可靠性相关。它又与较高等级的鉴定不同，因为它不需要测量产品的最终寿命。为了试验获得产品一年的保证寿命值，必须进行没有加速的、为期一年的试验。在这个试验中，不能确定失效模式、机理、加速因子和寿命；但是，试验数据可以表明是一个可靠的产品，因为它在保证期内没有问题。这种等级的鉴定最常用，特别在军用规范中。

第四级即最高层次的鉴定包含加速试验和 TTF 测量。为了减少试验时间，在电子封装上进行加速试验来模拟在寿命周期环境应力下的状况。在这个等级的鉴定中，要确定与失效部位有关的失效模式和机理，从试验结果和加速因子获得产品的中位寿命和可靠性。

7.4.3　鉴定试验计划

鉴定要求必须转换成产品或产品单元需满足的目标值和容限。为了满足或超过要求，应确定相关参数目标值和容限。例如，产品的所有单元必须满足产品的使用寿命要求。通过分析，可确定较薄弱单元可能比其它单元要较早失效，则使用寿命要求可分配至该单元，以满足产品的目标寿命值和容限。

鉴定试验条件和应力水平由产品的寿命周期剖面、FMMEA、已有相似产品的经历和鉴定要求来决定。根据寿命周期剖面选择的产品或产品单元的试验条件，必须满足目标值和容限要求。在鉴定试验中，可采用 FMMEA 来确定关键失效机理、相关失效部位和失效模式。将这些失效机理与可靠性要求相结合，就能确定鉴定试验中最终失效机理。如果 FMMEA 中确定的关键失效机理在可靠性要求之内对产品寿命没有明显影响，则在鉴定试验中就不会考虑这些失效机理。例如，在 FM-MEA 分析中，PCB 上的单个腐蚀可能会导致产品在 10 年内失效，而产品的可靠性要求是 5 年内运行不发生失效，那么在鉴定试验中就不会关注腐蚀。

鉴定试验应力水平的选择应该确保该应力引入的失效机理与产品在工作条件下相同，而不会引入新的失效机理。鉴定试验结果与工作条件下实际寿命之间的转换也应该予以考虑[43]。

在鉴定试验计划中样品数量的选择是一个关键问题。样品数量应足以表征其失效分布。如果试验特征与所有类似产品具有系统的共同点，样品的数量可以小些。如果试验是针对小部分缺陷产品，则应相应地增加样品数量。

7.4.4　模型和验证

要把加速试验结果转换到正常使用条件下的产品寿命，必须确定加速因子（AF）。AF 既可通过 PoF 模型来计算，也可通过经验来推算。基于 PoF 模型的 AF 值（AF_p）是通过 PoF 模型在正常条件下预计的 TTF 值与在加速条件下预计的 TTF 值之比：

$$AF_p = TTF_{\text{normal stress}} / TTF_{\text{accelerated stress}} \tag{7.1}$$

PoF 模型可能利用强度极限试验（HALT）的结果得到进一步验证，并且使 AF_p 得到相应的修正。确定 AF 的另一个方法是采用经验模型（AF_E），根据 HALT 数据拟合曲线。图 7.13 给出利用 PoF 模型预计产品寿命 TTF 的流程，其中，物理试验包括 HALT、加速试验和 AF。AF 既可采用基于 PoF 的模型（AF_p），也可采用经验模型（AF_E）来确定。

应认真选择应力水平，使其既不引入、也不消除之前确定的任何关键失效机理。过应力加速可能引入产品在使用寿命周期一般不会正常发生的失效机理。每种应力可能造成几个失效机理加速，但其敏感程度不同。如温度可能造成腐蚀、湿气扩散、离子污染和膨胀的加速，但它们的速率不同。另一方面，每种失效机理可能由几个不同的应力加速，如温度和湿度都可能加速湿气扩散。

7.4.5　加速试验

对于大多数电子产品，其最短服务寿命只有数年且交货时间很短，在正常工作条件下开展鉴定试验是不经济的，也是不现实的。尤其是对于长寿命和高可靠性的产品，在工作条件下的试验周期会相当长。例如，在恒定效率和 60% 的置信度下，要观察到每 1000h 失效率为 0.1% 中的零失效，需要 915000 器件小时数。对于给定的失效率 0.001，零失效和 60% 置信度下，需要的样品数量和试验时间可用二项

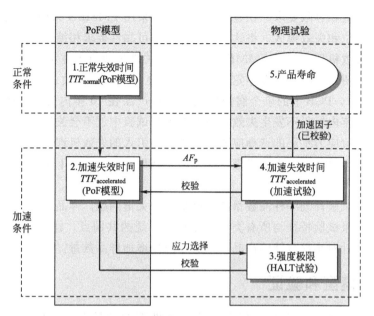

图 7.13　基于失效物理（PoF）模型和加速试验的
产品寿命和失效时间预计流程图

式函数计算得到。这时，用 915 个器件试验 1000h 或 92 个器件试验 10000h 都能满足要求的条件。然而，这样的器件小时数试验计划既不具有经济性，也不具有时效性。因此，必须在加速应力条件下进行鉴定试验以缩短失效时间（TTF）和"加速"失效机理。

加速试验可能分成两类：定性和定量。定性加速试验的主要目的是确定失效模式和机理，而不能预计产品的正常寿命。在定量加速试验中，通过加速试验数据预计产品的正常寿命。

在加速试验中得到的失效数据通常在时域内分布，因此必须用统计方法分析。通过控制样品数量可能得到期望的统计置信水平。有时，也可应用贝叶斯（Bayes）方法[44]，基于历史数据和新获得的可用信息来不断进行新的失效评估。

加速试验是使产品比正常工作条件下更快地进行寿命老化。尽管，加速试验时间是可取的，但它必须不会导致任何有用信息的丢失。如果加速试验时间是唯一的考虑因素，则试验结果可能引起误导。因此，正确的计划和开展加速试验包括如下相关步骤：

① 确定拟要加速的失效机理；

② 选择加速失效机理的应力；

③ 确定拟施加的应力水平；

④ 设计试验程序，如多应力水平加速或步进应力加速；

⑤ 外推试验数据到应用条件下。

表 7.3 列出了塑封电路的各种失效机理及相应加速应力。在制定加速条件时一

定要谨慎，以免引入或消除某些失效模式和失效机理。过高的加速应力可能会触发在工作条件下潜在的失效机理。这种失效机理的变化可能会误导工作寿命的预计。每种应力可能会加速多种不同敏感程度的失效机理。例如，温度对电迁移、离子污染和表面电荷散布起到了不同的加速作用。相反地，某一特殊机理可能由多种应力激发，例如，腐蚀就是在温度和湿度应力同时作用下加速的。因此，在没有完全理解试验和工作条件的关系之前，不应开展加速鉴定试验。

表 7.3　塑封电路（PEM）的失效机理及加速应力

失效机理	加速应力
疲劳裂纹的产生	□ 步进载荷或位移 □ 热冲击
疲劳裂纹的传播	□ 振动 □ 位移或温度的循环载荷
潮气扩散	□ 绝对温度 □ 相对湿度 □ 潮气浓度，潮气梯度
分层	□ 绝对温度和温度循环 □ 相对湿度 □ 污染物
爆米花效应	热冲击后的相对湿度

要证明鉴定试验达到可接受的可靠性，试验时间必须足够长以表明已符合应用要求。例如，如果应用要求首次失效时间是 10 年，在相关失效加速因子为 20 的条件下开展鉴定试验，对有效样本数在第一次耗损失效发生之前必须开展至少半年（10 年/20）的试验。

所需要信息的特性决定了要开展的加速试验类型。除了选择应力函数和应力水平外，确定载荷应如何施加的方法也很重要。例如，产品和周围空气的对流传热和产品内部热源产生的热效应就有所不同。

加速试验可包含事件压缩、试验水平提升，或同时包含二者。事件压缩包括相对于外场条件，在试验环境应力作用下发生的频度增加。例如，如果某一产品在其工作环境下会经受两次温度循环，而在试验时经受了 6 次温度循环，则加速试验包含了 3 倍的事件压缩。试验水平提升是指施加相对于产品现场载荷要大的应力载荷。在单个试验中，可能结合了事件压缩和试验水平提升共同作用，以增加加速效果。短期试验可逐步加大应力水平直至产品失效。长期试验可采用事件压缩，通过施加严酷于外场应力的恒定应力以发现产品薄弱环节。

在鉴定和验证程序中，对加速试验后的失效样品进行详细失效分析是一个非常关键的步骤。没有这种分析和反馈以使设计团队做出正确的行动，鉴定程序就是失败的。换句话说，简单的收集失效数据是不够的。关键是利用试验结果深入理解并控制相关失效机理，阻止失效发生，以节省成本[26]。

一种好的试验设计方法可参见蒙哥马利有关试验设计一书[45]中提高的部分因

子阵列方法。由于失效通常与更高一级（如系统）的设计和制造有关。微电子元器件鉴定应对具有典型的组装材料和过程的样品，以及具有典型的更高水平设计的样品进行。为获得预期的失效和可用寿命要求，应收集足够的器件小时数、试验时间、日期等数据。如果设计的试验是综合的，则可利用加速试验模型以获得在产品要求的范围的这些数据。

7.4.6 可靠性评估

可靠性评估是根据加速试验数据和 PoF 模型来开展的。对于特定载荷条件下产生的特定失效机理，产品的可靠性由确定失效部位的 TTF 来确定。根据产品失效部位的 TTF 决定的可靠性，可通过失效部位、应力输入和失效模式进行评估和报告。大部分失效模式定义了特定载荷条件下的 TTF。在鉴定试验中，为了满足在鉴定试验条件下规定的可靠性要求，对产品可靠性进行了定义。

对于大部分产品，寿命周期剖面由多个载荷条件组成。因此，必须形成在多个载荷条件下评价 TTF 的方法。对于一个具体的失效机理，可以根据应力条件下的暴露时间与应力条件下的 TTF 之比计算 TTF，通常称为损伤比。如果暴露时间等于 TTF，那么比率等于 1。如果认为损伤以线性方式累加，对于相同的部位和相同的失效机理，多种应力的损伤比可以累加。那么认为一旦累加的损伤比等于 1，该部位就会发生失效。对于相同的部位、相同的失效机理和固定的负载事件，能确定其具体的损伤比。例如，手持产品从某一高度跌落可能导致焊点互连寿命损失 10%。在这种情况下，每次跌落将导致焊点互连损伤比 0.1 的增加。对于重复事件，使用适当的失效模型可能建立损伤比，以估算产生失效需要的事件数。损伤比可定义为样品可经历时间的倒数。例如，如果根据失效模型估计焊点互连能够经受 2000 次温度循环，那么每个循环的损伤比就是 0.0005。

通常，对于每一个失效部位和失效机理，TTF 数据表现为一种分布。通过失效模型的输入参数是一种分布，因此得到的 TTF 也是分布。实际上，所有尺寸和材料特征都是制造变量结果的一个分布。对于环境载荷也是同样的。基于 PoF 的可靠性预计允许使用这些自然变量。随着每个部位的 TTF 分布的已知，可用不同度量方法进行可靠性评估，如故障率、保证返修率或平均 TTF。

除了评估 TTF 之外，利用失效模型还可以评价 TTF 对材料、几何尺寸和寿命周期剖面的敏感度。通过考虑确定材料、产品、几何尺寸和负载条件的影响，能确定大部分的影响参数。通过密切关注这些关键设计参数，这些信息可以用于改进设计。

7.5 鉴定加速试验

当决定采用哪些试验来鉴定时，需要考虑如下重要因素：

① 制造商相同批号之间，是否存在显著差异；

② 相同制造商不同批号之间是否存在显著差异；

③ 分配方法可能影响可靠性；

④ 下一级工艺过程如加装热沉或印刷线路板组装可能影响其可靠性。

本章回顾了微电子封装的一些主要的鉴定试验。每个试验的相关规定标准将在工业实践部分中单独讨论。关于失效机理，读者可参见第 5 章中更详细的讨论。关于更多的失效机理建模信息，感兴趣的读者也可参考 IEEE 可靠性学报上关于失效机理的系列参考读物[14]。

通常地，产品可靠性的要求会根据其应用不同而变化。例如，如果某一产品用于热带地面环境，那么首先要考虑的是湿度相关的失效，并且采用湿度加速试验，或者温湿度加速试验来进行鉴定试验。如果相同的产品被用于近地轨道的人造卫星，则湿度不是主要问题，除非是长期储存。

7.5.1 稳态温度试验

高温储存试验。该试验通过温度加速引起诸如相互扩散、柯肯德尔空洞、聚合物降解、分解、放气、塑料材料氧化等失效。在可编程只读存储器（EPROM）器件中，该试验可加速电荷从浮栅中的损失，这受栅氧化层缺陷的影响。器件储存在一个受控的高温（典型值为 150℃ 左右）环境中，长时间（大于 1000h）不加电，进行中间电参数测试和终点测试，以得到试验结论。电测包括接触测试、参数漂移和全速功能测试。封装裂纹、热阻增大、聚合物分解等损伤可视为失效。

高温工作试验。该试验评估器件在高温下耐受最大功率工作的能力。电学应力包括稳态反偏、正向偏置或二者的结合。频率设定在最大设计水平或测试仪器的上限。该试验开展时，通常其结温比塑封料的玻璃化转变温度要低。与壳温、环境温度有关的、描述结温的简单模型是：

$$T_j = T_a + (\theta_{jc} + \theta_{ca})P \tag{7.2}$$

其中，θ_{ca} 是壳体到环境的热阻，它与系统设备所采用的强制对流或静态空气冷却方式有关；θ_{jc} 是结到壳体的热阻，它与塑料封装的热阻有关；P 是功率。

7.5.2 温度循环试验

本节讨论温度循环、热冲击以及功率温度组合循环试验。对于塑封微电子器件，温度上限应低于塑封料的玻璃化转变温度。

温度循环。温度循环试验是在温度均值上应用一定幅值的温度变化。温度通常以一个固定的速率变化，然后停留一段时间，使器件不同材料的界面经受机械疲劳。

在塑封微电子器件中，试验结果受塑封料厚度、芯片尺寸、芯片钝化层完整性、键合、芯片裂纹（包括钝化层和塑封料、芯片焊盘和塑封料、引线框和塑封料之间界面）以及界面粘接的影响。对于连接到基板（或电路板）上的器件，器件到线路板上的互连结构的疲劳耐久性也得到了评价。

温度循环在环境试验箱内开展，试验箱装有控温器件、加热单元和低温制冷单元。加热和制冷单元能提供充分热容量，使样品能在规定时间内被干燥气流加热或制冷。在每个高温或低温停留的时间，至少要使样品负载达到热平衡并足以使应力释放（如果这是所关注失效机理的关键参数）。应力后的检查包括电参数测试、功能测试、机械损伤检查，如封装开裂。

热冲击。开展该试验是为了验证器件在极端温度梯度下的完整性。急剧的温度梯度可导致芯片开裂、分层、芯片钝化层开裂、互连变形以及封装裂纹。热冲击也采用样品浸泡在适合的液体中的方式以保持特定的温度。试验在进行一定数量的循环后结束，一般最后一次浸泡在"最高应力"的低温液体中。液体应具有化学惰性、高温稳定性、无毒、不易燃烧、低黏度以及与封装材料兼容。待样品恢复到室温后进行测试，终点测试包括电测试和机械损伤检查。

功率温度循环。该试验将工作样品暴露在最坏温度条件下。其失效情况通常和温度循环试验观察到的一样。试验箱类似于温度循环，安装有电气馈通以提供待试器件所需的电压偏置条件。功率可周期性开或关，可与温度循环同步施加或不施加。电测是为了检查功能和参数极限，目检是为了检查可能引入的机械损伤。

该试验严酷度受使残余应力为零时的温度的影响。残余应力是由包封过程中温度的变化引起的——特别是从固化温度和玻璃化转变温度到室温的变化。在塑封料的玻璃化转变温度或其上，残余应力为零，塑封料的玻璃化转变温度在 150℃ 到 180℃ 之间。温度循环试验中较低的温度上限决定了试验的正确性。塑封料因湿度导致的膨胀会改变残余应力的分布和幅度。

一个成功的试验通常会没有失效发生，因此对应力是否适合、应力水平如何、是否已充分施加在试验产品上，总是存在疑问。而产品如果很少通过试验则说明存在可靠性裕度的问题；如果产品能通过更强应力的试验则说明可能会超出设计范围。试验结果和工作条件及其性能状况的相关性也是问题。由于这些原因，至少一些客户正在日益关注如何获得外场可靠性，而留给供应商去开发和完成可接受的试验计划。

7.5.3 湿度相关的试验

本节讨论如下包含湿度的试验：高压蒸煮、温度湿度偏置（THB）、高加速应力试验（HAST）、温度湿度电压循环试验以及潮湿敏感度试验。

高压蒸煮试验。本试验也称为"高压锅试验"，用于评价耐潮气能力，是最简单的加速湿度试验。典型地，样品储存在内装去离子水的密封高压锅中，内充饱和蒸汽，气压为 (103±7) kPa［(15±1) psi］，温度为 121℃。器件悬挂在初始水深至少为 1cm 的试验腔内。

压力和温度的严酷条件并不是典型的实际工作环境，但可用于加速潮气渗透进入封装。原电池腐蚀是其主要失效机理。在塑封微电子器件中，其塑封料的离子沾污和钝化层中的磷会加速腐蚀。然而，试验箱的污染也可能产生欺骗性的失效，它表现为封装的外部退化如引脚腐蚀，引脚间导电物质生成。

温湿度偏压试验。温湿度偏压试验是一种最常用的加速试验，它的目的是用于试验器件中潮气的侵入，管脚、焊盘和金属化的腐蚀，并伴随有大的漏电流。样品在电压偏置下经受恒定温度和恒定相对湿度。根据器件的类型，偏压也可以是恒定偏压或是间歇偏压。对低功耗的互补金属氧化物半导体（CMOS）器件可施加连续直流电压，由于单个器件的功耗很小，尽可能使其形成电解电池。对于高功率器件，连续的电功率可导致相对较大的热耗散，从而驱除形成电解腐蚀或其它湿气相关失效所需的潮气。因此，高功率器件通常进行电压循环。

在塑封微电子封装中，由于塑封料的低热传导性，连续电偏压可能增加芯片的温度，同时也会驱出湿气。因此，塑料封装经受功率循环时，如果功率开/关循环周期是如下情况：在开启时湿气逃出塑料，关闭时由于时间较短，不足以使湿气侵入芯片-塑料界面，那么预期的总失效循环数就会减少。这是因为在开状态减少了湿气相关的封装失效，在关状态减少了偏置相关的失效[46]。对于某些器件类型，必须进行循环条件优化以保证失效最可能发生。

温湿度偏压试验通常在最大额定工作电压、温度（85±2)℃和相对湿度 85％±5％下开展。电测通常将器件取下进行。在某些情况下，样品中测试前应干燥。失效判据为参数漂移并超出规范的限值，标称的和最差条件下功能不一致，或其它功能变化。

高加速温度和湿度应力试验。高加速应力试验（HAST）由提高了的温度和湿度组成，也可伴随电流受控的电压偏置。该试验可导致金属化和焊盘腐蚀、界面分层、金属间化合物生长、键合失效和绝缘电阻降低。

在典型的 HAST 试验中，它采用不饱和蒸汽，恒定相对湿度范围从 50％到 100％，恒定温度通常大于 100℃。试验方法详细见 Gunn[47]和 Danielson[48]等人的描述。

恒定湿度和偏置下的循环温度。在本试验中，器件在高湿度水平和电压偏置下经受温度循环。该试验要揭示的失效机理包括电化学腐蚀、粘接分离、分层、裂纹扩展。潜在失效部位包括引线架和塑封料的界面、球形键合、楔形键合、焊盘和金属化腐蚀。

开展该试验的环境试验箱要能维持受控的相对湿度水平和冷热循环，以及被试器件的电学偏置。试验箱的湿度源采用去离子水。一般情况下，试验单元采用30~65℃的温度循环，每个加热或冷却时间为 4h，每个端点温度停留 8h。相对湿度通常恒定维持在 90％~98％之间。一种带监测仪的卡片式记录器可用于不断地记录箱温和相对湿度。

表面贴装器件的潮湿敏感度试验。用于表面贴装塑封电子器件封装的模塑料在吸收潮气后很容易导致塑料材料的裂纹，或者在经历高温再流焊时导致芯片和引线架之间分层。这种失效机理叫做爆米花效应，代表了一种最坏情况，因为高水汽含量、高热应力、封装设计特征共同作用，致使其结构强度低且易产生和扩散裂纹。关于爆米花效应的更多信息，读者可参考第5章。

根据 IPC/JEDEC 标准的潮湿敏感等级划分（见表7.4），塑封集成电路潮湿敏感度可分为以下三种基本类型。

① 潮湿不敏感：集成电路无需保存在干燥的包装中。

② 潮湿敏感，但打开后放置时间不受限制：集成电路必须保存在干燥的包装中，直至在30℃（最大）和85%相对湿度（最大）的工厂环境中打开，在PCB组装和焊接之前储存时间不受限制。

③ 潮湿敏感，但打开后放置时间受限制：集成电路必须保存在干燥的包装中，直至在30℃（最大）和60%相对湿度（最大）的工厂环境中打开，在PCB组装和焊接之前储存时间受其规定等级的限制。

为了分类表面贴装器件的不同潮湿敏感等级，塑封电路要经受如下潮气预处理等级：①85℃/85%RH，②85℃/60%RH，③30℃/60%RH（规定的试验周期参见表7.6）。在潮气预处理后，将封装样品进行一系列模拟的PCB组装模拟试验。组装模拟试验由红外回流焊，其典型温度在220~240℃之间，以及大量化学清洗组成。

表7.4　IPC/JEDEC J-STD-20 潮湿敏感度（MSL）分类

潮湿敏感等级	地面放置寿命		标准浸泡要求	
	时间	条件/（℃/%RH）	时间/h	条件/（℃/%RH）
1	无限制	≤30/85	168	85/85
2	1 年	≤30/65	168	85/60
2a	4 周	≤30/60	696	30/60
3	168h	≤30/60	192	30/60
4	72h	≤30/60	96	30/60
5	48h	≤30/60	72	30/60
5a	24h	≤30/60	48	30/60
6	标签上的时间	≤30/60	标签上的时间	30/60

来源为 http://www.siliconfareast.com/msl.htm.

为了得到试验结论，要在40倍显微镜下检查其封装裂纹；C-模式扫描声学显微镜（C-SAM）也用于观察器件内部的表面分层或裂纹；然后必须在适当的测量点完成电学测试。如果没有观察到明显的裂纹和电失效，那么封装就通过该潮湿敏感度等级。随后，封装要经受温度湿度偏置（THB）试验。该试验的目的是加速潮气侵入，以及加速金属化腐蚀。

随着微电子封装变得越来越小和电子工业转向无铅化，以前的JEDEC潮湿敏感度标准需要重新进行评估。较小的封装在受到典型的较高的无铅回流焊温度时，在以前的 JEDEC 潮湿敏感等级下更容易发生失效。在 Mercado 和 Chavez[49] 的研究中，发现凸点芯片载体（BCC）在潮湿敏感等级 2（MSL2）-85℃/60％RH 条件下 59h 就达到饱和，而相对较大和较厚的 QFP 封装甚至在 168h 吸附后还没有达到饱和。在同样的研究中，由于相对较高的无铅回流焊温度，发现 2.4℃/s 的冷却速率在塑封料/芯片界面引入了高达 20％裂纹驱动力。因此，对于较小尺寸的封装受到较高的无铅回流焊温度，之前的 JEDEC 标准应进行修正以降低条件的严酷度。

7.5.4 耐溶剂试验

该试验用于评估样品因经受组装过程中化学品引起的有害影响而导致的膨胀、裂纹、塑封料的粘接分离、管脚腐蚀等。该试验包含的化学品包括回流焊中的化学品和清洗剂，如助焊剂和溶剂。耐溶剂试验的流程由 Lin 和 Wong 提出[50]，用于塑封电路的组装，见表 7.5。

表 7.5 耐溶剂试验流程[50]

化学品	暴露	清洗	失效判据
α-100,EC-7,三氯乙烷	按顺序在每种溶液里浸泡 2h	异丙醇浸泡 10min 蒸馏水漂洗 15min 120℃下烘烤 1h	显微镜检查膨胀、裂纹、粘接分离、腐蚀
聚 α 烯烃	浸泡 96h		

7.5.5 盐雾试验

该试验评价引脚暴露在海洋环境下的耐腐蚀能力。它可加速包括电化学退化如斑点腐蚀、针孔、起泡、引脚镀层剥落等失效机理。该试验之后通常进行引脚弯曲试验。

样品置于 35℃的盐雾环境试验箱中，并持续规定的时间。盐雾由 0.5％～3％ 重量比的氯化钠溶液经压缩空气喷雾而成，流量为 7～35mg/(m² · min)。溶液的 pH 值维持在 6.0～7.5。应小心操作，避免试验被之前的试验污染。样品被放置在试验箱里，暴露在盐雾中的面积最大，典型的试验周期为 96h。

7.5.6 可燃性和氧指数试验

该试验评估塑封料的可燃性。可燃性是有明火或无明火的火源，将火源移除后材料阻止、终止或拟制其燃烧的性质。UL 实验室材料可燃性标准 UL-STD-94 基于材料的燃烧率规定了材料的阻燃等级。阻燃等级分为 HB、V-0、V-1、V-2 和 5V，其中 HB 表示具有最高燃烧率，5V 表示具有最低燃烧率。

可燃性的数值可用氧指数来表示。氧指数是在氧气-氮气混合气体中仍能维持材料燃烧时氧气所占的比例。氧指数也可以通过测试方法 ASTM D-2863 得到。可燃性越低说明具有更高的氧指数。当可燃性和氧指数的测试都不可行时，可采用

EEC 的"发热线"和"针尖火焰"来测试。通过混合卤素化合物、磷酯和三氧化锑，塑封料的可燃性可明显降低。

7.5.7 可焊性试验

该试验评价器件引脚的焊料浸润的敏感性。金属表面的可浸润性与其耐腐蚀性镀层的完整性、表面不受污染、焊料温度、引脚材料的温度特性、引脚设计有关[51]。

可焊性评估试验采用的方法有"浸蘸-检查"法和浸润平衡法。"浸蘸-检查"法将要焊接的表面浸入到一个熔融的焊料池。移出后，检查焊料覆盖情况以评估其表面的可焊性。"浸蘸-检查"试验关注的是从焊料池移出后焊料冷却而造成的可焊性改善，以及在显微镜下未能观察到的反浸润情况。

浸润平衡试验测试待焊接表面和熔融焊料的黏附力随时间的变化情况，这时焊料的反润湿不敏感，因为反润湿仅在焊接表面离开焊料池后才开始。

7.5.8 辐射加固

本试验仅用于鉴定器件在空间任务应用环境中的能力，这时塑封电路要经受 γ 射线、宇宙射线、X 射线、α 粒子辐射和 β 射线。辐射加固试验将器件暴露于特定的辐射总剂量中，然后进行参数测试。

辐射导致的失效机理是产生电子-空穴对和晶格的位移。封装材料中放射性元素，如无机填充料中的铀和钍，是电离辐射的固有辐射源，它会导致逻辑器件的错误。对于逻辑器件和存储器，辐射会导致动态存储器的软误差、电学参数漂移和闩锁。

7.6 工业应用

制造商们经常说其鉴定流程与市场实际状况和客户规范要求相一致。器件制造商们开展了大量的加速试验，包括不同应力水平和组合应力试验。表 7.6 列出了一些典型的应力试验、应力水平和试验周期[52-54]。然而，试验条件通常根据客户的要求而定，而不是从失效物理中获得。试验中施加的严酷应力水平，是基于"如果封装能在越严酷的条件下持续时间越长，则器件就会具有更高的质量"[54]。然而，这种方法并没有考虑器件经受严酷应力可能会引入的其它失效，或者在费用上不合算。

为了证明器件的能力可满足用户要求，必须选择可预测和易理解的试验来加速失效时间。应力条件必须这样来选择：加速试验的失效应是正常工作时会预期发生的。

无论什么时候材料、封装技术、工艺技术发生变化，都必须再次开展评估试验以确保能暴露其潜在缺陷。

适合的方法是首先确定器件的"根本失效原因"，然后确定鉴定试验内容来关注这些特殊原因。其中，失效物理是关键，它对失效隐含的主要原因进行试验，排除失效发生的可能性，然后决定是否有必要对失效隐含的根本原因做进一步研究。

表 7.6　工业界的试验条件举例[52-54]

试验	Motorola	Intel	TI	Signetics	Mircon	AMD	NS
温度循环	−65～150℃，1000 次循环	−55～125℃，500 次循环	−65～150℃，500 次循环	−65～150℃，500 次循环	−65～150℃，1000 次循环	−65～150℃，1000 次循环	−65～150℃，1000 次循环
高压蒸煮	121℃,15psig，96h	121℃，96h	121℃，15psig,240h	127℃，20psig,336h	121℃,15psig，96h	121℃,15psig，168h	121℃,15psig，500h
温湿度偏置(THB)	85℃，85%RH，1008h	85℃，85%RH	85℃，85%RH，1000h	85℃，85%RH，2000h	85℃，85%RH，1000h	85℃，85%RH，2000h	85℃，85%RH，1000h
工作寿命	最大额定条件,1008h	—	125℃，1000h	150℃，2000h	150℃，1000h	125℃，168h	125℃，1000h
高温储存	—	200℃，48h	—	175℃，2000h	150℃，1008h	125℃，2000h	150℃，1000h
耐焊接热	—	—	260℃，10s	—	—	—	260℃，12s
低温寿命	—	—	—	−10℃，1000h	−10℃，1008h	—	−40℃，1000h

表 7.7 列出了可用于探测失效的各种试验方法。其中一些试验只能用于特殊的使用环境条件和制造条件。例如，耐焊接热试验评估表面贴装器件的封装在回流焊操作时的抗"爆米花"能力。辐射加固试验只推荐用于易遭受或预期会暴露在内部和外部辐射的器件（如存储器）。

表 7.7　用于塑封器件鉴定试验的可能试验方法和试验条件

试验	试验条件	模拟环境	应用标准
低温工作寿命(LTOL)	−10℃/V_{max}/最大频率/最小 1000 元件小时数/额定电流输出负载	零度以下的外场工作环境	JQA 108, JESD 22A 108C
高温工作寿命(THOL)	125℃/V_{max}/最大频率/最小 1000 元件小时数/额定电流输出负载	正常的外场工作环境	MIL-STD-883 方法 1005, JQA 108, JESD 22A 108C
温度循环(TC)	500 次循环，−65～150℃,温度变化率 25℃/min 且每个温度点停留 20min	昼夜、季节和其它环境温度的变化	MIL-STD-883 方法 1010, JESD 22A 104C
温度循环湿度偏置(TCHB)	60 次循环，电压每 5min 开关一次，95%RH，30～65℃每 4h 加热或制冷，并每个温度点停留 8h	器件工作时环境温度的缓慢变化	JESD 22A 100A
功率温度循环(PTC)	仅当器件结温上升大于 20℃时，最小 1000 次循环，−40～125℃	当器件工作环境温度变化时	JESD 22A 105A

续表

试验	试验条件	模拟环境	应用标准
热冲击(TS)	500 次循环,−55~125℃	外场或处理过程中的温度迅速变化	MIL-STD-883 方法 1011,JESD 22A 106B
高温储存(THS)	150℃,最小 1000h	储存	JQA 103, MIL-STD-883 方法 1008,JESD 22A 103C
温度湿度偏置(THB)	V_{max}/85℃/85%RH,1000h	在高湿度环境下工作	JESD 22A 101A
高加速应力试验(HAST)	V_{max}/130℃/85%RH/240h	在高湿度环境下工作	JESD 22A 110
高压蒸煮(ACL)	表面贴装器件需预处理,15psig/121℃/100%RH/240h	高湿度环境,潮气从裂缝侵入	MIL-STD-883 方法 1005,JEDEC-STD-22 方法 102A
引脚完整性(LI)	视适合的封装形式和引脚配置而定	制造环境	MIL-STD-883 方法 2004,JESD 22B 105A
键合强度(BS)	视适合的封装形式和引脚配置而定	制造环境	MIL-STD-883 方法 2011C/D
芯片剪切(DS)	器件规范	芯片与塑封料界面特征	MIL-STD-883 方法 2019
机械冲击(MS)	每轴 5 次,冲击加速度和时间见器件规范	航空或航天发射环境	MIL-STD-883 方法 2002,JESD 22B 104C
变频振动(VVF)	频率从 20~2000Hz 呈对数变化,再返回到 20Hz,每次周期大于 4min,每轴 4 次	航空或航天发射环境	MIL-STD-883 方法 2007,JESD 22B 105A
可燃性(FL)	有或没有燃烧源	塑封料的可燃性	UL-STD-94 V0 或 V1
氧指数(OI)	材料的可持续燃烧	塑封料的可燃性	ASTM-STD-2863
耐焊接热(SH)	(260±10)℃,10s	水汽相或再流焊温度	JESD 22B 106A
可焊性(SOA)	浸蘸-检查或浸润平衡	制造或储存后的可焊性	MIL-STD-883 方法 2003
盐雾(SA)	盐雾,35℃,pH 值 6~7.5,200h	甲板腐蚀环境	MIL-STD-883 方法 1009,JESD 22A 107A
耐溶剂(SR)	如助焊剂、清洗剂、冷冻剂	组装环境	MIL-STD-883 方法 2015
静电放电损伤(ESD)	HBD 模型:1A（1500V)呈指数增加,时间常数为 300~400ns;或 CDM 模型:1500V,15A,4~5 个摆幅,15ns	静电放电损伤	MIL-STD-883 方法 3015,JQA 2
闩锁(LU)	适合的充电电压	电压偏移	JQA 3,JESD 78A
辐射加固	指定的辐射总剂量	空间或高辐射环境	MIL-STD-883 方法 5005-E,MIL-HDBK-816

注：1. JQA 是指由福特汽车公司、美国电话电报公司（AT&T)、惠普公司等发起的联合评估联盟(Joint Qualification Alliance)。

2. MIL-STD-883 是指美国军用标准"微电路试验方法和程序"。

3. JESD 是指联合电子器件工程委员会（JEDEC)第 22 号标准"用于运输/汽车应用的固态器件的试验方法和程序"。

4. ASTM 是美国材料试验协会。

7.7 质量保证

电子产品必须满足规定的质量要求。根据国际标准化组织（ISO）的定义，质量是反映某一产品或服务满足明确和隐含需要的能力的特征总和[55]。质量不良通常是由于材料缺陷、制造过程失控和处理不当导致的。质量和可靠性不同，可靠性是产品在规定的条件下、规定的时间内完成特定功能的概率。表7.8是一些质量保证相关的术语定义。

表 7.8 质量保证术语

术语	定 义
质量	某一产品或服务满足明确和隐含需要的能力的特征总和
质量一致性	监测和控制关键参数在可接受的变化范围之内
质量控制	为实现质量要求而采用的操作方法和措施[55]
质量保证	为了提供确信某一产品或服务满足给定质量要求而采取必要的计划和系统性的措施[55]
质量监督	持续监督和检查过程、方法、条件、工艺、产品和服务、分析记录和参考值之间的状态，以确保满足规定的质量要求
质量检查	某一产品或服务的测量、检查、试验、检测一个或多个特性等活动,以及比较它们与规定要求之间的一致性
成品率	通过所有测试的产品的百分率
缺陷	不能达到预期的特征和使用要求

质量一致性可以使产品成品率增加，在质量一致性中要控制因为如下一种因素或多种因素共同作用使得参数发生变化：

① 供应商和批次性原材料特性发生变化；

② 由于过程监测和控制器件不精确而导致生产过程参数的变化；

③ 人为错误，工艺不充分；

④ 制造环境中不希望引入的应力（如污染物、粒子、振动）。

质量保证过程包括统计过程控制、在线公益监测和必要时代筛选试验。质量保证对制造商有如下要求：

① 采用在线监测和统计过程控制来确认潜在缺陷；

② 开展根本原因分析来确定可能导致产品早期失效的缺陷和失效机理；

③ 确定工艺中缺陷激发的环节，改进工艺以解决工艺问题；

④ 评价筛选的经济性，选择能够激发其失效机理并暴露潜在缺陷的筛选；

⑤ 减少或消除一些必要的筛选。

7.7.1 筛选概述

筛选是一种对批次性器件100%地施加电学和环境应力以确认和剔除缺陷的过

程。筛选可以分成应力筛选和非应力筛选。应力筛选给电子元件施加电和环境应力，从而加速了失效。非应力筛选实质上是非接触式试验，它用于发现缺陷而不是施加应力加速失效。非应力筛选包括外目检、X 射线检查、声学显微镜检查、功能测试和电学参数测试。如果筛选必须开展，则首先应选择非应力筛选，然后才是应力筛选。

筛选是质量一致性要求的内容。它是一个审查过程，以确保产品的材料、制造与产品生产要求相一致。筛选包括了参数超出容差的产品早期探测和累积缺陷探测。在缺陷已经形成的时候，缺陷是非常容易被探测到的。为了更主动，筛选应成为在线制造过程和质量控制的一部分。在工艺阶段的筛选可确保在特定的制造工序中发现缺陷，可及时采取纠正措施，使故障检修及返修成本降到最低。同样，有缺陷的元件会被及时剔除，以防止质量不良的产品增加额外的成本。

在筛选过程中有两种主要的缺陷：潜在缺陷和显著缺陷。显著缺陷是固有或引入的缺陷，它可以通过非应力筛选试验检测出来，如目检和功能测试[56]。潜在缺陷不能通过直接的检测或功能测试来发现，但可通过筛选应力加速其早期失效。随着电子技术的改进和可靠性的显著提高，许多研究对筛选在发现缺陷的有效性方面提出了质疑，认为筛选过程对产品可能弊大于利。

通过深刻理解影响产品的失效机理，PoF 可以确定影响产品寿命的设计参数和用来加速失效的应力条件。这些信息可用来支撑选择适当的筛选应力条件。PoF 用来确定设计参数低于预期阈值的产品引入失效的应力条件。更重要的是，它可确定筛选引入的损害，这是非常关键的信息，可确定是否筛选导致生存产品可靠性的折中[57]。

7.7.2 应力筛选和老化

老化是一种用来发现电子元件缺陷的应力筛选试验。它包括把元件放置在温度箱中、在电偏置下和热应力加速下进行特定时间段试验，在试验过程中和试验后对元件的功能进行测试。在老化过程中也可能用到其它加速条件，如电压、湿气、电场和电流密度[58]。不能满足制造商说明书要求的元件被丢弃，满足要求的就可以使用。

老化是一种筛选要求，最早在"民兵"导弹计划中提出，是发现和暴露小批量和欠成熟电子元件缺陷的一种有效的试验。到 1968 年，老化被纳入军用标准 MIL-STD-883[59]，在许多军用和非军用元件鉴定中得到应用。然而，随着制造技术的成熟和元件质量和可靠性的提高，老化的有效性在不断地消失。

这里有一个老化不再暴露缺陷的证明[60-62]。在老化过程中失效率极大地减小，从 1975 年的 10^9 小时每百万分之大约 800 个元件失效到 1991 年只有百万分之一个失效[63]。在 1990 年，摩托罗拉可靠性团队表示[64]："在过去五年中，集成电路的可靠性有了很大的提高。结果，在使用前进行的老化不能剔除任何失效，反而由于附加处理可能造成失效。"在 1994 年美国空军 Mark Gorniak 谈到:"尽管今天制造商继续使用筛选,大部分筛选是不切实际的,需要修改以适应新技术。筛选对于成熟技术只具备有限的价值,甚至没有任何价值。"

许多制造商淘汰了老化,取而代之的是元件系统的评估和鉴定[61-62]。系统的元件评估与供应商有关,供应商必须:

① 周期性地验证元件;

② 实施统计过程控制;

③ 有可接受的鉴定试验结果;

④ 履行阻止损伤或退化的程序(如处理程序,像静电释放袋);

⑤ 提供变更通知。

然后对从供应商得到的合格元件进行制造鉴定程序。鉴定试验的结果可用于评估是否有必要进行老化。如果鉴定试验没有产生失效,制造过程处于控制状态,那么就可以对元件质量评估具有信心,而不需要老化。

7.7.3 筛选

筛选可以通过检测(非应力筛选)或对产品施加电学、机械或热负载(应力筛选)来探测或暴露缺陷。所施加的负载并不代表工作时负载,通常施加的是加速应力以减少某一薄弱产品达到失效的时间。应力筛选可在产品一个或多个部位激发多种失效机理。

根据引发薄弱产品失效的失效机理,应力筛选可更进一步地分类为磨损筛选和过应力筛选。磨损筛选激发疲劳、扩散、磨损机理,过应力筛选使缺陷部位的应力水平大于其局部强度,从而导致致命性失效。磨损筛选包括温度循环和振动。这些应力会导致在缺陷部位的损伤积累,最终导致薄弱产品的失效。由于损伤的积累,产品可用寿命的一部分也被在筛选中消耗掉。确保经过筛选产品的剩余可用寿命满足要求是关键。筛选参数选择应确保仅在缺陷部位发生失效且最小化地消耗产品的可用寿命。

过应力筛选包括键合拉力试验和温度冲击。过应力筛选比磨损筛选要好,因为过应力筛选不断地加速失效却不会导致无缺陷产品的损伤累积。然而,过应力筛选的实施必须非常小心,否则它会导致产品的成品率问题。

对于在应用中因耗损失效机理而早期失效的缺陷产品,可开展过应力筛选来探测。例如,假设某一产品在有焊点处存在裂纹缺陷,环境温度循环会引起的裂纹持续扩散并导致其早期失效。过应力筛选施加机械冲击在器件引脚上,如果应力载荷在设计上限之内它则探测有裂纹的焊点,而当裂纹长度大于允许值时足够高的应力载荷会导致焊点裂纹的不断扩散。

为了有效地激发特定缺陷部位的特定缺陷或失效机理,必须选择和裁剪筛选试验。缺陷和潜在缺陷部位与产品的工艺技术有关。表 7.9 列出了几种一般筛选试验及其暴露的缺陷。

表 7.9 筛选试验及其暴露的缺陷

筛选试验	暴露的缺陷	有效性	费用	局限
目检(光学显微镜)	□封装不平整 □表面缺陷,如打标位置不当、钝化层裂纹、沾污、外来物、引脚沾附物 □引线偏离 □键合不良,引线拉脱或断裂 □芯片碎裂或剥离 □芯片粘接位置不当 □尺寸不精确 □芯片腐蚀 □焊料不当,基板扭曲 □金属化空洞 □导电通道桥连 □局部腐蚀 □键合金属间化合物 □芯片崩损和金属化不良	好	便宜	□人力密集 □复杂度和放大倍数的增加使漏检的概率增加 □优先选择自动检查以减少人的主观性和人为误差
X射线显微镜	□封装不平整 □未对准引脚 □引线拉脱或断裂 □引线变形 □焊盘移位 □空洞	好	中等	□服从操作人员解释
声学显微镜	□塑封料空洞或含有异物 □基板移位 □引线变形 □芯片裂纹 □界面裂纹、分层、未键合区域 □芯片粘接空洞	好	中等	□服从操作人员解释,仅激光声学扫描显微镜是面向量产的
温度循环(空气-空气)	□塑封料裂纹,界面分层	好	便宜	□是损伤积累方法,消耗可用寿命
温度冲击	□分层	差	高	□高加速应力,会导致不预期的问题出现(最好用抽样的方法,而不是筛选)
耐潮湿	□封装内、引脚或芯片上的污染物	高	高	□会消耗可用寿命(最好用抽样的方法,而不是筛选)

不管采取何种筛选,都不能危及产品的设计寿命。筛选所消耗的产品寿命可通过不断地筛选直至失效来计算,单次筛选所消耗寿命的百分比也就可计算出来。对已经筛选的产品,可以通过加速寿命试验并运用适合的加速模型来计算其在使用条件下的剩余寿命。

7.7.3.1 筛选应力水平

步进应力分析是一种用于确定筛选应力水平的常用方法。在这个过程中,逐步增强的应力施加在样品上。对失效产品开展失效分析以确定导致每个失效的原因,如果是潜在缺陷导致失效且没有过应力，则增加应力水平会到更高一级。这个过程不断持续，直到观察到过应力失效。导致过应力失效的应力水平就是产品的应力上限，筛选应力的确定基于它能激发的缺陷。

另一种确定筛选应力水平的方法叫做"缺陷植入"，即在产品中引入可测量的缺陷。这时，失效机理和激发缺陷的应力都是已知的。应力水平步进增加，直到样品中所有植入的缺陷全部被激发。该应力水平被确定下来用于剔除已知缺陷。原理上很简单，但是在操作时缺陷植入却非常困难和昂贵。

除上述的两种方法外，结合失效机理与失效部位也可有效地用于筛选试验选择。该方法与可能的制造变量或缺陷的模型发展有关。应力要求能激发潜在缺陷，然后进行计算。量化模型能提供一种方法来评价无缺陷产品通过筛选所引入的损伤，这些模型通常采用有限元分析方法。

7.7.3.2　筛选时间

在应力筛选中，看到的往往是由早期失效（由缺陷导致）和磨损失效（由物理化学过程决定）共同导致的多模分布。失效时间（TTF）分布有许多种不同变化方式。选 y 轴作为失效率密度，x 轴为失效时间，可得到单模、双模、多模等分布。失效密度 $f(t)$ 与时间 t 的表达式如下：

$$f(t) = \frac{1}{N} \times \frac{\mathrm{d}\left[N - \overline{N}(t)\right]}{\mathrm{d}t} \tag{7.3}$$

其中，$f(t)$ 是在 t 时刻时的失效密度；N 是 $t=0$ 时刻时的器件数量；$\overline{N}(t)$ 表示在 t 时刻时的器件数量。

当产品、设计、供应商或生产线混杂时，失效密度可能会出现多模分布。图 7.14 为来自不同供应商的产品混合时出现的失效分布特征。这种不同失效时间分布的组合形成了多峰分布。对于已知失效分布，筛选应力施加的持续时间，应满足使产品的剩余寿命大于或等于其预期寿命的条件。

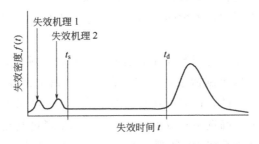

图 7.14　来自不同供应商产品混合时的失效时间分布

图 7.15 为一种双峰失效分布模式。少数器件分布于第一个子峰区域，多数器件分布于最大峰的区域，中间被一个低失效率的可用寿命区分开。这可以采用筛选应力，即在工作条件下消耗时间 t_s 来暴露缺陷产品。则剩余产品的可用寿命被缩短了 t_s 的时间。

如果双峰靠得比较近，如图 7.16，则筛选会消耗掉大部分的设计寿命。在某

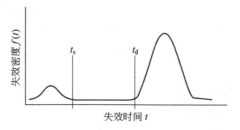

图 7.15 器件的双峰失效分布

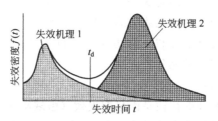

图 7.16 器件双峰相互靠近的失效分布

些情况下，如果与每个峰都相关的失效机理可被单独激发，且在剔除失效机理导致的早期失效时不会严重减少剩余器件的可用寿命。筛选应选择暴露导致第一组失效，这样剩余的已筛选过的产品的可用寿命才不会被减少。

7.7.4 根本原因分析

筛选结果中出现的失效必须进行失效分析，以确定根本原因。失效分析可帮助排除某些可能的原因。采用模拟和受控试验，建立其缺陷及其影响因素的原因分析。依次追溯主要因素到材料缺陷、设计、制造、处理或测试等可能的根本原因。可能导致制造缺陷的过程参数有超出容差、参数不稳定、噪声干扰、环境中的污染物等。一旦确定根本原因，大量的新旧材料要进行更替，并进行统计试验和比较其试验结果。

如果几乎全部产品在适当的设计筛选试验中失效，则表明设计不正确。如果大量产品失效，则需要修改制造过程。如果在某一个筛选试验中失效的数量可以忽略，则表明筛选是受控的，任何可观察到的缺陷可能是超出了产品的设计和生产过程控制。在工艺成熟和筛选拒收减少时，是否筛选要考虑其经济性，因为用统计过程控制（首选方法）来替代 100% 筛选可能是适合的。高的产品可靠性只能通过采用产品鲁棒设计、保持受控的过程能力、从具有资质的供应商中提供认可的元器件和材料来保证。

7.7.5 筛选的经济性

决定什么时候、如何筛选某一产品，很大程度受筛选的经济性影响。在做决定时，必须考虑如下因素：产品现有缺陷的预期水平、现场失效的代价（不筛选的代价）、筛选成本、筛选时引入新的缺陷的潜在成本以及对可用寿命的减少。

在产品寿命周期的早期，应引入失效模式分析方法。在每一个步骤中，要确定可能引入产品中的缺陷，并加以控制和监测。这种方法一般可更经济、更灵敏地探测过程变化。

筛选技术应作评审，包括基于工程判断和类似产品的历史记录。成本效益高的筛选程序能暴露出所有的潜在缺陷，使良品的损伤最小，使筛选过的产品能满足在役寿命要求。为了节约成本，各筛选所需的时间必须最小化。筛选可采用顺序或同时的方式进行，取决于所关注的潜在缺陷、硬件条件以及制造限制。

对于标准设计和相对成熟工艺的产品，仅当现场失效表明是早期失效时需要筛选，否则只作检查以确保其过程受控。对所有的新产品以及没有采用成熟制造工艺的产品推荐开展筛选。在这种情况下，筛选不仅帮助改进新产品的可靠性，还有助于工艺控制。

7.7.6   统计过程控制

过程的控制是为了避免产品的不合格状况出现，而不是待产品发生不合格后隔离其输出。控制过程比检查其输出结果更可取。

统计过程控制（SPC）是一种分析过程及其输出、不断减少产品和过程偏差的方法。其目的就是阻止缺陷的发生，更经济地提供符合客户要求的产品。

SPC 包括了产品关键工序参数的测量，控制图编制，上限和下限的确定。当过程超出控制时会在控制图上显示，在过程超出可接受的值之前，采取措施使其在控制过程极限范围之内。控制参数可以是一个变量也可以是一种属性。相应地，有两种基本类型控制图：变量控制图（x-柱状图，区域图）和属性控制图（p 图或 c 图）。统计过程控制的一般步骤包括通过控制图来确定过程行为，确定过程变量，采取纠正措施以确保过程受控。这种实时反馈可在缺陷发生之前停止过程。在过程中引入除系统偏差之外的缺陷，不是统计过程控制的范围。

ISO 9000 是使用最广泛的质量体系，ISO 9000 是由国际标准化组织建立的一系列标准（ISO9000：2005）。该标准的目的是通过发展一种国际质量和可靠性标准，促进物品和服务在国际间的交流。

另一个广泛使用的统计过程控制方法和质量体系是六西格玛，它是摩托罗拉在 20 世纪 80 年代中期提出的。在 90 年代通过通用电气和联合信号公司整合后得到流行。六 西格玛的提出是根据一个统计目标：产品的失效率必须比所有过程、设计或产品参数平均得到的 6 个标准差（表示为西格玛或 σ）要低，见图 7.17。具有六西格玛质量的产品或过程每百万个有 3.4 个缺陷，转换成可靠度为 99.99976％。

六西格玛过程包括 5 个主要阶段：定义，测量，分析，改进和控制（DMAIC），见图 7.18。在六西格玛方法中，必须进行以下操作：

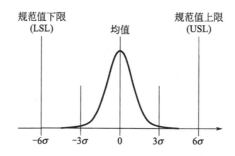

图 7.17 产品质量与过程的 6σ 统计目标

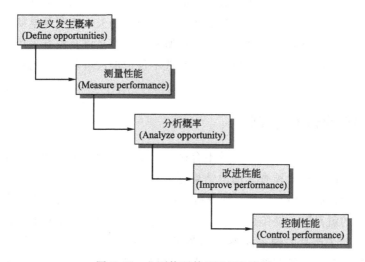

图 7.18 六西格玛的 DMAIC 流程

① 定义产品、过程的概率或问题；

② 测量产品和过程的性能；

③ 分析概率或问题以确定根本原因；

④ 通过重新设计过程和最小化可变性提高性能；

⑤ 控制过程以确保永久的改进。

7.8 总结

鉴定是一种特定的应用过程，它包括产品的质量和可靠性评估。鉴定过程的目的是证明产品是否满足或超过目标应用的可靠性和质量要求。

鉴定过程包括三个阶段：虚拟鉴定，产品鉴定和量产鉴定（或质量保证试验）。虚拟鉴定是根据 PoF 模型来设计预计寿命，它没有任何物理试验。虚拟鉴定比产品鉴定花费的成本和消耗的时间相对较少。产品鉴定包含对制造样品的物理试验，包括确定产品强度极限的 HALT 试验和可靠性估计的加速试验。加速试验用于鉴定过程中，是因为它有缩短时间的优势。由于对产品施加了比应用环境中更高的应力水平，加速试验使失效提前发生，因此具有更好的时间和成本效益。但是，必须确保只加速了被评估的失效机理，而没有引入其它失效机理。

鉴定第三个阶段为质量保证试验或筛选，整个质量保证过程包括统计过程控制、过程在线监控和筛选。筛选的目的是暴露缺陷，它可分为应力和非应力筛选。老化是一种应力筛选，包括在电偏置下给电子封装施加热应力，并在试验中和试验后进行功能测试。

随着元器件质量和可靠性的技术成熟和改进，应力筛选和老化的有效性已经减少了。只有出现新技术和可能出现许多缺陷时，才需要进行应力筛选。通常，如果必须进行筛选，非应力筛选要比应力筛选更好。同样，在工艺过程中筛选要比在生产线最后阶段或对最终产品进行筛选更好。对在筛选过程中观察到的缺陷和失效的根本原因分析，可用以提高封装的设计、材料和工艺水平，减少或消除以后可能出现的缺陷。然而，更好的质量保证方法是统计过程控制和对元器件系列的评估。如果已明确元件可满足质量要求，那么鉴定结果可以用于确定是否需要筛选。

参 考 文 献

［1］　Telcordia Technologies，"Telcordia roadmap to reliability documents"，No. 1 may 2002.

［2］　JEDEC，JEP 148，"Reliability qualification of semiconductor devices based on physics of failure risk and opportunity assessment," April 2004.

［3］　Pecht，M. and Nash F. R.，"Predicting the reliability of electronic equipment," Proceeding of the IEEE，vol. 82，No. 7，pp. 922-1004，1994.

［4］　MIL-HDBK-338B，Electronic Reliability Design Handbook，Version B，US Department of Defense，1998.

［5］　Pecht，M.，Das，D.，and Ramakrishnan，A.，"The IEEE standards on reliability program and reliability prediction methods for electronic equipment"，Microelectronics Reliability，Vol. 42，Nos. 9-11，pp. 1259-1266，2002.

［6］　MIL-HDBK-217，Reliability Prediction of Electronic Equipment，Version A，US Department of Defense，December 1965.

［7］　Wong K. L.，"The physics bases for the rooler-coaster hazard rate curve for electronics"，Quality and Reliability Engineering International，Vol. 7，p489，1991.

［8］　Wong K. L.，"Unified field (failure) theory — demise of bathtub curve"，Proceedings of Annual Reliability an Maintainability Sympmosium，p. 402，1981.

［9］　Wong K. L.，"The bathtub does not hold water and more"，Quality and Reliability Engineering International，Vol. 7，p. 279，1988.

［10］　Klutke，G. A.，Kiessler，P. C.，and Wortman，M. A.，"A critical look at the bathtub curve"，IEEE Transactions on Reliability，vol. 52，issue 1，pp. 125-129，2003.

［11］　Pecht，M.，Dasgupta，A.，and Barker，D.，"The Reliability physics approach to failure prediction modeling"，Quality and Reliability Engineering International，pp. 273-276，1990.

［12］　Pecht，M.，Malhotra，A.，Wolfowitz，D.，Oren，M.，"Transition of MIL-STD-785 from a military to a physics- of-failure based on com-military document"，9th international conference of the Israel Society for Quality Assurance, Jerusalem, Israel, November 16-19, 1992.

[13] Pecht, M., Dasgupta, A., Evans, J., and Evans, J., Quality conformance and Qualification of Microelectronic Package and Interconnects, John Wiley & sons, NY, 1994.

[14] Dasgupta, A., and Pecht M., "Material failure mechanisms and damage models," IEEE Transitions on Reliability, vol. 40, no. 5, pp. 531-536, 1991.

[15] Lall, P. and Pecht, M., "An integrated physics-of-failure approach to addressing device reliability assessment advances in electronic packaging", ASME Electrical and Electronic Packaging, vol. 4-1, 1993.

[16] Lall, P. and Pecht, M., "A physics-of-failure approach to addressing device reliability in accelerated tests", 5th European Symposium on Reliability of Electron Devices Failure Physics and Analysis, 1994.

[17] Pecht, M., and Dasgupta, A., "Physics-of-failure: An approach to reliable product development," Journal of the Institute of Environmental Sciences, vol. 38, no. 5, pp. 30-34, 1995.

[18] Stipan, P., Beihoff, B., and Shaw, M., "Electronics package reliability and failure analysis: A micromechanics-based approach", Electronic Packaging Handbook, Blackwell, Glenn T., editor, CRC Press, Boca Raton, FL, 2000.

[19] Mencinger, N. P., "A mechanism-based methodology for processor package reliability assessments", Intel Technology Journal, Quarter 3, pp. 1-8, 2000.

[20] IEEE Standard 1413, "IEEE standard methodology for reliability prediction and assessment for electronic systems and equipment", IEEE December 1998.

[21] Pecht, M. G., "Issues affecting early affordable access to leading electronics technologies by the US military and government", Circuit World, vol. 22, no. 2, pp. 7-15, 1996.

[22] Osterman, M., and Stadterman, T., "Failure assessment software for circuit card assembilies", Proceedings of the IEEE Annual Reliability and Maintainability Syposium, pp. 269-276, 1999.

[23] Cushing, M., Mortin, D., Stadterman, T., and Malhotra, A., "Comparison of electronics reliability assessment approaches," IEEE Transactions on Reliability, vol. 42, no. 4, pp. 542-546, December 1993.

[24] Larson, T., and Newel J., "Test philosophies for the new millennium", Journal of the Institute of Environmental Sciences, vol. 40, no. 3, pp. 22-27, 1997.

[25] Cunningham, J., Valentin, R., Hillman, C., Dasgupta, A., and Osterman, M., "A demonstration of virtual qualification for the design of electronic hardware", Proceedings of the Institute of Environmental Sciences and Technology Meeting, April 24, 2001.

[26] Hu, J., Barker, D., Dasgupta, A., and Arora, A., "The role of failure mechanism identification in accelerated testing", Journal of the Institute of Environmental Sciences, vol. 36, no. 4, pp. 39-45, 1993.

[27] Caruso, H., and Dasgupta, A., "A fundamental overview of analytical accelerated testing models", Journal of the Institute of Environmental Sciences, vol. 41, no. 1, pp. 16-30, 1998.

[28] McCluskey, P., Pecht, M., and Azarm, S., "Reducing time-to-market using virtual qualification", Proceedings of the Institute of Environmental Sciences Conference, pp. 148-152, 1997.

[29] Lall, P., Pecht, M., and Hakim, E., Influence of Temperature on Microelectronics and System Reliability, CRC Press, New York, 1997.

[30] IPC-SM-785, "Guidelines for accelerated reliability testing of surface mount solder attachments", IPC Association Connecting Electronics Industries, p. 21, November 1992.

[31] Pecht. M., Agarwal, R., McCluskey, P., Plastic Encapsulated Microelectronics: Material, Quality, Reliability and Applications, John Wiley Pbulishing Co., New York, NY, 1995.

[32] Pecht, M., Agarwal, R., McCluskey, P., Dishongh, T., Javadpour, S., and Mahajan, R., Electronic Packaging materials and their Properties, CRC Press, Boca Raton, FL, 1999.

[33] Pecht, M., "Physics-of-failure approach to design and reliability assessment of microelectronic packages", Proceedings of the First International Symposium on Microelectronic Package and PCB Technology, Beijing, China, September 19-23, pp. 175-180, 1994.

[34] Osterman, M., Dasgupta, A., and han, B., "A strain range based model for life assessment of Pb-free SAC solder interconnects", Proceedings of the 56th Electronic Component and Technology Conference, May 30- Jun 2, pp. 884-890, 2006.

[35] Clement, J. J., "Electromigration modeling for integrated circuit interconnect reliability analysis", IEEE Transactions on Device and Materials Reliability, vol. 1, no. 1, pp. 33-42, March 2002.

[36] Lee J. C., Chen, I. C., and Hu C., "Modeling and characterization of gate oxide analysis", IEEE Transactions on Electron Device, vol. 35, no. 22, pp. 2268-2278, 1988.

[37] Rogers, K. and Pecht M., "A variant of conductive filament formation failures in PWBs with 3 and 4 mil spacings", Circuit World, vol. 32, no. 3, pp. 11-18, 2006.

[38] Li, J., and Dasgupta, A., "Failure mechanism models for material aging due to inter-diffusion", IEEE Transactions on Reliability, vol. 43, No. 1, pp. 2-10, March 1994.

[39] Pecht M., Radojcic, R., and Rao, G., Guidebook for Managing Silicon Chip Reliability, CRC Press, Boca Raton, FL, 1999.

[40] Stamatis, D. H., Failure Mode and Effect Analysis, American Society for Quality (ASQ), Quality Press, Milwauee, WI, 2003.

[41] Ganesan S., Eveloy, V., Das, D., and Pecht, M., "Identification and utilization of failure mechanisms to enhance FMEA and FMECA", Proceedings of the IEEE Workshop on Accelerated Stress Testing and Reliability (ASTR), Austin, Texas, October 2-5, 2005.

[42] Hobbs, G. K., Accelerated Reliability Engineering, John Wiley & Sons Ltd., UK, 2000.

[43] Upadhyayula, K., and Dasgupta, A., "Guidelines for physic-of-failure based accelerated stress testing", Annual Reliability and Maintainability Symposium, Anaheim, California, January 19-22, 1998.

[44] Pollock, L. R., A Wide Parametric, Bayesian Methodology for System-Level, Step Stress, Accelerated Life Testing, Thesis, Florida Institute of Technology, 1989.

[45] Montgomery, D., Design and Analysis of Experiments, 6th ed., John Wiley & Sons, New York, 2004.

[46] Shirley, G. C. and Hong, C. E. C., "Optimal acceleration of cyclic THB tests for plastic-packaged devices", 29th Annual Proceedings, International Reliability Physics Symposium, pp. 12-21, 1991.

[47] Gunn, J. E. , Camenga, R. E. , and Malik, S. K. , "Rapid assessment of the humidity de-pendence of integrated circuits failure modes by use of HAST", Proceedings of the 21st In-ternational Reliability Physics Symposium, IEEE, pp. 66-72, 1983.

[48] Danielson, D. D. , Marcyk, G. , Babb, E. , and Kudva, S. , "HAST applications: ac-celeration factors and results for VLSI components", IEEE Proceedings of the 26th Interna-tional Reliability Physics Symposium, pp. 114-121, 1989.

[49] Mercado, L. L. , and Chavez, B. , "Impact of JEDEC test conditions on new generation package reliability", IEEE Transactions on Components and Packaging Technologies, vol. 25, no. 2, pp. 204-210, June 2002.

[50] Lin, A. W. , and Wong, C. P. , "Encapsulant for non-hermetic multi-chip packaging appli-cations," IEEE Transactions on Components, Hybrids, and Manufacturing Technology, vol. 15, no. 4, pp. 510-518, 1992.

[51] Davy, J. G. , "Accelerated aging for solderability testing: A review of military standards", Proceedings, 6th National Conference and Workshop Environmental Stress Screening of Electronic Hardware, Baltimore, MD, pp. 49-58, 1990.

[52] Intel, Personal communications, 1989.

[53] Motorola, Personal communications, 1993.

[54] Nguyen, L. T. , Lo. R. H. Y. , Chen, A. S. , Takiar, H. , and Belani, J. G. , "Mold-ing compound trends in a denser packaging world. II. Qualification tests and reliability con-cerns", SEMICON/Singapore 93, Singapore World Trade Center, Singapore, 1993.

[55] ISO 8042, "Quality management and quality assurance-vocabulary", International Organi-zation for Standardization, 1994.

[56] Weir, E. , "What defects will screening find?", EP Electronic Production, V24, 1995.

[57] Pecht, M. , and Lall P. , " A physics-of-failure approach to IC burn-in", Proceedings 1992 Joint ASME/JSME Conference on Electronic Packaging: Advances in Electronic Packaging, April 9-12, pp. 917-924, 1992.

[58] Lycoudes, N. , "The reliability of plastic microcircuits in moist environments", Solid state Technology, vol. 21, pp. B9-B18, 1978.

[59] MIL-STD-883, Test Methods an and Procedures for Microelectronics, US Department of Defense, 1968.

[60] Hester, K. D. , Koehler, M. P. , Kanciak-Chwialkowski, H. , and Jones, B. H. , "An assessment of the value of added screening of electronic components for commercial aero-space applications", Microelectronics Reliability, vol. 41, no. 11, pp. 1823-1828, 2001.

[61] Jordan, J. , and Fink, J. , "Honeywell's experience with screening plastic encapsulated microcircuit", IEEE Transactions on Components, Packaging, and Manufacturing Tech-nology, Part A, vol. 19, no. 3, pp. 441-442, 1996.

[62] Jordan, J. , Pecht M. , and Fink J. , "How burn-in can reduce quality and reliability", The International Journal of Microcircuits and Electronic Packaging, vol. 20, no. 1, pp. 36-40, 1997.

[63] Slay, B. , Texas Instruments, Dallas, 1994.

[64] Pecht, M. , "Open forum editorial", IEEE Transactions on Components, Packaging and Manufacturing Technology, Part A, vol. 19, No. 3, p. 441, 1996.

258

第8章 趋势和挑战

微电子器件、封装设计和封装材料在过去几十年中取得了飞速的发展，IC 芯片的尺寸越来越小，但其速度越来越快，封装也越来越更有效率、更可靠及更具有性价比。在本章中，将介绍未来微电子器件、封装及塑封料的发展趋势及面临的挑战，塑料封装在极端高温和低温环境中的最新应用趋势，同时还将讨论在 MEMS、生物 MEMS、生物电子器件、纳米电子器件、有机发光二极管（OLED）、光伏及光电子器件领域塑料封装的发展趋势及面临的挑战。

8.1　微电子器件结构和封装

微电子芯片技术在过去的半个世纪中取得了显著的进步，IC 的复杂度以及每个芯片上晶体管数量持续增长。图 8.1 所示为 Intel 公司根据摩尔（Moore）定律而推断的每个芯片上晶体管数量的发展趋势。Moore 定律最初由戈登·摩尔（Gordon Moore）（Intel 联合创始人之一）在 1965 年提出，之后在 1975 年进行了修正，其预测芯片复杂度（如每个芯片上晶体管数量）每 2 年翻一番。Intel 最新的芯片 Itanium2 双核处理器 9000 系列，其每个芯片上集成了超过 17 亿只晶体管，是 10 年前晶体管数量的 200 多倍。然而这种趋势终会达到极限，半导体特征尺寸正变得越来越小，现在正在接近 32nm 并将最终达到 22nm[1,2]，由于特征尺寸正

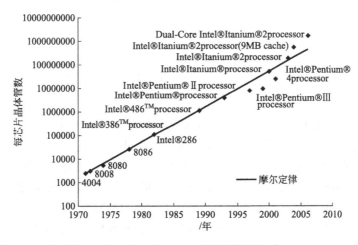

图 8.1　遵循摩尔定律的每个芯片上集成晶体管数量［www. intel. com］

在接近原子尺度，在芯片上集成更多的晶体管将变得更加困难。

正因为半导体的复杂度达到了其物理极限，因此研究的焦点正转向于封装设计改进、功能多样化和材料创新。对超出 Moore 定律之外的关注引来了一个新的技术时代，即众所周知的后摩尔（MtM）时代[3-10]。

正如图 8.2 描绘的那样，晶体管小型化的趋势会一直持续遵循 Moore 定律，其特征尺寸正减小到 32 及 22nm，并正在超越互补金属氧化物半导体器件结构。与此同时，后摩尔定律的第二个趋势是封装内元器件功能多样化不断提高，封装内可以包括 IC 芯片、传感器、无源元件、MEMS 以及生物芯片等。由于功能多样化，电子产品与人和环境的交互作用也将得到进一步深化，"智能型环境感知"的目标也可实现。受益于前两个趋势的第三个趋势是系统集成以及封装变革，更小的晶体管以及越来越多样化的器件将促使更有价值的系统出现。

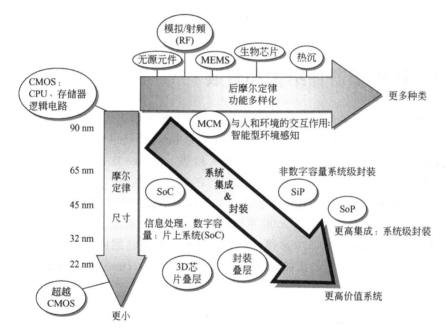

图 8.2　摩尔定律，后摩尔定律的实现结合系统集成以发展高价值系统[1,8]

CMOS—互补金属氧化物半导体；CPU—中央处理单元；

MCM—多芯片组件；MEMS—微机电系统；RF—射频

从历史的角度上看，系统集成和小型化趋势开始于 20 世纪 60 年代，并伴随着片上系统的发展，如图 8.3 所示。集成度和小型化已经提升并达到系统级封装（SiP）层面，即在单个封装内不但集成了无源元件、有源器件，还集成了其它多种不同功能的器件如 MEMS、生物芯片、传感器及射频（RF）器件。封装变革如 2D 封装（如多芯片组件）及 3D 封装（如芯片叠层）的出现将进一步促进 SiP 的发展。

系统集成和小型化预计在 2020 年提升至系统级封装（SoP）级别[3,10]。由于采用 SoP 集成技术，传统上包括印制电路板、连接器、插座和制冷器的第二级封

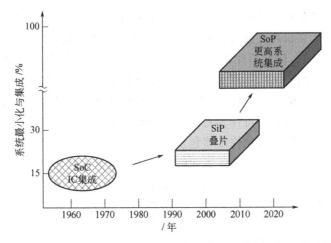

图 8.3 小型化和集成化趋势，从 1960s 的集成电路到 2020s 的系统[10]

IC—集成电路；SiP—系统级封装；SoC—片上系统；SoP—系统级封装

装将消失，其将与 IC 芯片、无源器件、MEMS、传感器、RF 器件和生物芯片一同集成于单个封装内。

图 8.4 所示为微电子封装发展趋势时间表。除了小型化的需求外，其它因素如

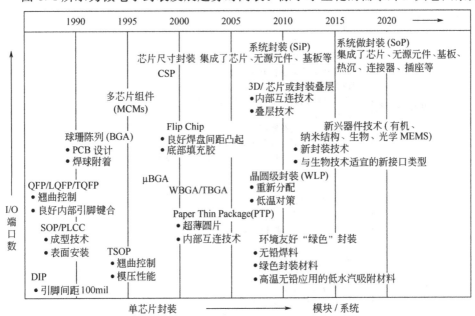

图 8.4 半导体封装技术趋势

μBGA—微球栅阵列；DIP—双列直插封装；LQFP—低轮廓四边引线扁平封装；

MEMS—微机电系统；PCB—印制电路板；PLCC—塑料有引脚芯片载体；

QFP—四边引线扁平封装；SOP—小外形封装；TBGA—载带自动键合塑料

球栅阵列；TQFP—薄形四边引线扁平封装；TSOP—薄形小外形封装；

WBGA—引线键合球栅阵列

环境友好型材料和新兴技术也影响着微电子封装发展趋势。发展于 20 世纪 70 年代早期的封装设计如双列直插封装和小外形封装（SOP）已被 20 世纪 80、90 年代的球栅阵列（BGA）、倒装芯片和芯片尺寸封装（CSP）所取代。21 世纪初出现并发展的封装，如包括 3D 芯片叠层封装的 SiP 及晶圆级封装（[1]，iNEMI，www.inemi.org）会一直应用到 21 世纪 10 年代甚至到 21 世纪 20 年代。环境友好型材料或"绿色"封装仍将作为封装材料和设计的必备发展方向。21 世纪 10 年代及 21 世纪 20 年代的封装也许还将包括新兴器件封装和 SoP。

表 8.1 列出了微电子封装技术面临的一些可预知的挑战[1]。图 8.5 和图 8.6 所

表 8.1　未来半导体封装面临的挑战

挑　　战	项　　目
晶圆级芯片尺寸封装	□多管脚小芯片的 I/O 间距 □焊点可靠性和清洗工序 □晶圆减薄和加工技术 □大芯片的膨胀系数匹配
嵌入式元器件	□低成本嵌入式无源元件：R，L，C □嵌入式有源器件 □晶圆级嵌入式元器件
薄芯片封装	□薄芯片的晶圆/芯片加工技术 □不同载体材料(有机物、硅、陶瓷、玻璃、层压板芯)影响 □建立新的工艺流程 □可靠性和可测试性 □不同的有源器件 □电学和光学接合集成
芯片和基板间的细间距	□在低成本前提下提升布线能力 □改善阻抗控制能力 □提升和降低高温下的平整度和翘曲率 □降低吸潮 □提高板芯中通孔密度 □改变镀层表面以提升可靠性 □玻璃化转变温度(T_g)与无铅焊接工艺的兼容(包括在 260℃返修)
3D 封装	□热管理 □设计和模拟仿真工具 □晶圆间的键合 □晶圆通孔结构和通孔填充工艺 □晶圆/芯片的硅通孔(TSV)单一化 □单个晶圆/芯片的测试 □无凸点的内部互连结构
柔性系统封装	□保形低成本有机基板 □小及薄芯片组装 □低成本运作下的加工处理
多焊盘及/或高功率密度的小芯片	□可能超出现有的组装和封装技术能力 □需要新的焊料/更高电流密度能力的凸点下金属化层(UBM)，以及更高的工作温度
实现电路芯片、无源器件和基板集成的系统级设计能力	□复杂系统性能、可靠性和成本最优化 □关于信息类型、信息质量管理以及信息传输结构的复杂标准 □可在凸点集成嵌入式无源器件，类似于在基板中嵌入一样
新兴器件类型(有机、纳米结构、生物)	□有机器件封装要求仍不明确(如芯片是否将生长其自身的封装) □生物界面需要新的界面类型

注：T_g 为玻璃化转变温度；TSV 为硅通孔；UBM 为凸点下金属化层。

262

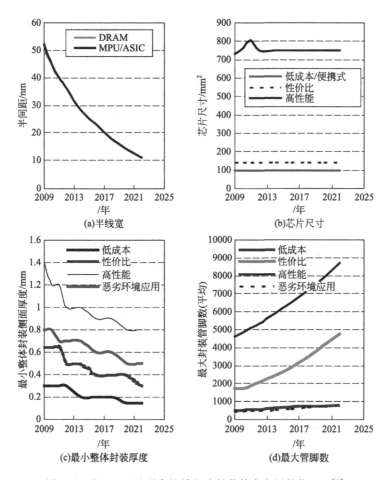

图 8.5 基于 ITRS 要求的单芯片封装技术发展趋势 (1)[1]

ASIC—专用集成电路；DRAM—动态随机存储器；ITRS—国际半导体产业
技术路线图；MPU—微处理单元

示为从国际半导体产业技术路线图 (ITRS) 中摘录的单芯片器件和封装技术的发展需求趋势[1]。图 8.5 所示为未来几年单芯片封装尺寸和管脚数量的变化。动态随机存储器 (DRAM) 半线宽正在以每年 3nm 的速度减小，预计到 21 世纪 20 年代初期可减小到约 10nm。芯片尺寸期望保持不变，而用于高性能封装的芯片尺寸在 21 世纪 20 年代会略升到 750mm²。到 21 世纪 20 年代，用于低成本/便携式设备的器件其整体厚度预计可减小到 0.15mm，高性价比器件的最大管脚数预计可增加到约 5000，而高性能器件的最大管脚数预计将接近 9000。

图 8.6 所示为单芯片封装的部分性能和热学特性参数[1]。到 21 世纪 20 年代，高性价比器件封装的最大功耗预计可接近 2W/mm²；在 21 世纪 20 年代初期高性价比和高性能的单芯片封装其芯片性能预计会稍高于 14GHz。低成本封装的极限工作温度和最高结温预计不变，仍分别为 55℃和 125℃；而为严酷环境应用而设计

263

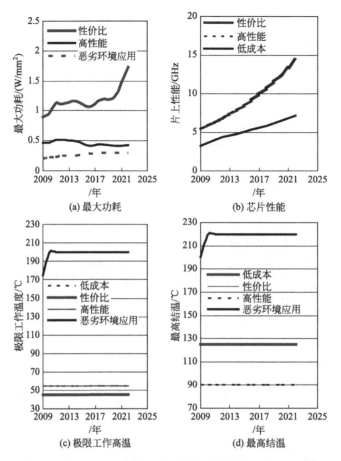

图 8.6　基于 ITRS 要求的单芯片封装技术发展趋势 (2)[1]

的单芯片封装预计可承受 200℃ 的极限工作温度和 220℃ 的最高结温。

　　表 8.2 所示为芯片到基板以及基板到板级封装的技术路线图[1]。一般的趋势是减小各种连接技术的节点间距。到 21 世纪 20 年代，各种芯片到基板的键合节点间距预计将会在 $10\sim85\mu m$（或 $0.01\sim0.085mm$）的范围内，各种 BGA、CSP 及四边扁平封装中基板到板级的键合节点间距预计将达到 0.5mm 或更低，而塑料 BGA 中基板到板级的键合节点间距预计可达到 0.65mm。

　　随着芯片到基板、基板到板级键合节点间距的不断减小，对于封装材料和封装工艺技术的需求也更加严格。封装材料必须易流动，以便于通过狭小的空间和小的突出体；而封装工艺中必须尽量降低压力以保护精细的键合系统免受损害或将损害最小化。

　　到 21 世纪 20 年代早期，用于存储芯片的晶圆级 CSP 中叠片的最大数量预计将增加至 12 级，如图 8.7 所示，而标准芯片以及无线芯片在以后几年里预计仍将维持在 3 级叠片的水平。

表 8.2 芯片到基板、基板到板级键合技术路线图[1]

年份	2009	2010	2012	2014	2016	2018	2020	2022
芯片到基板键合								
引线键合								
单列直插/μm	35	35	30	30	25	25	25	25
楔间距/μm	25	20	20	20	20	20	20	20
倒装芯片								
阵列(有机、陶瓷基板)/μm	130	130	110	100	85	95	90	85
载带或薄膜/μm	10	10	10	10	10	10	10	10
TAB/μm	35	35	35	35	35	15	15	15
基板到板级键合								
BGA 焊球间距/mm								
低成本,便携式	0.65	0.65	0.5	0.5	0.5	0.5	0.5	0.5
高性价比	0.65	0.65	0.5	0.5	0.5	0.5	0.5	0.5
高性能	0.8	0.8	0.65	0.5	0.5	0.5	0.5	0.5
苛刻环境	0.65	0.65	0.5	0.65	0.5	0.5	0.5	0.5
CSP 阵列间距/mm	0.2	0.2	0.15	0.1	0.1	0.1	0.1	0.1
QFP 引脚间距/mm	0.3	0.3	0.3	0.3	0.2	0.2	0.2	0.2
PBGA 焊球间距/mm	0.8	0.65	0.65	0.65	0.65	0.65	0.65	0.65

注：BGA 为球栅阵列；CSP 为芯片尺寸封装；QFP 为四边引线扁平封装；TAB 为载带自动键合。

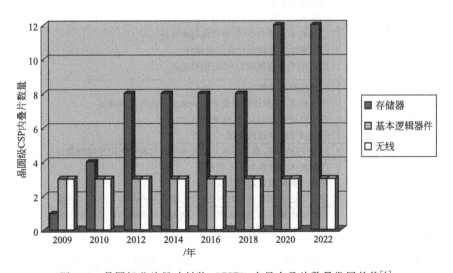

图 8.7 晶圆级芯片尺寸封装（CSP）中最大叠片数量发展趋势[1]

表 8.3 所示为封装材料面临的一些可预知的挑战。两项挑战普遍存在，一是减小采用低 k 介质的晶圆片结构上的应力，二是与环境友好型无铅材料及工艺兼容。

对于封装料而言，挑战来自于在高温无铅应用中尽量使吸潮最少；而对于底部填充料而言，挑战来自于与无铅回流焊工艺兼容。

表 8.3　封装材料面临的挑战

材料面临的挑战	项　　目
引线键合	□能使 $25\mu m$ 和 $16\mu m$ 节点间距的引线无变形的材料 □用于 Cu 键合焊盘的可减少金属间化合物的阻挡金属（如绝缘引线）
底部填充料	□能支持 100 脚的大芯片 □减小低 k 芯片上的应力 □与无铅回流温度兼容
热界面	□提高热传导 □提升黏附性 □提高模量用于薄型应用
材料性能	□ 10GHz 以上频率应用时材料性能的数据库
模塑料	□用于低外形多芯片封装的模塑料 □与低 k 晶圆结构兼容 □高温无铅应用中的低潮气吸收 □用于混合键合及无底部填充料的倒装芯片的模塑料 □与无卤模塑料中电荷储存相关的栅漏电 □金属粒子污染和炭黑在细间距互连中引起的短路和组装成品率问题
无铅焊料倒装芯片材料	□支持高电流密度的焊料和 UBM，并避免电迁移
低压力芯片黏结料	□高结温：$T_j > 200$℃ □高热导率和高电导率下 CTE 失配所需的补偿需求
刚性有机基板内嵌无源器件	□低介电损耗 □低成本下使 CTE 更低及 T_g 更高 □提高 k 高于 1000 的介质的高频性能 □高可靠及更稳定的电阻器材料 □应用于传感器和 MEMS 的铁磁体
环境友好型绿色材料焊接凸点替代材料	□适应环境法规 □在成本、可靠性和性能方面必须与传统的材料兼容 □柔性以适应与 CTE 有关的应力 □超过工作范围的失配
芯片黏结膜	□对于薄晶圆，建议在芯片划片和黏结过程中使用相同的膜材料 □材料太厚导致加工不够便利 □芯片黏结膜内嵌入引线 □对于已采用激光切割开的芯片，膜可拉开并与单个芯片对应
硅通孔材料	□低成本通孔填充材料和工艺（例如低成本的活化和电镀工艺） □薄晶圆载体材料以及相关的附属材料

压缩模塑技术比传递模塑工艺更适合于较薄的封装。在常规的压缩模塑过程中，模塑料块置于 IC 芯片上，加热然后压制。压缩熔融的模塑料将流过芯片周围，并流过很多的键合丝和凸点。

东和株式会社（京都，日本）和山田尖端科技株式会社（长野，日本）在改进压缩模塑的基础上研发出了新的模塑设备[11]，这种东和株式会社及山田尖端科技株式会社研发的模塑技术可将模塑过程中的压力降低至常规传递模塑系统压力的一小部分，非常适合较薄和更复杂的 SiP、层叠封装（PoP）、晶圆级封装以及透明树脂封装。

东和株式会社已经研发出一种称为自由流动薄型（FFT）模塑系统的压缩模塑设备。在这种模塑技术中，IC 芯片被放置于基板上，再将基板-芯片系统一起浸入下模具里熔融的树脂中，如图 8.8 所示，然后使密封材料凝固并取出封装。FFT模塑技术的优点是：

□ 芯片承受应力更低；

□ 金丝引线不会受破坏或被切断；

□ 适合于图形模塑或需要立刻对大量芯片进行模塑的晶圆级封装；

□ 不需要阀门或流道，能减少浪费，这一点对于采用昂贵透明的树脂对高亮度 LED 进行封装非常重要。

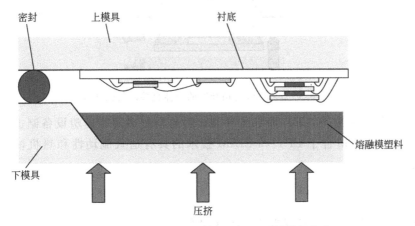

图 8.8 Towa 公司开发的自由流动薄型模塑技术

山田尖端科技株式会社（长野，日本）开发了一种采用腔体直接注射模塑（CDIM）技术的液体树脂模塑设备，图 8.9 所示为 CDIM 的工艺过程，注射-压缩模塑设备先将适量的液体树脂注射到基板上，然后上模具压缩芯片周围的空腔，使树脂凝固。CDIM 技术的优点是：

□ 模塑过程中水平应力低；

□ 对于采用易机械损伤的低 k 材料的逻辑芯片很有效；

□ 适合于有大量金丝引线的芯片，可减少引线变形（如对于直径为 $25\mu m$ 的引线少于 1%）。

用于 FFT 和 CDIM 技术的塑封料必须具备适宜的特性。开发出适当成分配比的树脂是一项挑战，尤其是开发用于薄型 IC 封装中需要具有易流动性的树脂。传统的塑封料通常包括多种成分，比如基本的环氧材料和添加剂，例如填充料（如硅）和脱模剂。减少填充料可以促使树脂更好地在芯片上流动，但较少的填充料却

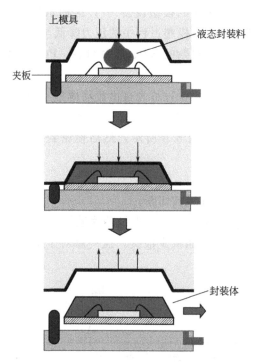

图 8.9　Yamada 公司开发的腔体直接注射模塑技术

会减小线膨胀系数（CTE）而导致开裂。塑封料制造商和模塑设备制造商相互协作，已经开发出适合于 FFT 和 CDIM 技术的具有适宜流动性和热机械性能的塑封料。

8.2　极高温和极低温电子学

近来随着电子材料以及设计技术的飞速发展，电子工业正在将电子产品的工作温度推到一个新的边界。在汽车电子及空间应用领域，人们正在考查电子产品的极高工作温度和极低工作温度。汽车电子应用领域的目标是推动电子产品的工作温度不断地提高，而在空间应用领域则需要电子产品在太空极端寒冷的温度下能正常工作。能在极高及极低温度下工作的电子产品不再需要加热及冷却装置以及相关的外壳结构，并且成本也将降低。

8.2.1　高温

多年来车辆所使用的电子产品不断增加，这一趋势源自于政府对燃油价格和排放标准日益严格的管制[12]，其它因素如低价格和高性能半导体器件的使用也在推动着这种增长趋势。表 8.4 列出了汽车上所使用的电子产品。

表 8.4　汽车电子系统

种类	系统
发动机、传动系	电子燃油喷射(EFI)、发动机控制单元(ECU)、传动控制单元(TCU)、爆震控制系统(KCS)、巡航控制和制冷扇
底盘、安全	主动四轮转向、主动控制悬架、防抱死制动系统(ABS)、牵引力控制系统(TRC)、车辆稳定控制系统(VSC)、安全气囊
舒适、便利	预设方向盘位置,环境控制,电动座椅,电动车窗,门锁控制,后视镜控制
车载影音	收音机(AM、FM、卫星)、CD 播放器、TV 和 DVD 播放器、移动电话、导航系统、仪表板
信号通信、线束	通信总线、启动器、交流发电机、蓄电池、故障诊断仪

　　由于汽车电子产品在车内的位置不同,其经历的温度存在很大的差异。伴随着半导体及封装技术的进步,汽车电子行业最终志在将发动机电子控制单元置于发动机上,并与此类似地将传动控制单元置于传动装置上或传动装置中[12],这样一来就意味着汽车控制单元将暴露于 125℃ 或者更高的温度下,因而根据汽车电子行业的定义,汽车电子控制单元将被归类为高温电子产品。

　　表 8.5 所示为 2007 年 ITRS 发布的关于半导体器件及复杂 IC 的最高结温和工作环境温度极限的 2006 年 ITRS 路线图[1]。从 21 世纪 10 年代到 21 世纪 20 年代,应用于严酷环境中的器件最高结温预计将保持在 220℃,而允许的最高工作环境温度可比最高结温低 20℃ (200℃)。

表 8.5　严酷环境中的最高结温和工作环境温度极限路线图[1]

项　　目	年			
	2009	2010	2016	2022
最高结温/℃				
严酷环境	200	220	220	220
严酷环境:复杂 IC	175	175	175	175
工作环境温度极限/℃				
严酷环境	−40～175	−40～200	−40～200	−40～200
严酷环境:复杂 IC	−40～150	−40～150	−40～150	−40～150

　　半导体技术必须要满足器件在严酷环境中高温下工作的要求。通常情况下器件的额定工作温度为 125℃ (大多数应用于军事和汽车电子),额定工作温度为 150℃ 的 IC 很少[12]。为了能在更高的温度下工作,零功耗是一种可行的方案。Nelms 和 Johnson 等人的研究表明功率绝缘栅双极晶体管和金属氧化物半导体场效应晶体管能工作在 200℃[13,14]。由于大多数通用的塑料长期暴露在高温下会产生退化,制约了塑封电子产品在高温下的应用。

　　对于高温电子器件来说,其封装是主要的关注点。温度循环试验表明,当前一些用于计算机和便携式产品中的封装类型如 BGA 及 QFN (四边无引脚扁平封装),必须要经过重新评估以确保在汽车电子应用中的可靠性[12]。一种解决办法是在

BGA 中以及少量 I/O 的 QFN 中使用底部填充料。

另一个与封装相关的因素是封装料的玻璃化转变温度（T_g）。通常情况下，普通模塑料和底部填充料的 T_g 在 150～200℃范围内。当温度高于 T_g 时，CTE 会增加 2～5 倍，将给器件带来非常严重的可靠性风险。为了能在严酷的汽车电子应用环境中（200℃以及更高温度）工作，模塑料和底部填充料的玻璃化转变温度必须增加到 220℃以上。

目前用于汽车电子领域的高级别封装，包括模制塑料壳、硅胶以及盖子，必须经过重新检测以确定是否能应用于高温。能工作在 260℃的硅胶是可用的；然而壳材料的选择可能会成为限制因素[12]。塑封料必须满足高温工作时对 T_g 的要求。在积层式表面贴装技术（SMT）和倒装芯片封装中，铸铝材料可以使用。由于气密封装的成本相对较高，因而在严酷的汽车电子应用环境中，适用于高温的塑封材料才是用作电子外壳材料的首选。

8.2.2 低温

另一个趋势是推动电子器件能在极低的温度下工作，比如在太空应用领域。表 8.6 所示为未加热航天器典型的工作温度。发射用于探索太阳系内行星的星际探测器可能会遇到极端低温环境，如在土星附近为 −183℃，在海王星附近为 −222℃。

表 8.6　未加热航天器典型工作温度[15]

行星	航天器温度/℃
水星	175
金星	55
地球	6
火星	−47
木星	−151
土星	−183
天王星	−209
海王星	−222

当前，在太空工作的电子部件使用板上放射性同位素加热装置（RHU）进行加热，能够使温度维持在 20℃左右[15]。然而使用 RHU 会带来很多问题，包括需要主动热控制系统、外壳结构以及由此带来的额外成本。在航天器上采用低温电子器件将可解决这些问题。能工作于极低温度下的器件不仅能应用于太空领域，而且还可以应用于地面环境，如磁悬浮运输系统、医疗诊断系统、制冷仪器和超导磁性储能系统[15]。

事实上半导体器件的一些性能参数在较低工作温度下会提高，如漏电流减小、闩锁效应降低以及速度更快[15]。美国航天局（NASA）Glenn 研究中心（GRC）

对工作于极低温度下（如−248℃）的半导体器件的性能参数进行了研究，另外一些项目正在进行，包括对 IC、功率器件以及封装在低温条件下的长期可靠性进行评价。

除了传统的硅（Si）基半导体器件，人们也对其它类型的半导体器件如硅锗（SiGe）器件进行评估，以考察其能否作为低温电子器件使用。在低温工作时，SiGe 器件的增益很高，而相比之下传统的 Si 双极结型晶体管的增益则会降低[16]。

8.3　新兴技术

一些新兴技术如 MEMS、生物芯片、生物 MEMS、纳米技术、纳米电子学、OLED、光伏技术和光电子学，已对塑料封装及密封技术产生影响，每种技术及器件的特殊需求都促进了塑封技术和材料的变革。对于某些技术而言，比如对于通常采用气密性封装的 MEMS 器件，塑料封装是一种相对新颖的工艺。总体而言，对低成本的追求已驱动着多种新兴和成熟技术朝着塑料封装的方向发展。聚合物具有生物相容性，因此在应用于生物 MEMS 和生物电子封装方面具有额外的优势。

8.3.1　微机电系统

MEMS 是一类将微小尺寸的机械及电子零部件集成于一个环境中以进行感知、处理或执行的器件。光电零部件也能集成到 MEMS 中，称之为微光电机械系统。MEMS 器件通常可采用与硅 IC 工业制造技术相同的技术进行制造。MEMS 器件可应用于汽车、航空航天、生物医学、电信及军事领域。MEMS 传感器可以感应和测量流量、压力、加速度、温度和血液等，相比于传统大型测量设备有很大的成本优势。

虽然 MEMS 器件在过去几十年中就已经在使用，但针对 MEMS 器件的封装技术，尤其是塑料封装技术，仍旧是非常活跃的研究和发展领域。由于 MEMS 器件内部的很多部件都对潮气敏感，因此 MEMS 器件通常采用气密性封装[17-19]。气密性封装如陶瓷封装的成本相对较高，而近来由于在塑封工艺及材料方面的革新，结合在更高潮气抵抗性的 MEMS 元器件研究方面取得的创新性成果，已使得将较低成本的塑料封装代替传统的陶瓷封装应用于 MEMS 器件成为可能。

图 8.10 所示为一种来自于 Sandia 的 MEMS 塑料封装工艺实例[20]。首先，将 MEMS 器件封装于一塑料小外形集成电路（SOIC）封装中，然后刻蚀掉或开封去除掉功能性 MEMS 表面上方的塑料部分，如图 8.10 所示。刻蚀液可以是发烟硝酸或是发烟硫酸，也可以是两者的混合物。外部垫圈用于限制酸的喷溅。

在牺牲层暴露的情况下实施第二次刻蚀，第二次刻蚀采用不同的溶液如盐酸或氢氟酸，并利用内部垫圈加以控制。当去掉牺牲层后，MEMS 器件的功能部分就

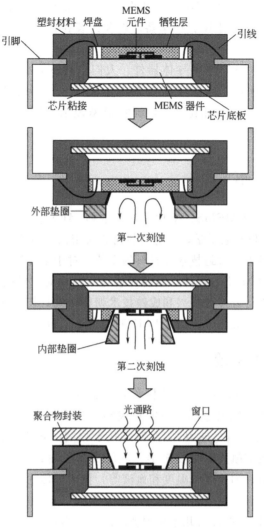

图 8.10   MEMS 器件塑料封装以及选择性开封
以暴露传感器（来自于 Sandia）[20]

显露出来。因此第二次刻蚀也叫做"释放"步骤，即释放出 MEMS 器件并使其能够自由移动、旋转和倾斜等。经过湿法刻蚀后，可以通过干燥 MEMS 元件以达到减少黏附（静摩擦）的目的。除此之外，也可以利用干法刻蚀如等离子体刻蚀工艺释放 MEMS 元件，合理地选择涂层并应用在机械元件上可以提高性能和增加寿命。最后利用聚合物将窗盖黏结到塑料封装上，以提供 MEMS 器件所需的光通路。最终的封装就是带有腔体和窗盖的塑封 SOIC。

　　图 8.11 所示为一种来自于工业技术研究院的 MEMS 器件选择性塑封工艺[21]。首先将一层光刻胶作为牺牲层涂在 MEMS 器件的敏感表面，然后一起用塑封材料进行封装，之后去除掉牺牲层并将器件的敏感区域显露出来。这种选择性封装工艺

可以应用于很多类型的 MEMS 器件。图 8.12(a) 为 MEMS 悬架传感器芯片的选择性封装工艺实例，芯片背面构造有一个空腔。图 8.12(b) 所示为一个 MEMS 器件在一个 IC 芯片上叠层的选择性塑封工艺。

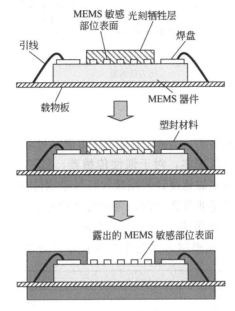

图 8.11　采用牺牲层的 MEMS 器件选择性
塑料封装（来自于工业技术研究院)[21]

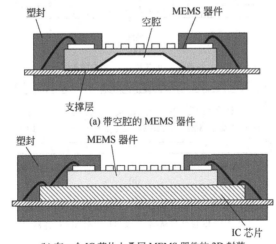

(a) 带空腔的 MEMS 器件

(b) 在一个 IC 芯片上叠层 MEMS 器件的 3D 封装

图 8.12　来自于工业技术研究院的塑封 MEMS 器件封装设计[21]

图 8.13 所示为由摩托罗拉提供的一个 MEMS 压力传感器的选择性封装方法[22]。在这种封装中，在压力传感器膜片的外围构建一个保护坝，因而封装外壳和保护坝之间会形成一个空腔，空腔内可用塑封料填充，同时封装外壳也由塑料

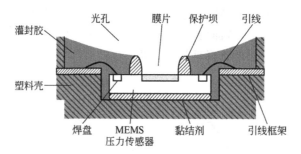

图 8.13　来自于摩托罗拉（Motorola）的塑封 MEMS 压力传感器[22]

制成。

采用气密性陶瓷封装的 MEMS 惯性器件历来是可靠的，但同时陶瓷封装的价格也相对昂贵。为了降低成本，对于惯性传感器，MEMS 制造商已在考虑采用塑料封装。惯性传感器包括加速度计和陀螺仪，可采用传递模塑或预模制封装技术进行封装。由于塑料封装是非气密性的，可能需要额外的处理以确保潮气不会影响传感器芯片。图 8.14（a）所示为一个用于惯性传感器的塑料预模制封装实例，来自于 Analog Devices[23]；预模制封装也可以用于 Si 扩音器，如图 8.14（b）所示[24]。

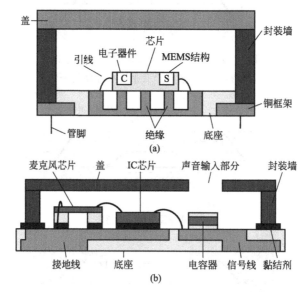

图 8.14　来自于 Analog Devices 的塑料预模制封装应用于
（a）NEMS 惯性传感器[23] 及（b）MEMS 扩音器[24]

电子封装可保护 IC 免受外部环境的影响，而仅允许电信号能穿透封装[23]。但对于 MEMS 器件来说，为了感知及执行，则要求其能与更加敏感的信号如流体信号相互作用[26]，如果没有对器件进行适当的保护，这类信号有可能对器件造成污染，并导致可靠性降低。MEMS 封装面临的一般挑战包括防潮、低成本封装、电学互连、粒子控制、黏附（静摩擦）控制、维护和切单[27]。

有一些塑封方式适用于 MEMS 器件。表 8.7 列出了 Amkor 公司提供的适合于特殊类型 MEMS 器件的多种封装选择。例如，加速度计可以采用预模制封装技术进行封装，或是采用模制微引线框架（MLF®）封装技术进行封装。MLF® 封装与带铜引线框架基板的塑封 CSP 类似，MLF 没有引脚，它通过封装底部表面的焊盘与印制电路板进行电连接（Amkor Technology，www.amkor.com/enablingtechnologies/MEMS/index.cfm）。

表 8.7 Amkor 科技公司的 MEMS 封装选择

MEMS 类型	封装类型						
	陶瓷	MLF-C/预模制 LF+Lid	BGA/LGA	SOIC/ 空腔-SOIC	模制 MLF®	SiP	模块 /uEMs
压力传感器			√	√			
加速度计		√			√		
陀螺仪	√	√		√			
放映机	√		√				√
微显示器	√						√
Si 麦克风		√				√	
油墨喷射打印头							√
RF MEMS						√	
电子罗盘			√		√		
太阳能							√

MEMS 封装的技术要求与所面临的挑战在表 8.8 中列出。晶圆级封装方法是 MEMS 封装的发展趋势[17]，晶圆级封装之所以受到关注是因为它解决了在制造工艺中的粒子污染、切单以及由于与外界环境接触而导致的性能退化等问题[25]。

8.3.2 生物电子器件、生物传感器和生物 MEMS

生物电子器件、生物传感器和生物 MEMS 都属于专为医学和生物应用而设计的电子器件，它们可进一步分为两组：一组工作于生物环境中，另一组集成了生物材料以作为器件的功能模块[28]。

对于生物器件来讲，一个重要的要求是生物相容性。与生物物质接触的材料要能与此物质相容，以防止对它产生不可预期的影响。举例来说，植入人体中的生物器件如果没有采用生物相容性材料进行封装，就会对患者产生有害的影响。非生物相容性材料的使用也会干扰生物传感器中的生物物质，并对传感器的性能产生有害影响[28]。图 8.15(a) 和 (b) 分别显示了用于植入大脑的微小"神经探测器"的电极和放大器组件在硅树脂封装前和封装后的形貌。图 8.16 所示为用黑色环氧灌封料外壳封装的光电生物芯片。

275

表 8.8　ITRS 提出的对于 MEMS 封装的要求以及 MEMS 封装面临的挑战[1]

MEMS 封装	射频 MEMS	生物 MEMS	惯性 MEMS	光学 MEMS
要求	电学 □低插入损耗 □低反射衰减 □低接触电阻频率 □信号隔离 □封装共振 □低寄生效应 结构 □低应力 □小形状系数 封装 □晶圆级封装 □小形状系数 □气密性 □低损耗封装材料 □重量轻	流体性 □低无益体积 □检测灵敏度 □低背压 □流体通道尺寸 □流速 □加热/冷却速度 电学 □与电子电路的接口 热学 □快速加热及冷却 光学 □低光损耗 结构 □流动接合处的低应力 封装 □模块化封装 □任意性	结构 □低应力 □满足可靠性要求 热学 □温度稳定性 电学 □灵敏性 □转换时间 □频率 □Q 因子 封装 □塑料封装 □晶圆级封装	光学 □低耦合损耗 □镜面旋转/角度 □低应力封装 □紫外环氧低收缩 □低翘曲 热学 □热稳定 电学 □转换速度和时间 封装 □陶瓷封装 □金属封装
挑战	□电学和结构参数的最优化 □低成本材料以减少插入损耗 □形状系数减小 □无源器件集成	□流体性、电学、热学、光学和结构的联合设计 □无益体积的减少 □通道尺寸的减小 □零背压 □纳米沟道中的流动性 □消除气泡 □材料的生物相容性	□结构设计 □封装可靠性 □真空/气密性 □低成本 □小形状系数 □集成到其它系统中	□满足低耦合损耗/可靠性的光学及结构设计 □低成本 □集成到其它系统中
潜在方向	□封装中 RF 系统 □生物-RF 集成	□3D 微流控封装 □封装内的生物系统 □塑料基流体系统	□MEMS 系统封装应用于多个领域:移动电话、生物、信息技术	□晶圆级封装

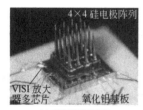
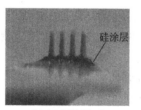

(a) 硅树脂封装前　　(b) 硅树脂封装后

图 8.15　用于植入大脑的微小"神经探测器"的电极和放大器组件（© 2005 IEEE）[29]

15mm

图 8.16　用黑色环氧灌封料外壳封装的光电生物芯片 BIOMIC（管道分别为流入口和流出口）（© 2005 IEEE）[28]

对于包含生物元件的生物 MEMS，不仅要求材料具有生物相容性，而且这种器件的组装和封装也必须采用生物相容性技术。传统的封装工艺和条件，例如热压引线键合、热超声引线键合或者其它热键合工艺在键合过程中所产生的高温，会使生物传感器芯片上的生物亲和层发生改性。因此，对于生物传感器和生物 MEMS，有必要采用新的或替代性的封装组装方法和材料[28,30]。

例如，对于用来评价各种生物大分子如蛋白质、细胞和 DNA 的流体行为的聚合物微流体生物器件，替代性的封装材料和技术正在研发。微通道可在 EPON SU-8（环氧基负性光刻胶）上制作，聚吡咯（PPy）可作为生物相容性导电材料并用在电极上，微通道可用聚硅氧烷（PDMS）进行封装，PDMS 是一种生物相容性的透明弹性体（图 8.17）。PPy 对 SU-8 和 PDMS 的生物相容性使得用于生物领域的聚合物微流体器件的制作变得更容易[31]。

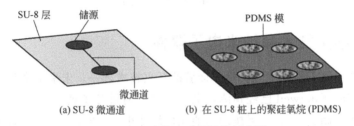

(a) SU-8 微通道   (b) 在 SU-8 桩上的聚硅氧烷 (PDMS)

图 8.17   聚合物微流体器件示意图

图 8.18 和图 8.19 所示为离子选择性场效应晶体管（ISFET）生物传感器的两种塑封方法。ISFET 生物传感器用于检测液态溶液如人体血清的温度和 pH 值。在图 8.18 所描述的方法中，先用光成像保护材料覆盖住感应区域及其周围，当去除掉当中区域的光成像材料后，保护层会形成坝并在封装过程中保护感应区域。在图 8.19 所描述的方法中，采用光成像材料直接保护感应区域，当组件完成封装后才去除掉保护材料。

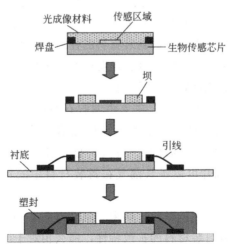

图 8.18   采用保护坝方法的生物传感器封装工艺[33]

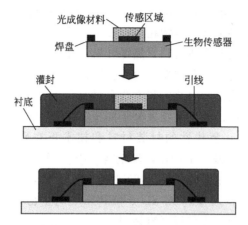

图 8.19　采用传感器区域牺牲层方法的生物传感器封装工艺[33]

8.3.3　纳米技术和纳米电子器件

纳米技术是可能改变现代世界面貌的新兴技术之一。未来学家和幻想家如 Eric Dexler 和 Ray Kurzweil 已经预测，电子器件将通过分子连接分子的方式或自下而上的方式进行制造[32]。如果按照功能元件尺寸小于 100nm 就进入纳米技术领域这一定义，那么现在生产和使用 90nm、65nm 及 45nm 的 DRAM 则表明我们已经进入了纳米技术领域。纳米技术的焦点更多在于关注纳米尺度对电子器件特性的改良。

与纳米技术相关的一项发现是碳纳米管（CNT）。CNT 具有应用于电子器件结构和封装领域的潜力。其高效的热传导性能使之能应用于 IC 芯片的冷却。将 CNT 添加到焊料中能提升材料的拉伸强度。CNT 也被认为可提高电接触性能，特别是在生长后打开 CNT 末端，使其能被焊料更好地润湿[34]。

纳米技术与电子器件塑封技术相关的一项重要应用是纳米尺寸填充料的使用。纳米颗粒可作为填充料加入以提高封装材料的性能。已有许多针对纳米填充封装料的研究在开展[35-41]。图 8.20 所示为已开发出的纳米颗粒填充料的三种主要类型，包括膨润土、纳米二氧化硅颗粒以及沸石。

膨润土是一种铝硅酸盐黏土，主要由蒙脱石组成。蒙脱石（以发现地法国的 Montmorillon 命名）是一种水合钠钙铝镁硅酸盐羟化物，化学式为 $(Na, Ca)_{0.33}$ $(Al, Mg)_2 (Si_4 O_{10})(OH)_2 \cdot n H_2 O$。分离的膨润土圆片厚度约为 1nm，直径为 200～300nm，膨润土圆片可以延长潮气在封装材料中的扩散路径，如图 8.20(a) 所示[41]。

相比于微米级的二氧化硅颗粒，纳米二氧化硅颗粒具有高得多的表面体积比。假设颗粒的表面会影响封装材料的扩散特性，那么相对于微米颗粒，只需少量的纳米二氧化硅颗粒就可以对封装料扩散特性产生相同程度的影响。图 8.20（b）所示为影响整体潮气扩散行为的各种扩散系数（D）和饱和潮气含量（C_{Sat}）。

沸石是另外一种可作为填充料的纳米颗粒，它是一种水合铝硅酸盐矿物。沸石具有微孔结构，如图 8.20(c) 所示。由于其有规律的孔结构，沸石可以捕获水分子而又不影响聚合物链，故可阻碍潮气的扩散[41]。

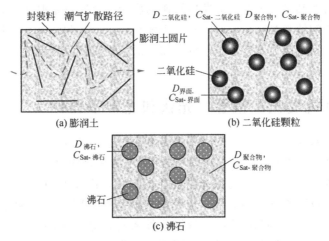

图 8.20 已开发的可提高封装料性能的纳米填充料[41]

封装材料的 T_g 是未来电子封装领域主要的发展瓶颈之一。源于无铅高温组装和对高温电子产品不断增加的需求，需要更高 T_g 的封装材料。针对纳米填充料对封装材料 T_g 的影响方面的研究工作已经在开展[38,39]。

通用电气公司的研究人员已经开发出一种含有有机功能化胶状二氧化硅纳米颗粒的复合封装材料，此材料具有非常高的 T_g[38]，这种复合材料中的纳米颗粒尺寸在 2～20nm 范围内。

佐治亚理工学院的另一项研究[39]发现纳米颗粒的添加也会导致封装材料的 T_g 降低，其中纳米二氧化硅填充料的尺寸为 100nm，且其中一组纳米填充料采用硅烷偶联剂进行过表面处理。无论纳米二氧化硅填充料是否经过表面处理，两组添加了填充料的封装材料的 T_g 都降低了。未经处理的纳米填充封装料的 T_g 下降稍多，当含有 40％填充料时其 T_g 降低了约 40℃。纳米填充料的尺寸、表面处理材料和加工工艺[39,40]等因素都会严重影响封装材料的 T_g 的变化方向和程度。

嵌入了纳米二氧化硅颗粒的底部填充材料具有很多优势，如抗沉降、通过减少光散射而提高了 UV 光固化特性以及较高的热导率[34]。此外，将纳米颗粒添加到非流动底部填充（NFU）材料中可以降低材料的 CTE 以及提高材料的 T_g。通常情况下，NFU 材料中没有填充料，因为填充料会影响焊点的形成。由于没有填充料，NFU 材料通常具有较高的 CTE 和较低的 T_g。

由通用电气公司开发的新型纳米二氧化硅填充 NFU 材料具有较低的线膨胀系数、改进的溶剂特性、透明性以及对形成高品质焊点非常必要的固化动力学特性[35]。所用的纳米颗粒的尺寸从 5 到 100nm，但 20nm 的颗粒可以使材料特性得到最优的平衡。这类纳米填充底部填充材料也已经被认为可用作晶圆级底部填充料（WLU）[36]。WLU 的优点是成本低、处理时间短以及产量高。纳米填充的 WLU 材料可以应用于整个晶圆，之后再显露焊球，切割晶圆，最后组装成单一芯片。

纳米材料尤其是纳米黏土如蒙脱石矿物质的一个缺点是混合于液体中时容易团聚。当需要浸润纳米颗粒粉末时，常常需要有效的分散和解聚。各种方法和设备可用于解聚，包括超声波、转子定子混合器、活塞均质器以及齿轮泵，其中超声波被认为更有效[41]。

8.3.4　有机发光二极管、光伏和光电子器件

用于显示器和照明产品的 OLED 市场份额已接近十亿马克，且在未来 10 年里仍会以数十亿的速度增长[42]。OLED 器件所用的聚合物材料对潮气和氧气非常敏感，即使最轻微的接触也会造成光学性能的退化，因此 OLED 封装必须为器件提供足够的保护以隔绝潮气和氧气。传统的玻璃基板 OLED 器件封装是采用玻璃盖（金属盖）并通过 UV 固化环氧树脂将器件密封起来，如图 8.21（a）所示[43,44]，并且在封装内通常会放置干燥膜以保证器件干燥的内部环境。

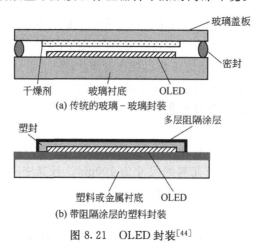

(a) 传统的玻璃 – 玻璃封装

(b) 带阻隔涂层的塑料封装

图 8.21　OLED 封装[44]

随着 OLED 器件的发展，例如柔性 OLED 器件的出现，使得封装也必须变革以满足新器件及应用的要求。柔性 OLED 可用于卷制式显示器以及嵌入织物或衣服内的显示器。用于标准玻璃基 OLED 的传统刚性封装不再适用于柔性 OLED。塑封材料较柔软，但它们会被潮气和氧气渗透。

在塑封材料的外表面涂上薄的多层阻隔涂层，既可以防止潮气和氧气的渗透，同时也可以实现柔性封装。图 8.21（b）所示为 Universal 显示公司出品的塑封柔性 OLED[44]，其采用塑料或金属基板替代传统的玻璃基板，可以实现器件的柔性，使器件可以弯曲以适应任何表面。

应用于聚合物封装料的阻隔涂层在过去已被广泛研究，并已用于食品和药物包

装。然而应用于 OLED 的阻隔涂层在抗潮气和氧气性能方面必须要高出几个数量级，因此有时也称其为"超级"屏障。

用于 OLED 封装的多层阻隔涂层一般由有机和无机介质层组合而成。多层组合可以延迟渗透时间[45]，相比单一无机介质层可减少超过 3 个数量级的潮气和氧气渗透率[46-48]。通常采用在有机介质层（如聚醚砜）上沉积氧化铝以形成多层阻隔涂层中的无机介质层，沉积方式采用等离子体增强化学气相沉积、溅射或原子层沉积[49]。

在塑料基板上制作氧化物阻隔薄膜时会遇到的一个问题是会出现针孔、裂纹和晶界等缺陷，这些缺陷及孔隙会让氧气和水分子穿透阻隔涂层。在塑料上涂布多层涂层（由有机介质层和无机介质层交替而组成）可以减少这些缺陷的影响。多层涂层可以将相邻层中的缺陷错开，并可延长水及氧分子的渗透路径，使其更难穿透塑料。

新加坡材料开发与工程研究院（IMRE）已研制出一种阻隔涂层，其在抗潮气方面比传统涂层有效 1000 倍[50]。IMRE 的这种纳米工程化涂层中含有纳米颗粒，纳米颗粒足够小，可以堵塞涂层中的针孔并因此可阻碍潮气的渗透，结果使得水在该涂层中的传输速度为 $10^{-6}\,g/(m^2 \cdot 天)$，比传统多层阻隔层中的水传输速度慢 1000 倍，因此所需层数可减少到只有两层，分别为阻隔氧化物层和纳米颗粒密封层。阻隔涂层中的纳米颗粒不仅能封闭涂层中的缺陷，也能与潮气和氧分子发生反应，并因而减慢它们的渗透。

传统的无机 LED 芯片也可以采用聚合物光学材料进行封装，以此提供保护和调整发射光谱。为了使蓝色发光 LED 器件产生白光，需要把白色发光荧光粉添加到透明的封装材料中，白色发光粒子被蓝色 LED 所激发，从而产生白光。

图 8.22 所示为通用电气 LED 阵列塑料封装[51]。封装材料可以是环氧、环氧填充玻璃或是硅树脂。封装材料中也可能包含荧光粉颗粒以转换原始光的波长，如从蓝光转换到白光。为提高发光效率，有时会将 LED 构造成如图 8.23 所示的倒金字塔形，因此可能需要考虑采用特定的封装和组装方式[1]。

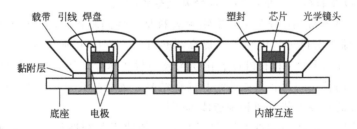

图 8.22 通用电气 LED 阵列塑料封装[51]

光伏太阳能电池是另一种光电器件。由于使用可再生能源的全球倡议，近年来光伏太阳能电池得到了极大的关注。事实上，除了风能外，太阳能光伏产业是世界

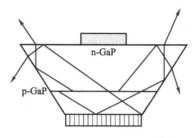

图 8.23　倒金字塔形 LED[1]

上发展最快的可再生能源产业[52]。尽管在过去几十年中已经在对光伏太阳能电池进行研究和开发，但直到最近才在转换效率和寿命方面取得突破。已有报道称太阳能电池组件的光电转换效率已达到 30% 或更高，保障寿命已达到 20～30 年或更长。

与 OLED 相似，太阳能电池对潮气和氧气也非常敏感。太阳能电池封装仅允许非常低的水汽和氧气传输速率，而这对于商业级塑封料来说很难达到，因此采用塑封的传统刚性太阳能电池则采用顶层及底层玻璃来提供保护以免受环境的影响，如图 8.24 所示。

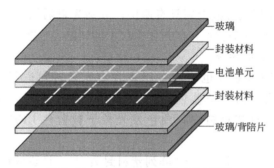

图 8.24　太阳能电池封装或单元[52]

太阳能电池组件常用的封装材料是乙烯-乙烯基醋酸盐（EVA）。其它可考虑用于太阳能电池封装的替代材料包括浇注丙烯酸树脂、热塑性聚氨酯、聚乙烯醇缩丁醛[52,53]以及非结晶或低结晶 α 烯烃基共聚物[54]。

太阳能电池常用的 EVA 共聚物封装料是柔性的和透明的，但其耐热性不够。在 EVA 中添加有机过氧化物可以提高耐热性。太阳能电池封装可采用两步工艺，首先准备一片由 EVA 和有机过氧化物构成的封装薄片，然后将太阳能电池密封进薄片中。使用替代的封装料如非结晶或低结晶 α 烯烃基共聚物，可有效地减少太阳能电池组件的封装工艺时间和制造成本[54]。

柔性太阳能电池与柔性 OLED 类似，必须使用非刚性材料进行封装，这样可省去传统使用的玻璃层，代之而采用与柔性 OLED 封装所用相类似的薄阻隔涂层。阻隔涂层可通过基于聚丙烯酸酯/Al_2O_3 的替代型涂层进行构造[55]。阻隔涂层的发展，例如纳米工程化的 IMER 双层涂料[50]，也同样适用于柔性太阳能电池组件，并可使太阳能电池的防潮性能得到显著的提高。

8.4 总结

本章介绍了微电子器件、封装以及塑封材料的发展趋势和面临的挑战。电子产品正变得更小、更薄及更轻。晶体管小型化趋势仍将遵循摩尔定律,其特征尺寸会减小到 32nm 甚至更小,然后超越互补金属氧化物半导体器件的范畴。另一个趋势涉及后摩尔定律,封装中的元器件功能越来越多样化,可以包含 IC 芯片、MEMS、生物芯片、传感器及无源器件等。第三个趋势是系统集成和封装技术的革新,更小以及更多样化元器件的结合将促使如 SiP 和 SoP 这样高价值系统的出现。

封装也必须符合这种趋势。改进型压缩模塑技术已经出现,这种模塑技术可将模塑过程中的压力降低至常规传递模塑系统压力的一小部分,非常适合较薄和更复杂的 SiP、PoP 及晶圆级封装,以及透明树脂封装。

随着电子材料和设计技术的发展,电子行业已经将电子产品的工作温度边界展宽至极高和极低,如在汽车和空间应用领域会面临极高工作温度和极低工作温度。为工作在极高及极低温度下而设计的电子产品将不再需要加热或冷却装置以及相关的外壳结构,由此可以降低成本。

对与新兴技术相关的塑封技术的发展趋势及面临的挑战进行了讨论,这些新兴技术包括 MEMS、生物传感器、生物电子学、纳米电子学、OLED 和光电技术。将近来在塑料封装工艺和材料方面取得的技术创新与抗潮性更好的 MEMS 元件相结合,使得 MEMS 塑料封装可能逐步取代传统的 MEMS 陶瓷封装。MEMS 塑封过程可能包括开封步骤,即将功能 MEMS 表面上的塑料部分刻蚀掉或开封去除掉。光刻胶牺牲层也被用来保护 MEMS 传感器区域,并在封装后去除。MEMS 器件也可封装在一个预模制塑料封装体中。

本章也讨论了生物电子器件、生物传感器和生物 MEMS 的封装技术,特别是当其应用于医学和生物学领域的时候。对于生物器件封装的一个重要要求是生物相容性。与生物物质接触的材料必须与生物物质相容以防止产生不可预计的影响,比如伤害患者或影响传感器的性能。而且这类器件的组装和封装也必须采用生物相容性技术。

纳米技术在电子器件塑封领域的一项重要应用是通过添加纳米填充料以提升封装材料的性能。已开发出三种主要的纳米颗粒填充料,包括膨润土、纳米二氧化硅颗粒和沸石。通过添加纳米颗粒可以改善材料的性能,包括提高防潮性、提高 T_g、改善易于流动或非流动封装材料的特性。

用于光电器件如标准玻璃基 OLED 及太阳能电池等的传统刚性封装已被塑料封装所取代,以用于柔性 OLED 和柔性太阳能电池组件的封装。由于潮气和氧气对塑封具有渗透性,因而在封装材料的外表面要涂布一层薄的多层阻隔涂层。纳米工程化阻隔涂层的新进展是填充纳米颗粒以堵塞涂层中的纳米孔及缺陷，可使涂层的防潮性提高 1000 倍。

参 考 文 献

[1] ITRS (International Technology Roadmap for Semiconductors), "Assembly and packaging," 2007.

[2] Taylor, C., "Intel plans Itanium 'leapfrog' to 32-nm," EDN News, 2007, www. edn. com.

[3] Tummala, R. R., "SOP: what is it and why? A new microsystem-integration technology paradigm-Moore's law for system integration of miniaturized convergent systems of the next decade," IEEE Transactions on Advanced Packaging. Vol 27, no. 2, pp. 241-249, May 2004.

[4] Tummala, R. R., "Moore's law meets its match," IEEE Spectrum Online, 2006, http:// www. spectrum. ieee. org/jun06/3649.

[5] Murray, F., "Silicon based system-in-package: a passive integration technology combined with advanced packaging and system based design tools to allow a breakthrough in miniaturization;" Proceedings of the Bipolar/BiCMOS Circuits and Technology Meeting, pp. 169-173, October 2005.

[6] Vigna, B., "More than Moore: micro-machined products enable new applications and open new markets," IEEE International Electron Devices Meeting, p. 8, 2005.

[7] Zhang, G. Q., van Roosmalen, F., and Graef, M., "The paradigm of 'More than Moore'," 6th International Conference on Electronic Packaging Technology, pp. 17-24. 2005.

[8] Zhang, G. Q., Graef, M., and van Roosmalen, F., "Strategic research agenda of 'More than Moore'," 7th International Conference on Thermal, Mechanical and Multiphysics Simulation and Experiments in Micro-Electronics and Micro-Systems. pp. 1-6, April 2006.

[9] Wang, KL., Khitun, A., and Galatsis, K., "More Than Moore's Law: Nanofabrics and architectures," Bipolar/BiCMOS Circuits and Technology Meeting, pp. 139-143, 2007.

[10] Tummala, R. R. and Swaminathan, M., Introduction to System-On-Package (SOP), McGraw-Hill, 2008.

[11] Tsuda, K., "Molding techniques support thin gold wires, low-k materials," Semiconductor International, July 2008, http: //www. semiconductor. net.

[12] Johnson, R., Evans, J. L., Jacobsen, P., Thompson, J. R., and Christopher, M., "The changing automotive environment: high temperature electronics," IEEE Transactions on Electronics Packaging Manufacturing, vol. 27, no. 3, pp. 164-176, July 2004.

[13] Nelms, R. M. and Johnson, R. W., "2000C operation of a 500-W DC-DC converter utilizing power MOSFETs," IEEE Transactions on Industry Applications, vol. 33, no. 5, pp. 1267-1272, 1997.

[14] Johnson, R. W., Bromstead, J. R., and Weir, G. B., "2000C operation of semiconductor power devices," IEEE Transactions on Components, Hybrids, and Manufacturing Technology, vol. 16, no. 7, pp. 759-764, 1993.

[15] Elbuluk, M. and Hammoud, A., "Power electronics in harsh environments," Industry Applications Conference, vol. 2, pp. 1442-1448, October 2005.

[16] Ward, R. R., Dawson, W. J., Zhu, L., Kirschman, R. K., Niu, G., Nelms,

R. M., Mueller, O., Hennessy, M. J., Mueller, E. K., Patterson, R. L., Dickman, J. E., and Hammoud, A., "SiGe semiconductor devices for cryogenic power electronics IV," Twenty-First Annual IEEE Applied Power Electronics Conference and Exposition (APEC), March 2006, International Microelectronics and Packaging Society (IMA PS) Advanced Technology Workshop on Reliability of Advanced Electronic Packages and Devices in Extreme Cold Environments, Pasadena, CA, February 2005.

[17] Jung, E., Wiemer, M., Farber, E., Aschenbrenner, R., "Novel MEMS CSP to bridge the gap between development and manufacturing," Proceedings of the 54th Electronic Components and Technology Conference, June 2004.

[18] Jiang, Y. Q., Cheng, Y. J., Xu, W., Zhang, K., Li, X. X., and Luo, L., "Dynamic response of a plastic encapsulated high-g MEMS accelerometer," Proceeding of the Sixth IEEE CPMT Conference on High Density Microsystem Design and Packaging and Component Failure Analysis, pp. 353-358, 2004.

[19] Sparks, D. R., "Packaging of microsystems for harsh environments," IEEE Instrumentation and Measurement Magazine, pp. 30-33, September 2001.

[20] Peterson, K. A. and Conley, W. R., "Pre-release plastic packaging of MEMS and IMEMS devices," US Patent 6379988, 2002.

[21] Chen, J. T., Chang, W. Y., Chiou, Y. T., and Chu, C. H., "Method for manufacturing plastic packaging of MEMS devices and structure thereof," US Patent Application Publication 00222008, 2007.

[22] Monk D. J., Kim, S. W., Jung, K., Gogoi, B., Bitko, G., McDonald, B., Maudie, T. A., and Mahadevan, D., "Micro electro-mechanical system sensor with selective encapsulation and method thereof," US Patent 6401545, 2002.

[23] Karpman, M. S., Hablutzel, N., Farell, P. W., Judy, M. W., Felton, L. E., and Long, L., "Packaged microchip with premolded-type package," US Patent 7166911, 2007.

[24] Harney, K., Martin, J. R., and Felton, L., "Packaged microphone with electrically coupled lid," US Patent Application Publication 0071268, 2007.

[25] Weiss, P., "MEMS and MOEMS reliability: wafer-level packaging and low temperature processing issues," Proceedings of IEEE/LEOS Workshop on Fibres and Optical Passive Components, June 2005.

[26] Brand, O. and Baltes, H. "Microsensor packaging," Physical Electronics Laboratory Zurich, Switzerland, January 2002.

[27] Harper, C. A., Electronic Packaging and Interconnection Handbook, McGraw Hill, New York, 2005.

[28] Velten, T., Ruf, H. H., Barrow, D., Aspragathos, N., Lazarou, P., Jung, E., Malek, C. K., Richter, M., Kruckow, J., and Wackerle, M., "Packaging of bio-MEMS: strategies, technologies, and applications," IEEE Transactions on Advanced Packaging, vol. 28, no. 4, pp. 533-546, 2005.

[29] Song, Y. K., Patterson, W. R., Bull, C. W., Beals, J., Hwang, N., Deangelis, A. P, Lay, C., McKay, J. L., Nurmikko, A. V, Fellows, M. R., Simeral, J. D., Donoghue, J. P., and Connors, B. W., "Development of a chipscale integrated microelectrode/microelectronic device for brain implantable neuroengineering applications," IEEE Transactions on Neutral Systems and Rehabilitation Engineering, vol. 13, no. 2, pp.

285

220-226，June 2005.

[30] Lai，J.，Chen，X.，Wang，X.，Yi，X.，and Liu，S.，"Laser bonding and packaging of plastic microfluidic chips," Fifth International Conference on Electronic Packaging Technology Proceedings，pp. 168-171，October 2003.

[31] Gadre，A.，Kastantin，M.，Sheng，L.，and Ghodssi，R.，"An integrated BioMEMS fabrication technology," International Semiconductor Device Research Symposium，pp. 186-189，December 2001.

[32] Kurzweil，R.，"Ray Kurzweil," Sander Olson Interviews，Center for Responsible Nanotechnology (CRN)，December 2005，www. responsiblenanotechnology. org/interview. kurzweil. htm.

[33] Fan，W.，Jeong，Y. W.，Wei，J.，Tan，B. K.，Lok，B. K.，and Chun，K. J.，"Encapsulation and packaging of biosensor," Electronics Packaging Technology Conference，pp. 89-92，2005.

[34] Morris，J. E.，"Nanopackaging: nanotechnologies and electronics packaging," IEEE Electronics System Integration Technology Conference，2006.

[35] Prabhakumar，A.，Rubinsztajn，S.，Buckley，D.，Campbell，J.，Sherman，D.，Esler，D.，Fiveland，E.，Chaudhuri，A.，and Tonapi，S.，"Development of a novel filled no-flow underfill material for flip chip applications," Electronic Packaging Technology Conference，pp. 429-434，2003.

[36] Prabhakumar，A.，Campbell，J.，Mills，R.，Gillespie，P.，Esler，D.，Rubinsztajn，S.，Tonapi，S.，Srihari，K.，"Assembly and reliability of flip chips with a nanofilled wafer level underfill," Electronic Packaging Technology Conference，pp. 635-639，2004.

[37] Kim，J. K.，Hu，C.，Woo，R. S. C.，and Sham，M. L.，"Moisture barrier characteristics of organoclay epoxy nanocomposites," Composites Science and Technology，vol. 65，no. 5，pp. 805-813，April 2005.

[38] Woo；W. K.，Rubinsztajn，S.，Campbell，J. R.，Schattenmann，F. J.，Tonapi，S. T.，and Prabhakumar，A.，"Nano-filled composite materials with exceptionally high glass transition temperature," US Patent Application Publication 2005/0048292，2005.

[39] Sun，Y.，Zhang，Z.，and Wong，C. P.，"Study and characterization on the nanocomposite underfill for flip chip applications," IEEE Transactions on Components and Packaging Technologies，vol. 29，no. 1，pp. 190-197，March 2006.

[40] Han，Z.，Diao，C.，Dong，L.，and Zhang，X,，"Effect of surface-treated nanosilica on thermal behavior and flame retardant properties of EVA/ATH composites," International Conference on Solid Dielectrics，pp. 330-332，July 2007.

[41] Braun，T.，Hausel，F.，Bauer，J.，Wittler，O.，Mrossko，R.，Bouazza，M.，Becker，K. -F.，Oestermann，U.，Koch，M.，Bader，V，Minge，C.，Aschenbrenner，R.，and Reichl，H.，"Nano-particle enhanced encapsulants for improved humidity resistance," 58th Electronic Components and Technology Conference，pp. 198-206，May 2008.

[42] NanoMarkets，"OLED display and lighting markets to expand to $10. 9 billion by 2012," NanoMarkets，February 15，2007，www. nanomarkets. net.

[43] Low，H. Y.，Chua，S. J.，Karl，E.，and Guenther，M.，"OLED packaging," US Patent No. 6692610 82，February 2004.

[44] Universal Display Corporation，"FOLED Technology," 2005，http: //www. universaldisplay. com/foled. htm.

286

[45] Graff, G. L., Williford, R. E., and Burrows, P. E., "Mechanisms of vapor permeation through multilayer barrier films: Lag time versus equilibrium permeation," Journal of Applied Physics, vol. 96, no. 4, pp. 1840-1849, August 2004.

[46] Burrows, P. E., Graff, G. L., Gross, M. E., Martin, P. M., Shi, M. K., Hall, M., Mast, E., Bonham, C., Bennet, W., and Sullivan, M. B., "Ultra barrier flexible substrates for flat panel displays," Displays, vol. 22, pp. 65-69, 2001.

[47] Weaver, M. S., Michaiski, L. A., Rajan, K., Rothman, M. A., Silvernail, J. A., Brown, J. J., Burrows, P. E., Graff, G. L., Gross, M. E., Martin, P. M., Hall, M., Mast, E., Bonham, C., Bennett, W., and Zumhoff, M., "Organic light-emitting devices with extended operating lifetimes on plastic substrates," Applied Physics Letters, vol. 81, no. 16, pp. 2929-2931, October 2002.

[48] Lewis, J. S. and Weaver, M. S., "Thin-film permeation-barrier technology for flexible organic light-emitting devices," IEEE Journal of Selected Topics in Quantum Electronics, vol. 10, no. 1, pp. 45-57, 2004.

[49] Park, S. H. K., Oh, J., Hwang, C. S., Lee, J. I, Yang, Y. S., Chu, H. Y., and Kang, K. Y., "Ultra thin film encapsulation of organic light emitting diode on a plastic substrate," ETRI Journal, vol 27, no. 5, October 2005.

[50] Nanotechweb. org, "Nanoengineered barrier invented to protect plastic electronics from water degradation," News Desk, April 30, 2008, http://nanotechweb. org/cws/article/yournews/34005.

[51] Durocher, K. M., Balch, E. W., Krishnamurthy, VB., Saia, R. J., Cole, H. S., and Kolc, R. F., "Plastic packaging of LED arrays," US Patent 6614103, 2003.

[52] Koll, B., "Photovoltaic modules and encapsulation of solar cells," Glass Performance Days (GPD), 2003, http://www. glassfiles. com/library/37/article683. htm.

[53] Koll, B. "Alternative encapsulation for double-glass PV modules," Glass Performance Days (GPD), 2007, http://www. glassfiles. com/library/71/article1149. htm.

[54] Nishijima, K. and Yamashita, A., "Encapsulating material for solar cell," US Patent Application Publication 0267059, 2007.

[55] Dennler, G.., Lungenschmied, C., Neugebauer, H., Sariciftci, N. S., Latreche, M., Czeremuszkin, G., and Wertheimer, M. R., "A new encapsulation solution for flexible organic solar cells," Thin Solid Films, vol. 511-512, pp. 349-353, 2006.

287

术 语 表

A

Accelerated testing 加速试验

Acceleration factor（AF）加速因子

Accelerators 促进剂

Acoustic impedance 声阻抗

Acoustic impedance polarity detection（AIPD）声阻抗电偶检测

Acrylonitrile-butadiene rubbers 丙烯腈-丁二烯橡胶

Addition 加成

Addition polymerization process 加聚工艺

Addition cure 加成固化

Additives 添加剂

Adhesion strength 粘合强度

Adhesive 黏结剂

Adhesive strength 粘接强度

Advisory Group on Reliability of Electronic Equipment（AGREE）电子设备可靠性咨询组

Aliphatic epoxies 脂肪族环氧树脂

Aliphatic tertiary amine 脂肪叔胺

Alpha emission rates（AERs）α 粒子发射率

Alumina 氧化铝

Aluminum chelates 螯合铝

Aluminum nitride 氮化铝

Amplifiers 放大器

Angular fillers 角型填充物

Anhydrides 酸酐

Antimony pentoxide 五氧化二锑

Antimony trioxide（ATO）三氧化二锑

Aperture-plate molds 光圈板模具

Aromatic/aliphatic polyurethane 脂肪族聚氨酯

Aromatic amines 芳香胺

A-scan　A-扫描

ASTM C177 guarded hot-plate method　美国材料实验协会标准 C177 屏蔽热板方法

ASTM D2240 durometer hardness method 美国材料实验标准 D2240 硬度测试方法

ASTM D2863 oxygen index test 美国材料实验标准 D2863 氧指数测试

Atmopheric-pressure plasma（APP）常压等离子体

Atmopheric-pressure plasma jet（APPJ）常压等离子流

Atomic force microscopy（AFM）原子力显微镜

Auger electron spectroscopy（AES）俄歇电子能谱术

Auger pumps with RPDV 旋转正位移阀螺旋泵

Autoclave test 高压蒸煮试验

Automated acid decapsulation 化学开封

Automotive electronics 汽车电子

Absorption and desorption 吸收和解吸

Accelerated testing and TTF measurement 加速试验和失效时间测量

Acoustic wave reflectivity 超声波反射率

Acoustic fringes 声学条纹

Air-trap formation 气阱形成

Absorption coefficient 吸收系数

B

Button shear test 冲压剪切试验

Bakelite 电木

Baking 烘烤

Ball bond corrosion 球形键合腐蚀

Ball-grid array（BGA）球栅阵列

Bathtub curve 浴盆曲线

Bentonite 膨润土

Benzene ring 苯环

Biochip, packaged optoelectronic 生物芯片，光电子封装

Biocompatibility 生物相容性

Bio-devices 生物器件

Bioelectronics 生物电子学

Bio-MEMS 生物微机电系统

Biosensor packaging process 生物传感器封装工艺

Biosensors 生物传感器

Biphenyl epoxy resins 联苯环氧树脂

Bisphenol A（bis A）双酚 A

Black's model Black 模型

Bleed and flash 溢出（或毛边）

Bond finger clearance 键合指清洗

Bonding pads 键合焊盘

Bond liftoff 键合剥离

Bond-pad cratering 键合焊盘缩孔

Bound water molecules 束缚水分子

Breakdown voltage 击穿电压

Bright-field 明场

Brittle fracture 脆性断裂

Brominated biphenyl oxide flame retardants 溴化二苯醚阻燃剂

Brominated DGEBA 溴化环氧树脂

Brominated dioxins 溴化二□英

Brominated flame retardants（BFR）溴系阻燃剂

Bromine 溴

B-scan B 扫描

B-staged resin B 阶树脂

Buckling 屈曲

Bulk scan 体扫描

Burn-in 老化

Burrs on lead-frame 引线框架毛刺

Bound and unbound water molecules 束缚和非束缚水分子

Barrier coating 屏蔽涂层

C

Calcium layer resistance measurement method 钙层电阻测量方法

Can and header 封帽

"Can and header" transistor package "封帽"式晶体管封装

Carbon nanotube（CNT）碳纳米管

Carboxylic 羧基化

Casting 铸造

Catalyst type 催化剂类型

Cause and effect diagram 因果图

Cavity Direct Injection Molding（CDIM）technology 腔体直注成型技术

Cavity printing 腔体印刷

Ceramic package 陶瓷封装

Chemical etching 化学刻蚀

Chemical properties 化学性质

Chip crack 芯片裂纹

Chip-in-polymer（CIP）聚合物内埋芯片

Chip-level package 芯片级封装

Chip-on-board 板上芯片

Chip-on-flex（COF）柔性基板上芯片

Chip-on-flex MCMs（COF-MCMs）柔性基板多芯片组件

Chip scale packages（CSPs）芯片尺寸封装

Chip size 芯片尺寸

C-mode C 模式

C-mode scanning acoustic microscope（C-SAM）C-模式扫描声学显微镜

Coefficient of hygroscopic expansion（CHE）吸湿膨胀系数

Coefficient of moisture expansion（CME）吸潮膨胀系数

Coefficient of thermal expansion（CTE）热膨胀系数

Cold shrinkage 冷缩

Collectable volatile condensable materials

（CVCM）可凝挥发物

Coloring agents 颜料

Combined load-stress condition 复合载荷-应力条件

Commercial off-the-shelf（COTS）商用货架产品

Compression molding technique 压缩模塑技术

Compressive modulus 压缩模量

Compressive strength 抗压强度

Condensation cure 缩合

Connectors 连接器

Contaminants 污染物

Contamination level 污染等级

Contributing factors 作用因子

Conventional underfill 常规底部填充料

Corroded die 芯片腐蚀

Corrosion 腐蚀

Corrosive gases 腐蚀性气体

Coupling agents 偶联剂

Cracked lead 管脚开裂

Cracking potential 开裂势能

Creep 蠕变

Critical failure mechanisms 关键失效机理

Cross-bonded stacking 交叉键合的叠层

Cross-linking 交联

Cross-linking density 交联密度

Crystal silica 晶体二氧化硅

Cu bump bonding（CBB）铜凸点键合

Cure cycle 固化周期

Cure temperature 固化温度

Cure time 固化时间

Curing agents/hardeners 固化剂/硬化剂

Curing/hardening process 固化/硬化工艺

Curing schedule 固化程序

Cyanate ester 氰酸酯

Cycled temperature，with constant humidity and bias 恒湿和偏压下的循环温度

Cycloaliphatic amines 脂环族胺类

Cycloaliphatic epoxies 脂环族环氧树脂

Crack propagation 裂纹扩展

CTE mismatch strains and stresses CTE 失配应变及应力

Characterization of chemical properties 化学性能表征

Classification of failure mechanisms 失效机理分类

Chip-level encapsulation and assembly of MID stacked packages 芯片尺寸封装和 MID 叠层封装组件

Cleaning and surface preparation 清洗及表面处理

Cycloaliphatic 脂环族

Copolymer encapsulants 共聚物封装料

Condition and construction of package 封装条件及结构

Chemical loads 化学载荷

Chip-to-substrate and substrate-to-board packaging 芯片到基板和基板到板级封装

Condensation or step-growth polymerization 缩聚或逐步增长聚合

Condensation process（step-growth mechanism）缩聚工艺（逐步增长机理）

Crack profile 开裂剖面

Concave mode 凹模式

D

Dam-and-fill technique 围坝填充技术

Dark-field 暗场

De-adhesion（Delamination）分层

Decabromodiphenyl ether（Deca-BDE）十溴联苯醚

Decapsulation 开封

Decapsulator and decapsulated package 开封机及开封器件

Defect and failure analysis techniques 检测与失效分析技术

Destructive evaluation analytical testing 破坏性评价分析试验

Decapsulation（removal of encapsulation）开封（去除塑封料）

Defects 缺陷

Deflashing 去毛边

Delaminated passivation 去钝化层

Depolymerization 降解

Desiccant 干燥剂

Design qualification 设计鉴定

Destructive evaluation 破坏性评估

Destructive techniques 破坏性技术

Die attach 芯片粘接

Die cracking 芯片开裂

Dielectric constant 介电常数

Dielectric strength 介电强度

Die-paddle shift 芯片底座偏移

Die shear test 芯片剪切测试

Die to wafer（D2W）芯片到晶圆

Differential interference contrast 微分干涉相衬

Differential scanning calorimeter（DSC）差示
扫描量热仪

Diffusion coefficient 扩散系数

Diglycidyl ether of bisphenol A（DGEBA）双
酚 A 缩水甘油醚

Diisocyanate 二异氰酸酯

Dimethyldichlorosilane（Di）二甲基二氯硅烷

Dissipation factor 损耗因子

2D multi-chip module（2D MCM）package 二
维多芯片组件封装

Dow corning materials 道康宁材料

2D package 二维封装

3D package 三维封装

3D packaging process 三维封装工艺

3D stacked die package 三维叠层封装

3D die stacking design 三维芯片叠层设计

3D stacked molded interconnect device package
三维叠层互连器件封装

Dual in-line package（DIP）双列直插封装

Dual-stage sorption 两级吸附

Ductile fracture 韧性断裂

Durometer 硬度计

Durometer hardness test 硬度测试

3D wafer-level die stacking design 三维晶圆级
叠层设计

3D wafer-level package 三维晶圆级封装

2D wafer-level package（WLP）二维晶圆级
封装

Dye penetration test 染色渗透测试

Dynamic random access memory（DRAM）动
态随机存储器

Die stack 芯片叠层

Die stack with injection molding 注塑芯片叠层

3D interconnection via VPS 三维互连通孔

3D Thomson package 三维 Thomson 封装

Depth of penetration 渗透深度

Diameter and breaking load 直径和断裂载荷

Diffraction microscope 衍射显微镜

E

Encapsulation 封装

Effects of loads 载荷影响

Effects of package moisture absorption 封装吸
潮影响

Expansion of polymer chain 聚合物链膨胀

Electrode/amplifier assembly 电极/放大器
组件

Economy of screening 筛选经济性

EEC "glow wire" and "needle flame" tests 电
子设备委员会"热灯丝"和"针状火焰"
试验

EIA/JEDEC 电子工业协会（美国）

Ejection 溅射

Elastic deformation 弹性形变

Elastomers 弹性体

Electrical open 电开路

Electrical parameter drift 电参数漂移

Electrical properties 电性能

Electrical resistance 电阻

Electrical short 电短路

Electrical testing 电测试

Electrical packaging 电子封装

Electronics 电子学

Electron microscopy 电子显微技术

291

Electron-specimen interaction 电子与样品相互作用

Environmental scanning electron microscopy（ESEM）环境扫描电镜

Elongation 伸长率

Encapsulant properties 密封性能

Electrode arrangement 电极排列

Encapsulants 密封料

Encapsulated microelectronic packages 微电子封装

Encapsulation defects and failures 封装缺陷及失效

Encapsulation of 3D package 三维封装

Encapsulation of 2D WLP 二维晶圆级封装

Encapsulation process technology 封装工艺

Energy dispersive X-ray（EDX）spectroscopy X 射线能谱仪

Engineering thermoplatics（ETPs）热塑性工程材料

Engineering loads 工程载荷

Environmentally friendly encapsulants 环境友好封装料

Environmental stress 环境应力

Epichlorohydrin 环氧氯丙烷

Epoxies 环氧

Epoxy cresol novolacs（ECN）邻甲基酚醛树脂

Epoxy functionalities 环氧官能团

Epoxy molded compounds 环氧塑封料

Error seeding 错误撒播

Ethylene-vinyl acetate（EVA）乙烯-醋酸乙烯共聚物

Eutrophication 富营养化

Exposure to contaminants and solvents 污染物和溶剂性环境

Electrical loads 电载荷

Effect of filler figure ratio 填充剂形状比的影响

Effect of lowering CTE 低热膨胀系数的影响

Effect on thermal conductivity 对热导率的影响

Effect of cross-linking density 交联密度的影响

Electrochemical reactions 电化学反应

Environmental loads 环境载荷

Encapsulant chemical resistance test 封装料抗化学性试验

F

Foreign particles 外来颗粒

Folded package designs 折叠封装设计

Flexural strength and modulus 弯曲强度及模量

Flammability and oxygen index 可燃性及氧指数

Fatigue fracture 疲劳断裂

Failure mechanisms 失效机理

Failure accelerators 失效加速因子

Failure analysis techniques 失效分析技术

Failure mode 失效模式

Failure mode, mechanisms, and effects analysis（FMMEA）失效模式、机理及影响分析

Flowchart 流程图

Failure rate curve 失效率曲线

Failure rates 失效率

Failures 失效

Failure site 失效部位

Fatigue crack 疲劳开裂

Fatigue fracture 疲劳断裂

Feed-through interconnection（FTI）导通互连

Fickian moisture diffusion 菲克潮气扩散

Filler content 填充剂含量

Filler figure ratio 填充剂形状比

Fillers 填充剂

Finite element analysis（FEA）有限元分析

Fish-bone diagrams 鱼骨图

Flame retardants 阻燃剂

Flame resistance 阻燃性

Flammability 可燃性

Flash 毛边

Flexibilizers 增韧剂

Flexible OLEDs 柔性有机发光二极管

Flexible solar cells 柔性太阳能电池

Flexural modulus 弯曲模量

Flexural strength 弯曲强度

Flip-chip plastic bal-grid array（FC-PBGA）倒装芯片塑封球栅阵列

Flow resistance 流阻

Fluids dynamics analysis package（FIDAP）流体力学分析软件包

Fluorescence microscopy 荧光显微技术

Fluorocarbons 氟碳化合物

Folded flexible circuit 折叠柔性电路

Foreign inclusion 外来夹杂物

Formaldehyde 甲醛

Fourier transform infrared（FTIR）傅立叶变换红外光谱

Four-point loading test 四点法载荷试验

Fowler-Nordheim model 隧穿效应模型

Fracture test 断裂试验

Free volume theory 自由体积理论

Functional diversification 功能多样化

Fused silica 熔融二氧化硅

Failure distribution pattern 失效分布模式

Failure density 失效密度

Free-radical addition polymerization 自由基加成聚合

Flip-chip encapsulation 倒装芯片封装

G

General environmental stress 自然环境应力

Gelation time 凝胶时间

Galvanic corrosion 电蚀

Gas permeability 气体渗透性

Gate position 门限位置

Gates 门限

Gel time 凝胶时间

Glob-top encapsulants 顶部包封料

Glob-top technology 顶部包封技术

Green encapsulant material 绿色封装材料

Green packaging 绿色封装

General formula 通式

H

Homogeneous die stacking designs 均匀芯片叠层设计

Horizontally stacked die design 水平叠层芯片设计

Hygro-thermomechanical properties 湿-热机械性能

High temperature electronics 高温电子学

Halogenated flame retardants 卤化阻燃剂

Hazardous effects 有害影响

Halogens 卤素

Hardness Shore 邵氏硬度

Heat deflection temperature 热变形温度

Heat-sink small-outline package（HSOP）带热沉的小外形封装

Helium leak test 氦气检漏试验

Hermetic package 气密封装

Hermetic testing 气密性测试

Hexabromocyclododecane（HBCD）六溴环十二烷

High density interconnection（HDI）高密度互连

Highly accelerated lift test（HALT）高加速寿命试验

Highly accelerated stress screening（HASS）高加速应力筛选

Highly accelerated stress test（HAST）高加速应力试验

Highly accelerated temperature and humidity stress test 高加速温湿度应力试验

High-resolution scanning X-ray diffraction microscope（HR-SXDM）高分辨率 X 射线衍射扫描显微镜

Homogeneous stacking design 均匀叠层设计

Hot chemical shrinkage 热化学收缩

Hot hardness 热硬度

High-temperature hardness 高温硬度

Humidity tests 湿度试验

Hydrated metal oxide powders 含结晶水金属

293

氧化物粉体

Hydrocarbon waxes 烃蜡

Hygroscopic mismatch strains 吸湿性应变失配

Hygroscopic swelling/expansion 吸湿溶胀/膨胀

I

Incomplete cure 非完全固化

Interconnection design 互连设计

Interconnection metallization grooves 互连金属化凹槽

Interconnection vias in 3D WLP 三维晶圆级封装中的互连通孔

Ion diffusion coefficient 离子扩散系数

Ionic impurity (contamination level) 离子杂质（污染等级）

Interface model 界面模型

Imaging modes 成像模式

Impact strength 冲击强度

Indentation resistance 抗压性能

Inert flexibilizers 惰性增韧剂

Inertial forces 惯力

Infant mortality failures 早期失效

Infrared (IR) spectrographic analysis 红外光谱分析

Infrared microscopy 红外显微技术

Inhibitor 阻聚剂

Integrated circuit (IC) chips 集成电路芯片

Internal examination 内部检查

Internatioanl Technology Roadmap for Semi-conductors (ITRS) 国际半导体技术路线图

Ion diffusion coefficient 离子扩散系数

Ionic purity 离子纯度

Ion-trapping agents 离子捕获剂

Isothermal fractional conversion 等温转换分数

Inverted pyramid 倒金字塔

Inorganic flame retardants 无机阻燃剂

Ion-selective field effect transistor (ISFET) 离子选择场效应晶体管

K

Known good die (KGD) 已知良好芯片

Kovar transistor package 可伐晶体管封装

L

Lateral resolution 横向分辨率

Low temperature electronics 低温电子学

Locating site and identifying mechanism 定位及机理确认

Lead corrosion 引脚腐蚀

Lead-frame 引线框架

Lead-frame tab pull test 引线框架拉脱测试

Lead-free solder 无铅焊料

Lead plating 引脚镀层

Lead trimming 引线修齐

Life-cycle loads 生命周期载荷

Light-emitting diode (LED) 发光二极管

Locating failure site 失效定位

Low-pressure plasma (LPP) 低压等离子体

Low shrinkage 低收缩率

Low stress 低应力

Low temperature co-fire ceramic (LTCC) 低温共烧陶瓷

M

Measurement from indentation resistance 抗压性能测试

Maximum junction and operating ambient temperature extremes 最高结温及工作环境温度极限

Metal flatpack 金属扁平封装

Moisture ingress susceptibility 潮气进入敏感度

Mechanical loads 机械载荷

Manufacturing and assembly loads 制造及组装载荷

Moisture 潮气

Molding technology 模塑技术

Multi-chip module (MCM) stack package 多芯片组件叠层封装

Molded interconnect device package stacking design 模塑互连器件封装叠层设计

Multi-chip module packages 多芯片组件封装

Multi-chip-module plastic ball-grid array package 多芯片组件塑料球栅阵列封装

Manufacturing properties 制造性能

Moisture content and diffusion coefficient 潮气含量和扩散系数

Mechnical mode 机械模式

Measurement of hygroscopic swelling 吸潮膨胀测量

Measuring critical stress intensity factor 临界应力强度因子测量

Montmorillonite 高岭石

Modified die shear test 芯片剪切改进试验

Macro-voids 大空洞

Maximum pin count 最大针脚数

MCM-V (vertical multi-chip module) 垂直多芯片组件

Miniaturization and integration trends 小型化和集成化趋势

Metal hydrates 金属水合物

Metal hydroxides 金属氢氧化物

Metallization corrosion 金属化腐蚀

Metallization deformation 金属化形变

Metal package 金属封装

Methyl 甲基

Micro-ball-grid array (μBGA) 微型球栅阵列

Moore's law, "More than Moore" approaches 摩尔定律、后摩尔定律的实现

Micro-optoelectromechanical systems 微光电子机械系统

Micro-voids 微空洞

Minimum overall package profile 最小整体封装尺寸

Misaligned leads 未对齐管脚

MicroLeadFrame (MLF) package 微型框架封装

Mode cracking 开裂模式

Moisture absorption 潮气吸附

Moisture-barrier bag 防潮袋

Moisture concentration 潮气浓度

Moisture content 潮气含量

Moisture diffusion coefficient 潮气扩散系数

Moisture diffusion rate 潮气扩散率

Moisture sensitivity 潮湿敏感度

Moisture Sensitivity Level (MSL) 潮湿敏感等级

Moisture solubility coefficient 潮气溶解度系数

Moisture weight gain 潮气增重

Mold cavity thickness 模腔厚度

Mold characteristics 模具特征

Mold-clamping pressure 合模压力

Molded-interconnect device (MID) 模塑互连器件

Molding compound perform (pellet) 塑封料模片

Molding compounds 模塑料

Mold-release agents 脱模剂

Molding pressure 模塑压力

Molding processes 模塑工艺

Molding simulation 模塑仿真

Mother board 主板

Multi-chip modules (MCMs) 多芯片组件

Multifunctional epoxy resin 多功能环氧树脂

Multi-plunger molds 多柱塞模具

Mechanisms of Fickian 菲克机理

N

Non-toxic flame retardants 无毒阻燃剂

Novolac 线性酚醛树脂

No-flow 非流动性

Non-homogeneous die stacking designs 非均匀芯片叠层设计

Non-destructive techniques 非破坏性技术

Non-destructive evaluation 非破坏性分析

Nano-particles 纳米颗粒

Nano-fillers 纳米填充剂

Nano-sized particles 纳米尺寸颗粒

Nanotechnology 纳米技术

Nanoelectronics 纳米电子学

Nitrogen-based substances 氮基物质

Non-Fickian Diffusion 非菲克扩散

Non-halogenated flame retardants 无卤阻燃剂

Non-hermetic package 非气密封装

Non-homogeneity 非均匀性

Non-uniform encapsulation 非均匀封装

Novolac epoxies 酚醛环氧

O

Octabromodiphenyl ether（Octa-BDE）八溴联苯醚

Operational loads 工作载荷

One-part encapsulants 单组分封装料

Outgassing 放气

One-part potting encapsulants 单组分灌封料

Optical microscopy 光学显微技术

Operational temperatures for unheated space-craft 未受热时航天器的工作温度

Organic light-emitting diodes（OLEDs）有机发光二极管

Overstress failures 过应力失效

Overstress screens 过应力筛选

Operating and destruct limits 工作和破坏极限

P

Pitch sizes 间距

Properties of standard and brominated epoxy resins 标准和含溴环氧树脂性能

Particle size distribution 粒子尺寸分布

PoF based models 基于失效物理的模型

Printing encapsulation technology 印制密封技术

Potting and casting technology 灌封及浇铸技术

Plasma cleaning 等离子清洗

Process flow for Super CSP™ 超级 CSP 封装工艺流程

Process flow for chip-in-polymer package 聚合物内埋芯片封装工艺流程

Package defects and failures 封装缺陷及失效

Plastic package 塑料封装

Pin-grid array package 针栅阵列封装

Plastic-leaded chip carrier package 塑料有引脚芯片载体封装

Plastic molding compounds 塑封料

Polymerization rate 聚合速率

Post-cure time and temperature 后固化时间和温度

Plastic package assembly flowchart 塑料封装组装流程

Plasma etching 等离子刻蚀

Plastic encapsulation of ISFET 塑封离子选择场效应晶体管

Packaged optoelectronic biochip 封装的光电子生物芯片

Polymeric microfluidic devices 聚合微流体器件

Package footprint 封装覆盖区

Partition-cell method 隔离池方法

Passivation layer crack 钝化层开裂

Passivation pin holes 钝化层针孔

PCBs see Printed circuit boards（PCBs）印制电路板

Peel strength 剥离强度

Peel test 剥离试验

Plastic-encapsulated microelectronics（PEMs）塑封微电子器件

Pentabromodiphenylether（Penta-BDE）五溴联苯醚

Permeation curve 渗透曲线

Phenol 苯酚

Phenol-formaldehyde 苯酚甲醛

Phenolic and cresol novolacs 酚醛和邻甲酚醛树脂

Phosphorous-based flame retardants 磷基阻燃剂

Phosphorus-containing retardants 含磷阻燃剂

Photovoltaic solar cells 光伏太阳能电池

Pin-holes on lead coating 引脚镀层针孔

Plasma-enhanced chemical vapor deposition（PECVD）等离子增强化学气相沉积

Polyurethanes 聚氨酯

Polybrominated biphenyls（PBBs）多溴联苯

Polybrominated dibenzodioxins（PBDDs）多溴代二苯并二口英

Polybrominated dibenzofurans（PBDFs）多溴代二苯并呋喃

Polybrominated diphenyl ethers（PBDEs）多溴二苯醚

Polybutylacrylate（PBA）聚丙烯酸丁酯

Polydimethylsiloxane（PDMS）聚二甲基硅氧烷

Polyimide 聚酰亚胺

Polymerization rate 聚合速率

Polymerization reactions 聚合反应

Polymers 聚合物

Polymethyl methacrylate（PMMA）聚甲基丙烯酸甲酯

Polyolefinic compounds 聚烯烃化合物

Poor solder wetting of lead 引脚润湿不良

Popcorning 爆米花效应

Popcorn resistance 抗爆米花效应

Porosity 多孔性

Post-cure temperature 后固化温度

Post-mold cure time 后成型固化时间

Post-molded package 后成型封装

Potential failure mechanisms 潜在失效机理

Pot life 适用期

Potting geometry 灌封形状

Pressure cooker test 高压蒸煮试验

Planarization process 平坦化工艺

Processing residuals 残留物处理

Projection microscope 发射显微镜

Q

Qualification levels 鉴定等级

Quad flatpack 四边扁平封装

Q factor measurement method Q 因子测量方法

Qualification accelerated tests 鉴定加速试验

Qualification and quality assurance test 鉴定和质量保证试验

Qualification requirements 鉴定要求

Qualification test planning 鉴定试验计划

Quality conformance 质量一致性

Quality assurance 质量保证

Quality assurance testing/screening 质量保证试验/筛选

Quantitative accelerated testing 定量加速试验

Quantitative B-scan analysis mode（Q-BAM™）定量 B 扫描分析模式

R

Root-cause analysis 根本原因分析

Rollercoaster curve 过山车曲线

Radiation hardness 辐照加固

Reliability prediction methodologies 可靠性预计方法论

Reliability assessment 可靠性评估

Resistance properties 阻抗性能

Reaction-injection molding 反应-注塑

Rheological compatibility 流变相容性

Restricting use 限制使用

Radioisotope heating units（RHUs）放射性同位素加热单元

Ragged fillers 不规则填料

Ram-follower device 阻塞随动件

Random failure rate 随机失效率

Reflection-mode techniques 反射式技术

Relative permittivity 相对介电常数

Reliability Stress Analysis for Electronic Equipment 电子设备可靠性应力分析

Residual stresses 残余应力

Resin bleed 树脂溢出

Resin-filler interface 树脂填料界面

Resin transfer molding 树脂传递模塑

Restriction of the use of certain Hazardous Substances（RoHS）限制使用某些有害物质的指令

Room Temperature Vulcanization（RTV）室温硫化

Rotary positive displacement valve（RPDV）旋

转式正位移容积阀

RTV silicones 室温硫化硅橡胶

S

Scanning electron microscopy（SEM）扫描电子显微技术

Scanning laser acoustic microscope（SLAM™）扫描激光声学显微镜

Scanning and transmission electron microscopy（STEM）扫描和透射电子显微技术

Stress screening and burn-in 应力筛选和老化

Six sigma statistical goal 六西格玛统计目标

Six sigma process DMAIC 六西格玛程序 DMAIC

Statistical process control 统计过程控制

Screen stress levels 筛选应力等级

Screen duration 筛选周期

Screen selection 筛选选择

Screens and defects 筛选项和缺陷

Screening 筛选

Steady-state temperature test 稳态温度试验

Solvent resistance test 耐溶剂性试验

Solderability 可焊性

Salt atmosphere test 盐雾试验

Strength limits and highly accelerated life test 强度极限和高加速寿命试验

Stencil 钢网

Stress-relief additives 应力释放添加剂

Single-chip package technology 单芯片封装技术

Scanning infrared microscope 扫描红外显微镜

Strength limits and margins 强度极限和界限

Self-extinguishing mechanism 自熄灭机理

Severity ratings 严重等级

Stacked modular package 叠层模块封装

SMAFTI technology SMAFTI 技术

Stacked die 叠层芯片

Stacked die package 叠层芯片封装

Stacked packages 叠层封装

Stacked wafer packing design 叠层晶圆封装设计

Single in-line package 单列直插封装

Small-outline package 小外形封装

Substrate packages 基板封装

Surface-mounted packages 表贴封装

Spiral flow length 螺旋流动长度

silicon-germanium（SiGe）devices SiGe 器件

Silicone material 硅树脂材料

Scanning acoustic microscopy 扫描声学显微镜

Selective layer removal 选择性剥层

Simulation testing 仿真试验

Stress screening 应力筛选

Shadow-moire method 阴影云纹法

Shear rate 剪切率

Shear thinning behavior 剪切变稀行为

Shrink small-outline package（SSOP）紧缩型小外形封装

Signal propagation speed 信号传播速度

Silanes 硅烷

Silica-coated alumina nitride（SCAN）涂敷二氧化硅的氮化铝

Silica particles, nano-sized 纳米级二氧化硅颗粒

Silicone elastomers 硅橡胶

Silicon efficiency 硅效率

Silicones 有机硅

Siloxane polymer 硅氧烷聚合物

Simulation testing 模拟测试

Single-chip packages 单芯片封装

Small-outline J-leaded（SOJ）J 型引脚小外形封装

"S-N curve," fatigue failure curve "S-N" 曲线，疲劳失效曲线

Spherical fillers 球形填料

Spiral flow test 螺旋流动试验

Stacked QFP-format MCM 叠层 QFP 型多芯片组件

Stencil printing 丝网印刷

Step-stress analysis 步进应力分析

Storage floor life 地面贮存寿命

298

Strain energy release 应变能量释放

Substrate 基板

Super-resolution X-ray microscope（SR-XM）超高分辨率 X 射线显微镜

Surface cleanliness 表面清洁度

Surface-mount technology 表面贴装技术

Surface scan 表面扫描

Syringe valve 注射阀

System-in-package（SiP）系统级封装

System integration 系统集成

System-on-chip 片上系统

System-on-package（SoP）系统级封装

T

Through-transmission scan 透射扫描

Time-of-flight scan 飞行时间扫描

Thermal cycling test 热循环试验

Transient thermal response 瞬态热响应

Test to classify moisture sensitivity level for surface-mount devices 表面贴装器件潮气敏感度分类试验

Thermal loads 热载荷

Toxic flame retardants 有毒阻燃剂

Two-part encapsulants 双组分封装料

Transfer molding 传递模塑

Through-silicon via process flow 硅通孔工艺流程

Tape-automated bonding package 载带自动焊封装

Through-hole mounted packages 通孔插装封装

Tensile strength，elastic，shear modulus and ％elongation 拉伸强度、弹性与剪切模量及延伸率

Thermal conductivity 热导率

Transmission electron microscopy 透射电子显微技术

Tape-automated bonding（TAB）process 载带自动焊工艺

Thermo-mechanical 热-机械

Timeline of actor 执行时间

Toxic responses 毒性反应

Toxicity 毒性

Tab pull test 凸点拉脱试验

Tack-free time 消黏时间

Tape-automated-bonded plastic ball-grid array（TBGA）载带自动焊塑封球栅阵列

Tensile modulus 拉伸模量或弹性模量

Tensile strength 拉伸强度

Tetrabromobisphenol A（TBBPA）四溴双酚 A

Thermal mismatch stress 热失配应力

Thermal shock 热冲击

Thermal stability 热稳定性

Thermal strain 热应变

Thermomechanical analyzer（TMA）热机械分析仪

Thermo-mechanical properties 热机械性能

Thermoplastic polymers 热塑性聚合物

Thermoplastics 热塑性塑料

Thermosets 热固性塑料

Thermosetting polymers 热固性聚合物

Three-point bend test 三点弯曲试验

Tin-lead（Sn-Pb）eutectic solders 锡铅共晶焊料

Tin whiskers 锡须

Titanates 钛酸盐

Tolylene（toluene）diisocyanate（TDI）甲苯二异氰酸酯

Total mass loss（TML）总质量损失

Towers of Hanoi design 汉诺塔设计

Telescopic design 伸缩设计

Transfer plunger 传输柱塞

Transfer-plunger pressure（transfer pressure）传输压力

Transfer pot 传输料池

Tray-scan 托盘扫描

Trial-and-error methods 反复试验法

Trifluoropropyl 三氟丙基

True positive displacement pump（TPDP）精确正位移泵

Tungsten plug 钨插销

299

Temperature profile 温度曲线

U

UV-cured epoxy resin 紫外固化环氧树脂

Underfilling technology 底部填充技术

UL flame class 美国保险商实验室阻燃等级

UL vertical flammability test UL 垂直燃烧试验

Unbalanced encapsulant flow 封装料非平衡流动

Unblocking mechanism 解封闭机理

V

Voids 空洞

Virtual qualification 虚拟鉴定

Vacuum printing encapsulation system (VPES) 真空印制封装系统

Via first method 先通孔方法

Via last method 后通孔方法

Vicker hardness 维氏硬度

Vinyl 乙烯基

Viscosity 黏度

Visual examination 目检

Volume resistivity 体积电阻率

Volume shrinkage 体积收缩

Vapor-induced cracking（popcorning）蒸汽致开裂（爆米花）

W

Without flame retardants 无阻燃剂

WL-CSP 晶圆级-芯片尺寸封装

Wafer-level stacked dies 晶圆级叠层芯片

Warpage 翘曲

Wire sweep 引线变形

Wire interconnection and die stacking design 引线互连和芯片叠层设计

Wire-bonded plastic ball-grid array package 引线键合塑料球栅阵列封装

Wafer to wafer（W2W）晶圆到晶圆

Water vapor regained（WVR）回潮

Wearout failures 磨损失效

Wearout screens 磨损筛选

Weighed-cell method 称重池方法

Wet chemical decapsulation technique 湿法化学开封技术

Wetting balance test 润湿天平试验

Wire ball bond fracture 引线球形键合点断裂

Wire bond height 引线高度

Wire diameter 线径

Wire orientation angle 引线取向角

X

X-ray contact microscope 接触式 X 射线显微镜

X-ray fluorescence spectroscopy X 射线荧光光谱法

X-ray microscopy X 射线显微技术

X-ray wavelength X 射线波长

X-ray tube X 射线管

X-ray projection microscopy X 射线投影显微技术

Z

Zeolites 沸石

Zircoaluminates 铝酸锆

计量单位换算表

长度	
$1m = 10^{10}Å$	$1Å = 10^{-10}m$
$1m = 10^9nm$	$1nm = 10^{-9}m$
$1m = 10^6\mu m$	$1\mu m = 10^{-6}m$
$1m = 10^3mm$	$1mm = 10^{-3}m$
$1m = 10^2cm$	$1cm = 10^{-2}m$
$1mm = 0.0394in$	$1in = 25.4mm$
$1cm = 0.394in$	$1in = 2.54cm$
$1m = 39.37in = 3.28ft$	$1ft = 12in = 0.3048m$
$1mm = 39.37mil$	$1mil = 10^{-3}in = 0.0254mm$
$1\mu m = 39.37\mu in$	$1\mu in = 0.0254\mu m$

面积	
$1m^2 = 10^4cm^2$	$1cm^2 = 10^{-4}m^2$
$1cm^2 = 10^2mm^2$	$1mm^2 = 10^{-2}cm^2$
$1m^2 = 10.76ft^2$	$1ft^2 = 0.093m^2$
$1cm^2 = 0.1550in^2$	$1in^2 = 6.452cm^2$

体积	
$1m^3 = 10^6cm^3$	$1cm^3 = 10^{-6}m^3$
$1cm^3 = 10^3mm^3$	$1mm^3 = 10^{-3}cm^3$
$1m^3 = 35.32ft^3$	$1ft^3 = 0.0283m^3$
$1cm^3 = 0.0610in^3$	$1in^3 = 16.39cm^3$

质量	
$1t = 10^3kg$	$1kg = 10^{-3}t$
$1kg = 10^3g$	$1g = 10^{-3}kg$
$1kg = 2.205lb_m$	$1lb_m = 0.4536kg$
$1g = 2.205 \times 10^{-3}lb_m$	$1lb_m = 453.6g$
$1g = 0.035oz$	$1oz = 28.35g$

密度	
$1kg/m^3 = 10^{-3}g/cm^3$	$1g/cm^3 = 10^3kg/m^3$
$1Mg/m^3 = 1g/cm^3$	$1g/cm^3 = 1Mg/m^3$

续表

密度

$1kg/m^3=0.0624lb_m/ft^3$	$1lb_m/ft^3=16.02kg/m^3$
$1g/cm^3=62.4lb_m/ft^3$	$1lb_m/ft^3=1.602\times10^{-2}g/cm^3$
$1g/cm^3=0.0361lb_m/in^3$	$1lb_m/in^3=27.7g/cm^3$

力

$1N=10^5dyn$	$1dyn=10^{-5}N$
$1N=0.2248lbf$	$1lbf=4.448N$

应力、压强

$1Pa=1N/m^2=10dyn/cm^2$	$1dyn/cm^2=0.10Pa$
$1MPa=145psi$	$1psi=1lbf/in^2=6.90\times10^{-3}MPa$
$1MPa=0.102kgf/mm^2$	$1kgf/mm^2=9.806MPa$
$1kgf/mm^2=1422psi$	$1psi=7.03\times10^{-4}kgf/mm^2$
$1kPa=0.00987atm$	$1atm=101.325kPa$
$1kPa=0.01bar$	$1bar=100kPa$
$1Pa=0.0075Torr=0.0075mmHg$	$1Torr=1mmHg=133.322Pa$

断裂韧性

$1MPa(m)^{1/2}=910psi(in)^{1/2}$	$1psi(in)^{1/2}=1.099\times10^{-3}MPa(m)^{1/2}$

能量,功,热

$1J=10^7erg$	$1erg=10^{-7}J$
$1J=6.24\times10^{18}eV$	$1eV=1.602\times10^{-19}J$
$1J=0.239cal$	$1cal=4.184J$
$1J=9.48\times10^{-4}Btu$	$1Btu=1054J$
$1J=0.738ft\cdot lbf$	$1ft\cdot lbf=1.356J$
$1eV=3.83\times10^{-20}cal$	$1cal=2.61\times10^{19}eV$
$1cal=3.97\times10^{-3}Btu$	$1Btu=252.0cal$

功率

$1W=0.239cal/s$	$1cal/s=4.184W$
$1W=3.414Btu/h$	$1Btu/h=0.293W$
$1cal/s=14.29Btu/h$	$1Btu/h=0.070cal/s$

黏度

$1Pa\cdot s=10P$	$1P=0.1Pa\cdot s$
$1mPa\cdot s=1cP$	$1cP=10^{-3}Pa\cdot s$

温度,T

$T(K)=273+T(℃)$	$T(℃)=T(K)-273$
$T(K)=\dfrac{5}{9}[T(℉)-32]+273$	$T(℉)=\dfrac{9}{5}[T(K)-273]+32$

续表

温度，T	
$T(℃)=\dfrac{5}{9}[T(℉)-32]$	$T(℉)=\dfrac{9}{5}T(℃)+32$

比热容	
$1J/(kg\cdot K)=2.39\times10^{-4}cal/(g\cdot K)$	$1cal/(g\cdot K)=4184J/(kg\cdot K)$
$1J/(kg\cdot K)=2.39\times10^{-4}Btu/(lb_m\cdot ℉)$	$1Btu/(lb_m\cdot ℉)=4184J/(kg\cdot K)$
$1cal/(g\cdot ℃)=1.0Btu/(lb_m\cdot ℉)$	$1Btu/(lb_m\cdot ℉)=1.0cal/(g\cdot K)$

热导率	
$1W/(m\cdot K)=2.39\times10^{-3}cal(cm\cdot s\cdot K)$	$1cal/(cm\cdot s\cdot K)=418.4W/(m\cdot K)$
$1W/(m\cdot K)=0.578Btu/(ft\cdot h\cdot ℉)$	$1Btu/(ft\cdot h\cdot ℉)=1.730W/(m\cdot K)$
$1cal/(cm\cdot s\cdot K)=241.8Btu/(ft\cdot h\cdot ℉)$	$1Btu/(ft\cdot h\cdot ℉)=4.136\times10^{-3}cal/(cm\cdot s\cdot K)$

电磁学	
SI 单位制	CGS 单位制
$1A=\dfrac{4\pi}{10}Gb$	$1Gb(Gilbert\ 吉伯)=\dfrac{10}{4\pi}A$
$1A/m=\dfrac{4\pi}{10^3}Oe$	$1Oe(Oersted\ 奥斯特)=\dfrac{10^3}{4\pi}A/m$
$1Wb(Weber\ 韦伯)=10^8Mx$	$1Mx(Maxwell\ 麦克斯韦)=10^{-8}Wb$
$1T(Tesla\ 特斯拉)=1Wb/m^2=10^4G$	$1G(Gauss\ 高斯)=10^{-4}Wb/m^2=10^{-4}T$
$1H(Henry\ 亨利)/m=\dfrac{10^7}{4\pi}G/Oe$	$1G/Oe=\dfrac{4\pi}{10^7}H/m$

其它	
$1Gy=1J/kg=10^2rad$	$1rad=10^2erg/g=10^{-2}Gy$

单位符号		
A=安(培)	Gb=吉(伯)	mm=毫米
Å=埃	Gy=戈(瑞)	N=牛(顿)
bar=巴	h=小时	mm=纳米
Btu=英热量单位	H=亨(利)	Oe=奥(斯特)
C=库仑	Hz=赫兹	psi=磅每平方英寸
℃=摄氏度	in=英寸	P=泊
cal=卡(路里)	J=焦耳	Pa=帕(斯卡)
cm=厘米	K=开尔文度	rad=拉德
cP=厘泊	kg=千克	s=秒
dB=分贝	ksi=千磅每平方英寸	S=西(门子)
dyn=达因	L=升	T=特(斯拉)
erg=尔格	lbf=磅力	Torr=托
eV=电子伏	lb_m=磅(质量)	μm=微米
F=法(拉)	m=米	V=伏(特)

303

单位符号		
℉＝华氏度	Mg＝兆（百万）克	W＝瓦（特）
ft＝英尺	mil＝密耳	Wb＝韦（伯）
g＝克	min＝分（钟）	Ω＝欧（姆）

国际单位制中词头的符号			
因数	词　头		符号
	英文	中文	
10^9	giga	吉	G
10^6	mega	兆	M
10^3	kilo	千	k
10^{-2}	centi	厘	c
10^{-3}	milli	毫	m
10^{-6}	micro	微	μ
10^{-9}	mano	纳	n
10^{-12}	pico	皮	p